作者简介

　　张文明　男，管理学博士，现就职于国家发展和改革委员会经济体制与管理研究所。主要研究领域为生态文明、公共经济、体制改革等，多次主持或参与国家发展改革委等国家级和省部级课题，曾在《宏观经济研究》《改革》等CSSCI期刊和报纸上发表学术论文，参与编著《美丽中国》《大国新征程：从经济大国走向经济强国》等书。

生态资源资本化研究

张文明◎著

人民日报学术文库

人民日报出版社·北京

图书在版编目（CIP）数据

生态资源资本化研究／张文明著．—北京：人民
日报出版社，2019.12
ISBN 978 - 7 - 5115 - 6287 - 6

Ⅰ.①生… Ⅱ.①张… Ⅲ.①生态环境—自然资源—
资源管理—研究 Ⅳ.①X37②F205

中国版本图书馆 CIP 数据核字（2019）第 281323 号

书　　名：生态资源资本化研究
　　　　　SHENGTAI ZIYUAN ZIBENHUA YANJIU
著　　者：张文明

出 版 人：董　伟
责任编辑：梁雪云　徐　澜
封面设计：中联学林

出版发行：人民日报出版社
社　　址：北京金台西路 2 号
邮政编码：100733
发行热线：（010）65369509　65369846　65363528　65369512
邮购热线：（010）65369530　65363527
编辑热线：（010）65369526　65369528
网　　址：www. peopledailypress. com
经　　销：新华书店
印　　刷：三河市华东印刷有限公司

开　　本：710mm×1000mm　1/16
字　　数：261 千字
印　　张：16
版次印次：2020 年 1 月第 1 版　　2020 年 1 月第 1 次印刷

书　　号：ISBN 978 - 7 - 5115 - 6287 - 6
定　　价：85.00 元

内容提要

本书研究的是：生态文明建设与市场经济的关系，即如何将生态文明建设与市场经济运行机制相结合，激发全社会推进生态文明建设的内生动力，实现生态资源保值、增值。本书的理论价值在于：纠正传统理论关于生态资源资本化理论存在的偏差。传统理论认为，生态资源具有公共产品属性，生态服务依靠政府提供，以克服其固有的负外部性。这一观点意味着无法通过市场机制克服生态资源的稀缺性问题。本书的应用价值在于：试图寻找生态文明建设与市场经济的内在一致性。中国在推进现代市场经济和国家治理能力现代化中，将生态文明建设纳入中国特色社会主义"五位一体"总体布局。本书为生态文明制度建设和政策推进提供新的观察视角。

本书按照"问题提出—理论研究—实践探索—个案分析—对策研究"的思路展开研究。研究内容共由九章构成：第一章是"绪论"，介绍了选题背景、国内外研究基础、研究思路和方法以及可能的创新点和不足等内容。第二章是"生态资源内涵、属性与分类"，通过生态资源相关概念的辨析、类型划分，分析生态资源的经济属性，从而界定本书研究对象。第三章、第四章和第五章的内容属于理论研究部分。第三章是"生态资源资本化演化逻辑及路径"，分析了自然资本内涵及对经济增长的贡献，厘清生态资源资本化的演化逻辑，归纳生态资源资本化的具体路径。第四章是"生态资源资本化的产权分析"，在梳理产权基本内涵的基础上，从内涵、性质、功能等方面解释生态资源产权的重要性，从交易费用内涵、类型及影响因素方面分析基于交易费用视角的生态资源产权的实现，明晰生态资源产权制度基本内容。第五章是"生态资源资本化的政府规制"，通过梳理政府规制相关理论，解释政府规制的必要性及其特殊性，概括生态资源资本化政府规制的一般方法，比较政府规制与可交易权利的不同。第六章和第七章的内容属于现实情况分析。第六章是"中国生态资源资本化发展历程"，从生态资源资本化的产权制度及政府职能梳理中国生态资源资本化的发展历程，包括生态资源产权制度演化、政府规制现状、特点以及发展障碍。第七章是"生态资源资本化的实证分析：以福建林业资源为例"，通过个案分析生态资源资本化的前提条件、实现方式以及政府在其林业资源资本化过程中的规制作用，以林业碳汇经营项目、重点生态区位商品林收储改革等案例，分析政府监管与产权制度是如何共同发挥作用的。第八章是"促进生态资源资本化的对策建议"，从推进生态资源产权制度改革、完善生态资源价值量化评估机制、优化生态资源资产管理制度、健全生态资源资本化的市场环境建设等层面提出相关建议；第九章是"结论与展望"，归纳本书研究形成的结论性观点，并探讨本书研究需要进一步完善之处，对该领域研究提出构想。

　　本书认为：现代市场经济与生态文明建设具有内在一致性。一是生态资源资本化的前提是产权清晰，同时需要有效的政府规制，政府更好地发挥作用是以"有利于促进市场对生态资源优化配置"为基础。二是"天蓝""地绿""水清"是人类生活的必需品，生态资源稀缺性体现生态资源价值，是生态资本能够带来收益的前提，也是体现自我增值和资本增值空间的衡量指标。三是生态资源资本化是基于生态资源价值的认识、开发、利用、投资、运营的过程，沿着"生态资源—生态资产—生态资本"的逻辑演化，主要经历生态资源资产化、资本化以及可交易化等阶段；生态资源资本化实现路径实质上是"绿水青山就是金山银山"的转化过程。四是中国生态资源资本化的实践历程是体现产权制度与政府规制在生态资源领域的作用演化，是在坚持国家所有权基础上的权利界定过程，当前政府规制主要表现在约束、激励和问责方面。五是福建林业资源资本化的成效体现了产权制度与政府有效规制的作用；林业碳汇经营项目是福建发展碳排放权交易市场的重要探索；在化解生态保护与林农利益"新矛盾"时，政府通过产权界定提供微观激励、有效规制确保资金投入等措施促成交易。

　　本书最重要的创新点首先在于构建契合生态资源资本化理论解释的框架，即生态资源资本化以明晰产权为前提，同时需要有效政府规制（基于市场配置资源的协调机制）。其次本书提出生态资源稀缺性体现自我增值和资本增值空间，应修复或增强自然资本，将自然资本融入经济体系。最后，本书厘清生态资源资本化的演化逻辑，主张通过生态资源与市场交易、金融创新相结合，探索"绿水青山就是金山银山"的转化路径，具有较强的实践性。

目 录
CONTENTS

第一章

绪 论

本章介绍了本书的选题背景，梳理生态资源资本化的国内外相关文献，并对其进行综合述评，提出本书所要研究的主要问题，概述本书研究的主要内容、思路和方法，本书研究的创新和不足之处。

第一节 研究背景

从人类历史发展进程看，人类对于社会生产关系及其发展规律的认识在实践中不断形成，并且呈现出螺旋式上升的特征。全面认识和把握人与自然的关系，需要从时间和空间大角度审视生态、经济与社会的发展。从时间上看，人类社会经历了数千年农业社会和数百年工业社会时期。并且当前及今后很长一段时间内生态环境资源稀缺还将成为人类必须共同面对的问题。从空间上看，全球各个国家都不同程度面临着淡水资源短缺、土地荒漠化、大气污染等生态环境与经济发展瓶颈交织的难题。全面认识人类文明形态演变、经济发展模式转型以及生态观的觉醒，准确把握中国生态文明建设的战略方向，实现人与自然和谐发展的现代化建设新格局。

一、经济形态的演变

人类文明的发展经历了渔猎农业文明和工业文明等几种不同形态，呈现出渐进式特征。在渔猎采集文明时代，人类对大自然还处于一无所知的状态，并且与大自然中其他动物一样，还处于寻求生存的状态中。到了农业文明时代，土地和劳动力成为主要生产要素，也就有了"土地是财富之母，劳动是财富之父"的论断。这一时期人类在劳动中积累了对风、雨、雷、电、水流、季节等自然现象变化认识的经验。并且根据经验的判断形成了对大自然的认知,人力和畜力共同作用于农业生产。农耕时期,人类基本上是"靠天吃饭"。机械化分工带来了工业文明,先进技术发明并大规模应用到生产中,使得人类的生产力水平大幅度提高。人类对于自然的开发利用达到前所未有的高度。"理性经济人"的假设在市场经济下发挥得淋漓尽致,西方发达国家在工业文明时期曾经走过一条"先污染、后治理"的道路,违背了自然规律,必遭到大自然的报复。工业文明的产生是人类历史的伟大进步,但由于以物质财富生产和消费为核心的传统工业化模式是建立在"高物质资源消耗、高碳排放、高环境损耗"的基础之上,它就不可避免对生态环境造成危机。例如20世纪,发生在西方国家的"世界八大公害事件"对生态环境和公众生活所造成的影响。从某种程度上讲,这是自然对工业经济肆无忌惮行为的回馈。正如恩格斯在《自然辩证法》里所说的那样:"我们不要过分陶醉于我们对自然界的胜利。对于每一次这样的胜利,自然界都报复了我们。每一次胜利,在第一步都确实取得了我们预期的结果,但是在第二步和第三步却有了完全不同的、出乎预料的影响,常常把第一个结果又取消了。"[1] 人类当代文明正在由工业文明向生态文明转型,这种转型的根源在于经济基础。工业文明的经济形态追求的是利益最大化的市场经济,而生态文明的经济形态是构建人与自然和谐共生、同处一个命运共同体、追求可持续发展的生态经济。生态经济是人类在工业经济陷入资源和环境危机后所选择的发展模式,更加注重经济与生态的协调发展,摒弃了"高消耗、高污染"和"先污染、后治理"的发展模式,注重经济系统与生态系统的有机结合,促进人与自然和谐发展。生态文明构建了人与自然为命运共同体的发展新格局,指明了工业文明转型的演进方向,符合人类社会的根本利益,是顺应历史发展潮流的。

---

① ［德］恩格斯. 自然辩证法［M］. 曹保华, 等译. 人民出版社, 1972:158.

表1-1　人类文明经济形态主要特征

	渔猎采集文明	农业文明	工业文明	生态文明
主要经济形态	自然经济	自然经济	市场经济	生态经济
发展导向	生存	自给自足	利益最大化	可持续发展
发展特征	粗放	粗放	先污染、后治理	低碳、循环
生产方式	人力	人力、畜力	机械化	智能化
人与自然关系	自然为中心	自然为中心	征服自然	命运共同体

资料来源：李刚《生态文明的哲学基础、经济形态与中国选择》，载《广西社会科学》，2014年第2期。在此基础上修改。

二、发展观的变革

当前，全球能源和环境危机日益加剧，如何实现人类的可持续发展成为全球性共同话题。改革开放以来，高投资、出口战略以及能源密集型制造产业驱动了中国经济迅猛发展。中国一跃成为世界第二大经济体，但是国内资源还不能够支撑国家经济发展需求。2001年到2013年中国的能源进口增长了4倍，中国煤炭进口增长了26倍，在煤炭消费总量中的占比已经从1%上升到9%。原油进口增长了3.7倍，天然气进口增长了17倍。2015年中国石油进口依存度超过60%，创历史新高。2000年到2015年中国的一次能源供应总量（TPES）增长了167%。[①] 在此期间，中国占世界能源需求增长的将近一半，占世界煤炭需求增长的85%。自2000年以来，人均能源供应量翻了一番，从每人0.9吨油当量增加到每人2.2吨油当量；住宅领域人均能源消费增长了30%，交通运输领域人均能源消费增长了163%。[②]

作为全球能源消耗大国，在经济快速发展的同时，中国还面临着生态环境保护的挑战。2015年，全国338个地级以上城市中，265个城市环境空气质量超标，占78.4%。[③] 多年来，废水、废气排放量处于较高水平。中国的环境污染

---

① 一次能源供应总量（TPES）是指一国消费的所有能源的总量，包括发电所用的一次燃料。

② International Energy Agency：*Energy efficiency market report in China* 2016 ［EB/OL］. http：//www.iea.org.

③ 环保部：中国环境状况公报 2015 ［EB/OL］. http：//www.zhb.gov.cn.

主要为能源消耗性污染。具体来看：在大气环境污染方面，2014年中国二氧化硫排放总量为1859.1万吨，氮氧化物排放总量为1851.0万吨。可见，中国的大气环境污染主要以煤烟型污染为主，主要污染物为二氧化硫、烟尘和氮氧化物，这在很大程度上是由于中国的能源消费结构所致。高物质资源消耗、高环境污染的传统工业模式，带来了经济发展不可持续性，造成严重生态环境危机。

表1-2　近年来中国主要废水、废气排放量情况

年份（年）	2008	2009	2010	2011	2012	2013	2014	2015
化学需氧量排放量（万吨）	1320.7	1277.5	1238.1	2499.86	2424	2352.7	2294.6	2223.5
氨氮排放量（万吨）	126.97	122.61	120.29	260.44	253.59	245.66	238.53	229.91

资料来源：国家统计局。

以空气污染为例，空气污染造成过早死亡和医疗支出增加。根据OECD（经济合作与发展组织）（2017）的估算，如图1-1所示，2015年中国室外PM2.5污染带来的社会成本的损失占GDP的8.38%。OECD国家占3.37%；室内PM2.5带来的社会成本的损失占GDP的4.46%。尽管数据可信度有待进一步核实，但空气污染带来的严重后果是不争的事实。

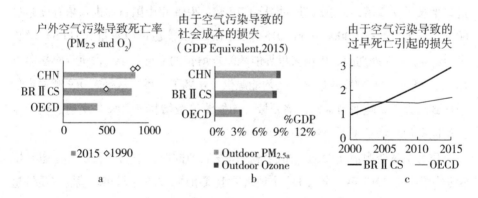

图1-1　空气污染对健康和福祉的危害（a、b、c）

资料来源：中国绿色转型2020—2050课题组。

在传统工业模式下，高投资、出口战略以及制造业的发展推动中国经济高速增长（2008年以前）。

20世纪90年代末，中国开始遭遇一般意义上的生产过剩危机。1997年东

亚金融危机爆发，中国在 1998 年也随之出现通货紧缩危机并且延续了 4 年。对此，经济学家马洪、陆百甫在 1997 年就敏锐地判断中国出现了"生产过剩"。[1][2] 从中国化解生产过剩危机的经验上看，统筹区域发展、城乡发展是一直以来的手段，但当前中国面临着严重的产业资本、商业资本和金融资本三重过剩的局面，这是多年矛盾累积的结果。为此，2013 年 12 月中央经济工作会议提出要着力抓好化解产能过剩和实施创新驱动发展战略。

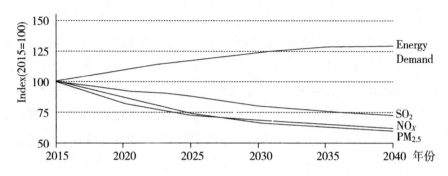

图 1-2　中国空气污染物排放和能源需求量变化情况预测
资料来源：国际能源署（IEA）。

据联合国《迈向绿色经济》报告显示：现在仅存 20% 的商业鱼类种群（基本为低价值物种）未充分开发，52% 已经充分开发而无进一步增产的空间，而且约 20% 已被过度开发，8% 已经耗竭。水资源正日益稀缺，而且水资源承受的压力预计将随之上升，因为 20 年后水资源供应仅能满足全世界需求量的 60%。1990 年至 2005 年森林砍伐量为每年 1300 万公顷。生态稀缺正在严重影响各个经济部门，而这些经济部门（渔业、农业、淡水、森林）正是人类食物供应的基石。国际能源署根据中国做出的气候承诺，预测到 2040 年，中国二氧化硫排放量将低于当前水平近 30%，氮氧化物和 PM2.5 排放量将降低 40% 左右，单位国内生产总值能源消耗将降低 60%，限制总体能源需求的增长。中国由扩大工业生产推动能源需求快速增长的时代将宣告终结，通过转向"新常态"的经济

---

① 马洪，陆百甫. 中国宏观经济政策报告 1997 [M]. 济南：中国财政经济出版社，1997：68.

② 马洪. 正确认识和对待社会主义市场经济条件下的生产过剩 [J]. 生产力研究，1997（4）：7.

增长模式，经济发展与资源环境相互冲突的关系将转变为相互促进的关系，重点将转向高质量发展和可持续发展，实现绿色转型。

三、生态需求觉醒

随着经济增长和工业化城市化发展，中国已拥有世界最大规模的超过 3 亿的中等收入群体（比美国总人口还多 1 亿），占中国总人口的 23% ~30%。2017 年年底召开的中央经济工作会议指出，中国成为了中等收入群体占世界人口最多的国家。这是中央首次明确中国形成了世界上最大规模的中等收入群体。目前中国中等收入群体超过 3 亿人，大致占全球中等收入群体的 30% 以上。[①] 这一社会阶层的崛起，直接导致了从消费市场到政府治理的一系列结构性变化。中等收入群体追求绿色环保、人文和创意，更强调消费的个性化、安全性和多样性，包括乡村旅游中的体验农业和农家乐中的"私人定制"等有原生态追求的旅游消费倾向。强调产品个性化和体验式消费是中等收入群体共同的消费诉求。目前，中国国内对安全、绿色、个性和文化等消费需求正大幅度提高。

人们的消费观念和消费模式，从过去奉行节俭的农业时代发展到以追求刺激消费为主的工业时代，现在正进入绿色消费时代。生态市场需求涉及生产、生活等多方面内容，逐渐形成"生态 +"效应。包括农家乐、渔家乐等民宿经济，绿色产品、林下经济等为代表的生态现代农业，以健康产业为连接点的产业跨界融合，小而美、小而优等亲近自然的经济形态。将生态与经济紧密结合，在生态资源转化为经济产出的同时，运用生态理念改造产业环境，实现经济绿色循环低碳发展的新型发展模式。随着工业化进程加快、城镇化水平提高，人们回归大自然的愿望日益强烈，国内旅游需求特别是享受自然生态空间的需求爆发性增长。据《全国生态旅游发展规划（2016—2025 年）》披露，预计 2020 年国内旅游人数将突破 70 亿人次，居民人均旅游次数将从目前不到 3 次提高到 5 次左右。正在兴起的旅游消费群体已不再满足于观光游，而是向深层次、体验式和主题鲜明的旅游消费方式转变。在中国，生态旅游经过 20 多年的发展，已成为一种增进环保、崇尚绿色、倡导人与自然和谐共生的旅游方式。当前，中国形成了以自然保护区、风景名胜区、森林公园、地质公园、湿地公园、水利

---

① 本刊记者：我国中等收入群体超三亿，咋算的？. 瞭望新闻周刊，2018 – 01 – 09.

风景区、沙漠公园以及海洋公园八大生态旅游目的地体系。党的十九大报告指出，建立以国家公园为主体的自然保护地体系。生态市场需求的扩大与现有发展方式所暴露出的环境与社会弊端密切相关，人们的发展理念、消费需求转向了绿色生态，"绿水青山就是金山银山"的发展理念已逐步成为共识，绿色生态增长正在大量涌现，整个社会经济结构处于重塑状态。

表1-3 中国自然保护地基本情况①

类型	总数量（个）	国家级数量（个）	第一批建立时间
自然保护区	2740	446	1956
风景名胜区	962	225	1982
森林公园	3234	826	1982
地质公园	485	240	2001
湿地公园	979	705*（含试点）	2005*
水利风景区	2500	719	2001
沙漠公园	55	55*（含试点）	2013
海洋公园	33	33	2011

资料来源：国家发改委，国家旅游局. 全国生态旅游发展规划（2016—2025年）.

四、生态文明建设迫切要求

基于日益严重的生态危机的思考，重构人与自然和谐发展的生态文明应运而生。党的十七大首次把"建设生态文明"写进党代会报告，党的十八大把生态文明建设放在突出地位，融入经济、政治、文化、社会建设各方面和全过程，提出："我们一定要更加自觉地珍爱自然，更加积极地保护生态，努力走向社会主义生态文明新时代"。并将建设生态文明纳入了党的行动纲领，《中国共产党党章》明确规定："中国共产党领导人民建设社会主义生态文明"。党的十九大报告指出，加快生态文明体制改革，建设美丽中国。至此，中国建设生态文明

---

① 注：数量截至2016年6月；*705处国家湿地公园中，52处为正式授予，其余为试点；***55处国家沙漠公园中，9处为正式授予。

达到前所未有的高度，中国已成为全球生态文明建设的重要参与者、贡献者、引领者。

加快推进生态文明建设关键在于找到支撑生态文明建设的经济模式。这也是加快转变经济发展方式、提高发展质量和效益的内在要求。当前，中国正在积极推进生态文明建设，落实《生态文明体制改革总体方案》，以坚持尊重自然、顺应自然、保护自然，发展和保护相统一、绿水青山就是金山银山、自然价值和自然资本、空间均衡、山水林田湖是一个生命共同体等理念，推动形成人与自然和谐发展的现代化建设新格局。《生态文明体制改革总体方案》是现阶段中国建设生态文明最为系统、协同的顶层设计，贯彻落实这一顶层设计，需要找到落脚点和突破口。历史实践证明，通过市场发挥作用、辅之以必要的政府规制是调动人的主观能动性、支撑经济发展行之有效的方式。

当前，人类社会面临着资源约束趋紧，环境污染严重，生态系统退化的严峻形势，反思人与自然、人与社会、人与人的关系，是人类文明向前发展的必然。发展与资源环境之间的矛盾日益突出，已成为经济社会可持续发展的重大制约。转变经济发展形态、实现绿色经济转型既是走可持续发展道路的选择，也是更好地满足人们对优质生态产品的需要。总体上，中国生态文明建设水平仍滞后于经济社会发展，生态文明建设的顶层设计缺乏有效的转化机制。

第二节　文献研究述评

生态资源资本化的相关文献研究散落在生态学、经济学、管理学等学科及领域。本书主要从三个方面展开研究述评：一是以时间为轴线，归纳国内外学者对生态与经济发展关系的认识过程、代表性观点及特征；二是梳理具体类型的自然资源资本化；三是述评生态资源价值实现及政府规制研究。

一、生态与经济发展关系的认识

国内外学者对于生态与经济发展关系的认识，大致经历了三个阶段。20 世纪 60 年代，发达国家率先遇到生态环境与经济发展的尖锐矛盾，国外学者开始对经济社会发展现状进行反思。中国对于生态与经济发展关系的研究较晚于西方国家，在 20 世纪 80 年代才展开生态与经济协调发展的研究。20 世纪 90 年代，国外学者拓展了生态与经济发展关系的研究领域，提出自然资本、生态资本等概念，并对其蕴含的内容进行了讨论，倡导走可持续发展道路；国内学者逐渐形成以生态经济协调发展为核心的研究。到了 21 世纪，国外学者提出迈向低碳经济、绿色经济的发展道路，国内学者进一步丰富了生态经济相关研究。特别是党的十八大以来，中国高举生态文明建设大旗，成为全球生态文明建设的参与者、贡献者、引领者，"绿水青山就是金山银山"成为研究热点。

（一）20 世纪 60—70 年代：反思发展现状与提出问题

20 世纪 60 年代西方学者开始对传统经济增长方式进行反思。1962 年，美国海洋生物学家蕾切尔·卡逊夫人（Rachel L. Carson）发表《寂静的春天》一书，书中讲述了化学制剂对环境造成的污染。[1] 可以说，这本书揭开了发达国家"绿色革命"的序幕。1966 年，美国经济学家肯尼思·博尔丁（Kenneth Boulding）基于发达国家为追求 GDP 增长和资本增值而造成的自然环境的危害，发表《即将到来的宇宙飞船地球经济学》论文，文章指出：地球是一个自然资源和环境自净能力都非常有限的封闭系统，人类必须改正放任生产的"牛仔经济"，变为资源循环使用的"宇宙飞船经济"。此外，博尔丁在他的论文《一门科学——生态经济学》中首次提出"生态经济学"概念，这被视为生态经济学诞生的标准。[2] 1968 年，在阿涅尔利基金会的资助下，意大利学者 A. 佩切伊和英国科学家 A. 金，从欧洲 10 个国家中组织了约 30 名学者（含科学家、社会学家、经济学家等），在罗马林奇科学院召开会议，专门探讨人口、粮食、工业化、污染、资源、教育等全球性问题，这便成立了罗马俱乐部（Club of Rome）。

20 世纪 70 年代，世界各国特别是发达国家面临着日益严重的资源短缺、环境污染和生态失衡问题。1972 年 6 月 5 日至 16 日，联合国在瑞典首都斯德哥尔摩召开了由各国政府代表团及政府首脑、联合国机构和国际组织代表参加的讨论当代环境问题的第一次国际会议。会议通过了《人类环境宣言》和《行动计划》，号召各国政府和人民为保护和改善环境而奋斗，由此开创了人类社会环境保护事业的新纪元。同年，以美国生态经济学家丹尼斯·梅多斯为代表的研究

---

① [美]蕾切尔·卡逊. 寂静的春天 [M]. 吕瑞兰，李长生，译. 上海：上海译文出版社，2011：275 - 295.

② 当代马克思主义政治经济学十五讲 [M]. 北京：中国人民大学出版社，2016：130.

小组发表了罗马俱乐部第一份系统研究全球性问题的报告——《增长的极限》,① 报告利用系统动力学建模技术,对地球生态系统与经济增长之间的动态关系进行了定量研究,报告涉及资源、环境、生态和人口之间的问题,讨论了与经济、社会、发展与制度之间的关系,与现实的经济增长方式联系起来,由此指出造成增长极限的根源。其核心思想就是人类社会想要避免崩溃,就必须减少其生态足迹,从传统的经济增长转变为"均衡增长"。而后,出现了一大批相关论著。1972 年,英国生态学家爱德华·哥尔德·史密斯在其著作《生存的蓝图》中指出:现行的工业方式是不能持续的,只有通过政治和经济的改变,灾难才可以避免。1973 年,英国经济学家舒马赫出版了《小的是美好的》一书,指出现代工业体系尽管拥有它全部体现高度智力的先进技术,但却在摧毁自己赖以建立起来的基础,批评以经济增长作为衡量国家进步的标准,质疑西方经济目标是否值得向往,反对核能与化学农药,提出了小型化经济发展理论。② 1974 年,美国著名生态经济学家莱斯特·R. 布朗出版了一系列《环境警示丛书》,掀起了全球环境运动的高潮。1976 年日本坂本藤良撰写的《生态经济学》成为世界上第一部以"生态经济学"命名的著作。

这一时期学者们对传统经济增长方式进行了深刻反思,在大量现象描述与理论批判的基础上,对生态与经济发展关系研究提出问题导向,使得生态与经济发展关系走进人们的视野。

(二) 20 世纪 80—90 年代:拓展研究领域

进入 20 世纪 80 年代,资源短缺、环境污染以及生态失衡问题的加剧,使得世界主要发达国家越来越重视资源、环境、生态与经济社会发展的内在关系。1982 年,赫尔曼·E. 戴利作为主要创始人创建了国际生态经济学学会及《生态经济学》杂志,当时他是世界银行环境署高级经济学家,研究环境经济与可持续发展。80 年代中期,出现两本从世界观和发展观的高度来研究资源环境生态方面问题的书:《熵:一种新的世界观》和《新发展观》。其中《熵:一种新的世界观》是由美国著名社会理论家杰里米·里夫金 (Jeremy Rifkin) 所著。该

① [美] 丹尼斯·梅多斯、德内拉·梅多斯、乔根·兰德斯. 增长的极限 [M]. 李涛,王智勇,译. 北京:机械工业出版社,2013:1.
② [英] E. F. 舒马赫. 小的是美好的 [M]. 虞鸿钧,郑关林,译. 上海:商务印书馆,1984:6.

书根据热力学第二定律重新解释了物质不灭和能量守恒的定律，从熵的视角认为资源正在被转化为垃圾，环境正在被转化为污染，生态正在被转化为千疮百孔的世界。法国经济学家弗郎索瓦·佩鲁（Francois Perroux）出版《新发展观》，他认为美国式生产方式是畸形的，是建立在占世界 20% 的人口使用全世界 80% 的资源的基础上，如果全世界都走这样的经济发展道路，不仅在逻辑上是荒谬的，而且在实践上也是不可行的。因此，必须探索一种新发展观，开辟一条新发展道路。1987 年，布伦特兰夫人代表联合国环境与发展委员会发布《我们共同的未来——从一个地球到一个世界》的报告即《布伦特兰报告》，明确提出了"可持续发展"的概念，即"满足当代人的需求又不危及下一代人满足其需求的能力"，报告中虽未直接提及自然资本，但却提到了"生态资本"。这份报告的意义在于由此演化出 21 世纪人类经济社会可持续发展的方向和道路。

20 世纪 80 年代，国内学者开始对生态与经济发展关系进行反思，逐渐形成以生态经济协调发展为核心的研究。1980 年，著名经济学家许涤新在《经济研究》上发表《实现四化与生态经济学》的文章，同年发起召开了首次生态经济座谈会，提出要加强对生态经济的研究，拉开了国内生态与经济发展关系研究的序幕。1982 年 11 月，他在南昌组织召开了全国第一次生态经济科学讨论会，这是跨学科联合探讨生态与经济协调发展的盛会。1983 年，许涤新在《社会科学战线》上发表《马克思与生态经济学——纪念马克思逝世一百周年》文章。1984 年 2 月，全国生态经济科学讨论会暨中国生态经济学会成立大会在北京召开，来自经济学、生态学、环境科学、林学等领域的专家学者齐聚一堂，论述社会经济必须同生态环境相协调，提出了用生态与经济协调发展为核心的发展思想。1987 年，由中国生态经济学会和云南省生态经济学会联合主办的《生态经济》杂志正式创刊，这是中国也是世界上第一份公开发行的生态经济学术刊物。这一时期中国学者研究生态经济理论的相关论著，集中在生态经济协调发展这个问题上。同时，学者们也开始探索建立生态经济学的理论体系，编写了一大批相关教材。其中以 1987 年许涤新先生主编、一批生态经济学家撰写的《生态经济学》最有影响力。

20 世纪 90 年代是实施可持续发展理念、制定可持续发展战略、开辟可持续发展道路的时代。国内生态与经济协调发展论的建立与发展，在当代中国生态经济理论发展史上具有重要意义。1992 年，中国在联合国里约热内卢大会签署

《21 世纪议程》之后，于 1994 年率先提出《中国 21 世纪议程——中国 21 世纪人口、环境与发展白皮书》，明确了中国的可持续发展之路，提出了中国可持续发展的总体战略和政策。20 世纪 90 年代中期以来，中国生态经济学理论与实践向广度与深度扩展，其中最显著的特点就是向可持续发展领域渗透与融合。由刘思华教授主编的《可持续发展经济学》是这一时期的经典著作。2000 年，刘思华教授在《光明日报》上发表的《生态经济学在中国的发展与展望》一文中，曾评价中国生态经济学研究："正确界定了它的研究对象、性质、范围和任务……探索了现代生态经济系统的基本矛盾及其发展趋势，从而揭示了社会经济与自然生态协调发展是现代经济社会发展的一条重要规律。"

从国外情况看，1992 年 6 月联合国环境与发展大会在巴西里约热内卢召开，大会通过了《里约环境与发展宣言》《21 世纪议程》等重要文件。这次会议共有 189 个国家和地区的领导人参加，这次会议拉开了全球可持续发展的序幕，此后世界各国对可持续发展理论展开了广泛而深入的研究。会议还提出两个具有国际法律制约效力的国际框架公约：《联合国气候变化框架公约》和《生物多样性公约》。其中《联合国气候变化框架公约》缔约方第三次会议于 1997 年 12 月在日本京都召开，并拟定旨在限制发达国家温室气体排放，抑制全球变暖的《京都议定书》。Pearce 和 Turner 于 1990 年出版的著作《自然资源与环境经济学》中正式使用"自然资本"一词。他们将经济学生产函数中的资本理解为人造资本，与之相对应，又提出了自然资本概念。不过，他们并没有给自然资本下一个明确的定义。他们将自然资本分解为四个方面，即自然资源总量（可更新的和不可更新的）和环境消纳并转化废物的能力（环境的自净能力）、生态潜力、生态环境质量（这里是指生态系统的水环境质量和大气等各种生态因子为人类生命和社会生产消费所必需的环境资源）、生态系统作为一个整体的使用价值（指呈现出来的各环境要素的总体状态对人类社会生存和发展的有用性，如美丽的风景向人们提供美感、娱乐休闲等生态服务功能）。R. Costanza 于 1997年明确提出了"自然资本"（Natural Capital）的概念，认为"资本"是在一个时间点上存在的物资或信息的存量，每一种资本存量形式自主地或与其他资本存量一起产生一种服务流，这种服务流可以增进人类的福利。他没有对生态系统和自然资本进行严格的区分，认为自然资本的价格可以通过生态系统的服务来衡量，而生态系统的服务则来自生态系统的功能，即生态系统的生物学性质或生态系统过程，并对全球生态系统的服务和功能进行了价值估计。EI Serafy（1991）指出生态环境提供环境产品和服务就是生态资本，提供产品流和服务流就是自然收益，把生态资本分为可再生的生态资本和不可再生的生态资本。可再生的生态资本几乎不会贬值，而不可再生的生态资本是需要偿还和清算的。1996 年戴利在《超越增长——可持续发展的经济学》中首次提出著名观点"经济系统是环境系统的子系统",① 认为自然资本是指能够在现在或未来提供有用的产品流或服务流的自然资源及环境资本的存量。

这一时期的研究主要特征在于：国内学者逐渐形成以生态经济协调发展为核心的研究；国外学者拓展了生态与经济发展关系的研究领域，提出自然资本、生态资本等概念，并对其蕴含的内容进行了讨论，倡导走可持续发展道路，为21 世纪生态与经济发展关系的研究奠定基础。

（三）21 世纪以来：迈向低碳经济、绿色经济

21 世纪以来，对于自然资本为核心的生态经济理论的研究深度和广度都有了新的进展。2003 年英国能源白皮书《我们能源的未来：创建低碳经济》首次提到"低碳经济"这一概念，白皮书中谈到低碳经济是通过更少的自然资源消耗和更少的环境污染，获得更多的经济产出。2004 年 6 月初，在德国召开的国际可再生能源大会吹响了新能源革命的号角，世界各国开始开发利用新能源。2008 年的世界金融危机彻底粉碎了世界经济歌舞升平的美梦，揭露了以化石能源为基础的工业经济的弊端，为新能源经济带来了机遇。2011 年联合国环境署发布了《迈向绿色经济——实现可持续发展和消除贫困的各种途径——面向政策制定者的综合报告》，提出了"绿色经济"是可促成提高人类福祉和社会公平，同时显著降低环境风险与生态稀缺的经济。绿色经济可视为一种低碳、资源高效型和社会包容型的经济。2012 年杰米里·里夫金出版了《第三次工业革命》一书，提出以互联网技术和新能源为基础的第三次工业革命将引领人类走向后碳时代的经济可持续发展之中。值得注意的是，赫尔曼·E. 戴利和小约翰·B. 柯布合著的《21 世纪生态经济学》阐明了生态经济学的理论框架和主要

---

① ［美］赫尔曼·E. 戴利. 超越增长——可持续发展的经济学［M］. 诸大建，等译. 上海：上海译文出版社，2001：8 - 9.

学术观点以及研究的主要问题和最终目的。① 该书认为传统经济和增长导向的产业经济，将人类引向环境灾害的边沿，对传统经济理论和政策进行深刻批判。认为现代经济学只关注经济效率、资源配置和利润，其目的是追求经济无限增长和自我利益的最大化满足，这不仅违背自然生态系统的基本规律，而且还不能真正转化为人的切实福利，这是导致现代经济危机、社会危机和生态危机的真正根源，提出用最少的生态代价获取与大多数人生命相关的最大福祉。该书获得美国国家图书大奖，被认为与埃莉诺·奥斯特罗姆的《公共事务的治理之道》共同指明了人类 21 世纪的新经济学之路。

　　21 世纪以来，国内学者进一步拓展对生态与经济发展关系的研究视角，从生态经济时代变革、经济学范式以及运行机制等角度开展丰富的研究。张孝德近年来在一系列文章中提到了新兴的生态经济，指出工业经济到生态经济的变革是一个属于时代级别、触动文明模式变革的革命，提倡要把实现生态文明与建设中国特色的生态经济，作为中国下一个 30 年发展的新目标来对待。② 同时，他还提出将生态经济作为生态文明建设的经济基础，并实施生态文明立国战略。在 2002 年"全国生态经济建设理论与实践研讨会"上，中国生态经济学会副会长刘思华提交《论"空的世界"经济学与"满的世界"经济学》论文，提出了从传统经济学向生态经济学转变，在研究范式上是从空的世界经济学向满的世界经济学的转型。张德昭（2008）认为生态经济学的出现标志着经济学中一场范式转换的发生。生态经济学的出现是人类自然观从机械论转变为现代有机整体论的标志；生态经济学本质上是一种人本主义经济学，而生态经济是一种德性的经济，它的实现关键在于自然观、价值观、伦理观和发展观的变革。③ 也有学者从学科分类进行研究，如沈满洪（2008）指出生态经济学包括系统篇、产业篇、价值篇、消费篇、制度篇五大篇，生态经济学的学科群包括理论生态经济学和应用生态经济学，应用生态经济学又包括专门性生态经济学、部门生

①　[美] 赫尔曼·E. 戴利，小约翰·B. 柯布. 21 世纪生态经济学 [M]. 王俊，韩冬筠，译. 北京：中央编译出版社，2015：1 - 6.

②　张孝德. 生态经济为中国经济战略转型导航开路 [J]. 经济研究参考，2012（61）：68 - 74.

③　张德昭. 生态经济学的范式——生态、经济与德性之思 [J]. 自然辩证法研究，2008（5）：99 - 101.

态经济学和区域生态经济学等。①

生态与经济发展关系的深化研究来源于实践探索，同时也更好地指导实践。当今世界，中国用占世界7%的土地养活了占世界22%的人口，这是中国致力于解决好资源、环境、生态与人口之间关系的最好事实证明。2005年9月，时任浙江省委书记的习近平同志在浙江日报《之江新语》发表《绿水青山也是金山银山》的评论，鲜明提出"如果把生态环境优势转化为生态农业、生态工业、生态旅游业等生态经济优势，那么绿水青山也就变成了金山银山"。② "两山"理论的提出，为浙江的发展指明了方向。党的十八大对生态文明建设的战略地位、价值理念、建设内容等方面做出全面、系统、具体的规划，这是党的历史上第一次把生态文明建设提升至与经济、政治、文化、社会建设并列的高度，共同写入中国特色社会主义事业总体战略布局，突出了生态文明的战略地位。2015年，中共中央、国务院先后发布《关于加快推荐生态文明建设的意见》《生态文明体制改革总体方案》，这为加快建立系统完整的生态文明制度体系，加快推进生态文明建设，增强生态文明体制改革的系统性、整体性、协同性指明了方向。党的十八届三中全会指出，要紧紧围绕建设美丽中国深化生态文明体制改革，加快建立生态文明制度，健全国土空间开发、资源节约利用、生态环境保护的体制机制，推动形成人与自然和谐发展的现代化建设新格局。《国民经济和社会发展第十三个五年规划纲要》明确指出，加快构建自然资源资产产权制度，确定产权主体，创新产权实现形式。保护自然资源资产所有者权益，公平享受自然资源资产收益。

进入21世纪以来，国外学者沿着生态与经济社会可持续发展的视角，提出迈向低碳经济、绿色经济的发展道路。国内学者进一步丰富生态经济研究范式，倡导避免走发达国家"先污染、后治理"的传统经济发展模式，特别是在党的十八大把生态文明建设放在突出地位之后，国内掀起研究热潮，并在实践领域形成有效探索。中国将生态文明建设上升到国家战略的高度，相关政策、文件的出台充分说明中国高度重视资源、环境、生态与经济社会协调发展的关系，并在实践层面做出具体的规划探索。美国学者约翰·贝拉米·福斯特评价，中

---

① 沈满洪. 生态经济学［M］. 北京：中国环境出版社，2008：1-10.
② 习近平. 之江新语［M］. 杭州：浙江人民出版社，2007.

国开创性建设了一种新的生态发展模式，这需要朝向一个不同于以往的方向发展。①

二、自然资源资本化相关研究

人类社会的生产生活与自然资源密切相关。自然资源作为一种资产，实现市场化运营、形成资本，对于提高资源、环境与经济发展协调性具有重要意义。特别是自然资源富集但资本稀缺的欠发达国家和地区，将自然资源转化为资本，则能够更好地促进地区经济发展。如温铁军（1997）基于中国农村改革试验区扶贫体制改革的实证经验，认为资源资本化应成为中国欠发达地区改革与发展的主要目标。② 沈振宇（2001）、李杨（2006）、许道荣（2007）、刘升（2011）、李因果（2014）等都从不同角度论证了资源资本化与区域经济发展的关系，并提出了针对性措施。国内外学者对于某一种自然资源资本化研究已经有较为丰富的理论成果，并且依据不同的理论分析框架，解释该种自然资源资本化机理。在实践中，借用市场制度，自然资源资本化出现了一套可价值量化的工具，以使国家或市场主体进行价值评估。在已有对自然资源资本化的研究中，主要体现在土地、矿产、水等方面。

（一）土地资源资本化

土地是最早进入经济学研究视角的自然资源，也是讨论最为激烈、成果最为丰富的资源经济学内容之一。对于土地资源重要性的认识，最早可以追溯到威廉·配第的"劳动是财富之父，土地是财富之母"的论述。在早期的文献中，土地几乎等同于自然资源。马克思在《资本论》中论述地租理论时，认为"地租的占有是土地所有权借以实现的经济形式"。③ 土地的所有权使得所有者获得土地收益，这一事实已表明土地的资产属性。中国的改革始于农村家庭联产承包责任制，这也是对土地资源生产关系的一种认识。在中国走向市场化、工业化、城市化和现代化的过程中，对于土地资源的相关研究从来没有停止过。何

---

① 约翰·贝拉米·福斯特. 中国创建属于自己的生态文明 [N]. 人民日报（国际论坛），2015 – 06 – 11.

② 温铁军. 欠发达地区经济起飞的关键是资源资本化——中国农村改革试验区扶贫体制改革的实证经验 [J]. 管理世界，1997（6）：136 – 144.

③ [德] 马克思，恩格斯. 马克思恩格斯全集：第25卷 [M]. 中央编译局译. 北京：人民出版社，1974：714.

秀恒等人（1999）对土地资源资本化运营的思路、做法和效果进行了研究，认为农垦土地以有偿承包的形式由职工或社会人员承包，解决了土地分散零星经营状况、挖掘资金潜力，特别是对解决当时农垦系统生产费和生活费由职工个人自理问题有着重要探索意义。① 何秀恒等人所提的"农垦两费自理改革"，实际上是借鉴了农村家庭联产承包责任制的经验。在城市土地资源资本化运营方面，改革之初仍对城市土地在社会主义市场经济条件下是否存在价格问题进行激烈讨论。城市土地的资本化运营是城市土地统一管理战略和公开交易战略的有效运用，其实现形式为城市土地的招标、拍卖、挂牌出让制度。② 龙昌林（2006）认为在市场经济条件下，围绕城市经营战略，政府以土地所有者的身份，用经营手段运作土地资本，从而实现整个城市社会经济的协调发展和土地资本效益的最大化。③ 事实证明，城市土地资源资本化运营是地方政府财政收入的重要来源。农村土地资源能否有效发挥市场机制配置土地资源功能、怎样发挥以及如何达成合理的利益分配格局，则是学者们一直关注的焦点。在现行市场经济运行中，土地资源作为一种特殊商品，其有效配置应通过市场机制来实现，结合中国农村经济改革与发展的现实，中国未来农村土地流转机制的主要实现方式是股份、租赁、抵押和买卖。④ 胡亦琴（2004）认为充分发挥市场机制配置土地资源的功能，土地资本化经营，是现行土地制度约束条件下土地要素流转机制创新的最佳选择。⑤ 土地可以被作为重要的资本进行投资并取得增价收益，农民出让其土地使用权，通过村集体经济组织参与对土地进行投资、开发、利用并取得资本收益；土地资源资本化的实质是：留给村集体经济组织的土地作为生产资料的基本属性并没有改变，村集体和农民享有基于土地开发的资本收益；土地资源资本化的结果是农村集体经济组织得到加强。⑥ 王曙光

---

① 何秀恒、李德增、杜玉祥. 两费自理改革的新尝试：土地资源资本化运营 [J]. 中国农垦经济，1999（10）：23 – 25.

② 刘永湘、杨继瑞. 论城市土地的资本化运营 [J]. 经济问题探索，2003（3）：46 – 50.

③ 龙昌林. 城市国有土地资本运营之我见 [J]. 南方国土资源，2006（6）：37 – 38.

④ 徐翔. 论土地使用权的资本化 [J]. 吉林大学社会科学学报，2001（2）：73 – 78.

⑤ 胡亦琴. 农地资本化经营与绩效分析——以浙江省绍兴市新风村农地资本化经营为例 [J]. 江海学刊，2004（5）：76 – 80.

⑥ 邹富良. 土地资源商品化与土地资源资本化——对失地农民社会保障效果的比较 [J]. 调研世界，2009（5）：10 – 13.

和王丹莉（2014）强调土地资本化解决了农民抵押物不足的问题，给农村金融发展带来了机遇。① 土地资源资本化给农村发展带来机遇，但在利益分配上产生了巨大差异。由于产权制度以及经济起飞阶段普遍存在的产业资本稀缺的问题，使得土地在资本化过程中呈现出利益向开发商倾斜的局面。② 杨帅和温铁军（2010）以土地资源资本化的机制、主体及增量收益分配状况的变化为线索，分析了三者的相关关系，描述了产业资本及金融资本在土地资源资本化过程中形成并高速扩张的趋势，并考察了在此过程中的增值收益分配及成本分摊状况。③ 随着市场经济的发展，如何发挥市场在资源配置中的决定性作用，成为下一步研究的热点。土地资源作为具有不动产性质的经济要素，对土地的拥有、控制、支配、使用、收益等相关权利的分割，以及实现实物资本与权利的结合，促进土地资源收益最大化起到了。

（二）矿产资源资本化

在诸多自然资源的研究中，矿产资源资本化研究也较早进入研究视野。早期研究主要围绕采矿权及其资产核算来界定矿产资源资本化。沈振宇（1999）指出矿产企业在取得采矿权时需要向矿产资源所有者（国家）支付采矿权的价值，矿产企业在会计核算时要将其登记为递耗资产，并分期计入矿产品成本。④ 朱学义（1998、1999、2000、2008、2010）持续关注矿产资源资本化问题研究，他认为矿产资源资本化是将矿产资源确认价值进行资本运营，并按会计"资本化"方式处理的过程，包括采矿权、探矿权、矿产资源所有权收益资本化，并提出中国矿产资源"有偿使用"制度的改革经历了 20 多年，是一个"资本化"的改革过程，并就新时期矿产资源管理体制改革存在的问题提出破解思路。⑤⑥

---

① 王曙光，王丹莉. 农村土地改革、土地资本化与农村金融发展 [J]. 新视野，2014（4）：42 - 45.

② 何晓星，王守军. 论中国土地资本化中的利益分配问题 [J]. 上海交通大学学报（哲学社会科学版），2004（4）：11 - 16.

③ 杨帅，温铁军. 经济波动、财税体制变迁与土地资源资本化——对中国改革开放以来"三次圈地"相关问题的实证分析 [J]. 管理世界，2010（4）：32 - 45.

④ 沈振宇. 矿产资源资本化 [J]. 中国地质，1999（7）：26 - 35.

⑤ 朱学义，张亚杰. 论中国矿产资源的资本化改革 [J]. 资源科学，2008（1）：134 - 139.

⑥ 朱学义，戴新颖. 论中国矿产资源资本化改革的新思路 [J]. 中国地质大学学报（社会科学版），2010（6）：41 - 44.

李国祥、张伟等（2016）对中国矿产资源资本化进程进行评价，得出地质勘探、社会投资、采矿权交易等因素对矿产资源资本化又显著影响，而金融工具创新对促进矿产资源资本化进程的作用微乎其微，建议通过金融创新、市场经营模式多元化等方式加快矿产资源资本化进程。① 在矿产资源资本化收益分配方面，其收益主体被部分人过度占有，造成部分人暴富，国家和全体国民利益受损，主要原因是矿产资源资本化过程中缺乏合理分配机制。② 因此，通过明晰产权，增开资源税，完善国有企业经营管理制度，规范公共产品的资本化运营，可有效提高国民分享资源增值收益的份额。随着市场经济环境的变化，资源型企业发展方式得到转变，矿产资源型企业实现了转型升级，走向了可持续发展的道路。通过运用价格、税收、财政、信贷、收费、保险等经济手段，建立激励和约束机制，构筑完善资本市场，保障矿产资源型企业向资本化发展转型升级，是矿产资源型企业可持续发展的路径选择。③ 矿产资源资本化研究已不再局限于矿产品等初始资本化阶段，反而转向了采矿权等产权交易，进而实现矿产资源可持续利用。如王艳龙（2012）将矿产资源作为生产要素参与社会再生产，在开发销售矿产品的基础上，进一步借助资产证券化等金融手段，促进矿业权的资本化运营，带动地区投资、技术创新和人力资源积累，消除资源开发的挤出效应，进而促进矿产资源地区经济可持续发展。④ 蒋正举（2014）分析了矿山废弃地资源化、资产化、资本化的具体转化过程，对矿山废弃地价值评估、矿山废弃地产权明晰、矿山废弃地资产投资收益回报机制、矿山废弃地资本化方式、矿山废弃地资本化价值以及矿山废弃地资本化运营进行探讨。⑤

（三）水资源资本化

水是生命之源，是基础性的自然资源，关系到经济社会的可持续发展。我

---

① 李国祥，张伟，王亚君. 中国矿产资源资本化进程评价及实证分析［J］. 经济与管理，2016（8）：978－982.

② 张车伟，程杰. 收入分配问题与要素资本化——我国收入分配问题的"症结"在哪里？［J］. 经济学动态，2013（4）：14－23.

③ 王锋正，郭晓川. 可持续性科学视角下矿产资源型企业转型升级路径研究——源自内蒙古的实证数据［J］. 工业技术经济，2012（10）：62－70.

④ 王艳龙. 中国西部地区矿产资源资本化研究［D］. 北京：北京邮电大学，博士学位论文，2012：56.

⑤ 蒋正举. "资源—资产—资本"视角下矿山废弃地转化理论及其应用研究［D］. 北京：中国矿业大学，博士学位论文，2014：48.

们需要重新认识水的属性，从"资源"水演化为"资本"水的过程，实现水资源价值增值的关键在于水资源资本化运营①。现行资本化方式包括：水资源经营权转让、取水权交易、水商品使用权交易、水排污权交易等，但实现这些的前提条件是明晰水权，以及通过技术转换而形成的生态资本市场。对于水权的研究，国外学者做了不少富有成效的努力，如 Gisser 和 Johnson（1983）认为如果界定第三方的权力时，效率需要水权具有可转让性；Anderson 等（1994、1997）认为水市场存在的前提是水权界定完全，一个界定良好的、可实施的可转移产权是地下水市场配置的关键。② 水资源资产因其流动性、循环性、不均匀性等特点，表现出了与其他资源资产不同的特征，因此较难界定水资源产权。在国内学者中，如汪恕诚（2000）、胡鞍钢（2000）、石玉波（2001）、沈满洪（2004）等研究通过水市场实现水权转让与交易。李雪松（2006）在研究水资源初始产权界定时，依据水资源形态分为气态水、液态水和固态水进行初始水权界定，依据水资源体系的层次分为全球、国家、流域进行初始水权界定。③ 在明晰水权基础上，实现水资源资本化运营，如何实现有效的水资源评估、运营模式、管理机制、风险管控以及收益分配机制则成为关注的焦点。刘加林等（2013）认为水资源资本化是将水资源价值通过市场化逐渐真正实现自我价值，强化水资源作为资本化运营实现价值最大化的作用，水资源资本化运营路径是由资产化、要素化、资本化、产业化构成，通过市场创新、政府创新和社会创新，从而构筑起"市场—政府—社会"三足鼎立的制度结构，以实现水资源资本化运营目标。其中，市场机制在水资源配置领域起到了基础性作用；政府对水资源生态治理的直接投资或参与组合投资，形成调控机制；公众参与监督，确保水资源产品质量与社会功能性。④ 张莉莉等（2015）就依据什么原则监管、谁来监管、监管什么等方面探讨水资源资本化的法律监管制度，认为水资源资本化的法律规制适用于多元化主体的管理机制，并就水权交易的一二级市场种

---

① 严立冬，屈志光，方时矫. 水资源生态资本化运营探讨 [J]. 中国人口·资源与环境，2011（12）：81－84.

② 刘普. 中国水资源市场化制度研究 [D]. 武汉：武汉大学，博士学位论文，2010：6.

③ 李雪松. 水资源资产化与产权化及初始水权界定问题研究 [J]. 江西社会科学，2006（2）：150－155.

④ 刘加林，等. "四化两型"视角下湖南水资源资本化运营机制探讨 [J]. 生态经济，2013（5）：163－165.

类、交易标的、交易价格等内容构建基础性法律制度。① 田贵良、周慧（2016）梳理了在水资源市场化配置下水权交易改革实践与政府监管的关系，对市场交易主体、交易水量额度、交易价格等方面进行考察，设计中国水权交易监管制度框架。②

依附于土地、水等资源形成的自然风光，旅游资源资本化成为自然资源价值体现的重要方式。随着旅游产业的快速发展，传统的旅游资源管理体制的弊端日益显露。旅游资源管理受到条块的多元分割，权益归属不明、收益分配不均，旅游价值被低估等阻碍了旅游资源市场化进程。多年来，国内外学者将旅游资源资产化和资本化作为旅游资源深度开发的研究热点。国外学者关注更多的是旅游资产私有化（Healy，1994；Cheong，2005），也对旅游资源资产的概念（Garrod 等 2006）、信托投资模式（Kim 和 Jang，2012）、成本测算（Park 和 Jang，2014）开展研究。国内学者对旅游资源资产内涵（纪益成，1998；黎洁，2002）、必要性（马波，2001；敖荣军、黄艳，2003）、管理措施（吴伟东，2005；唐德彪，2007）与运行路径（范定祥、何艳，2009）、形成机制（刘滨谊、张琳，2009）等进行研究。其中，刘滨谊、张琳（2009）以旅游资源的价值、收益、存量界定旅游资源资本化的内部属性，认为在旅游资源所有权、经营权、管理权相分离的基础上，通过旅游资源价值量化评估，运用市场机制，实现旅游资源资本化，并提出旅游资源的分类资本化、分级资本化、分区资本化和分项目资本化。③ 孙京海（2008、2010）对"旅游资源资本化"的前提基础（确权）、价值评估、会计确认与计量、市场配置机制和保障措施进行了研究。④ 周春波、李玲（2015）以旅游资源资本化演进路径为切入点，比较深入地分析旅游资源资本化过程。⑤ 他们认为从旅游资源到旅游资产再到旅游资本，

① 张莉莉，高原. 水资源资本化的法律规制：理论逻辑与制度建构 [J]. 西部法学评论，2015（2）：88 - 95.

② 田贵良，周慧. 中国水资源市场化配置环境下水权交易监管制度研究 [J]. 价格理论与实践，2016（7）：56 - 60.

③ 刘滨谊，张琳. 旅游资源资本化的机制和方法 [J]. 长江流域资源与环境，2009（9）：825 - 829.

④ 孙京海. 旅游资源资本化研究 [D]. 北京：中国矿业大学，博士学位论文，2010：1.

⑤ 周春波，李玲. 旅游资源资本化：演进路径、法律规制与实现机制 [J]. 经济管理，2015（10）：125 - 134.

是一个资源自然属性、经济属性以及价值增值的过程，这一过程夹杂着时间继起性、空间并存性，通过明晰旅游资源产权和量化评估旅游资源经济价值实现旅游资源资产化，通过出租、抵押、转让、入股等市场化配置以及资产证券化等金融工具创新增加旅游资源可交易性和价值增值，即旅游资源资本化实现机制，建议政府推进旅游用地分类管理、优化旅游资源经营权的估价机制与交易市场，以促进旅游资源资本化。

三、生态资源价值实现及其规制研究

生态资源概念界定的不一致，使生态资源价值实现的表达方式呈现出"仁者见仁智者见智"的局面。本部分从生态系统服务功能价值及其评估、生态资源资本化实现方式、生态资源资本化政府规制三个层面梳理有关生态资源价值实现及政府规则研究。

（一）生态系统服务功能价值及其评估

国外生态系统服务功能价值的评估研究可以追溯到 1925 年，比利时学者 Drumarx 首次以对野生生物游憩的费用支出作为野生生物的经济价值。此后，Dafdon（1941）、Flotting（1947）、Clawson（1959）、Davis（1964）、Nordhaus（1973）、Charles（1989）等运用不同的方法核算出野生生物的经济价值。1997 年，Robert Costanza 等人在《自然》杂志上发表了《全球生态系统服务价值与自然资本》一文，把当年全球的生态系统分为 10 大类，按照 17 种不同的服务类型，分别进行了经济价值的核算，最终得出全球生态系统的服务价值总额为 33.3 万亿美元，相当于当年全球所有国家 GDP 总和的 1.8 倍。2011 年，世界银行发布的《国民财富变化：衡量新千年可持续发展》，把自然资本定义为一个国家的全部环境遗产，通过对资源在使用年限内的"经济租金"贴现和加总来估算自然资本价值；资源损耗核算包括能源、矿产资源和森林资源的净损耗。世界银行的《集团环境战略（2012—2022）》就致力于推动将自然资本纳入国民核算。2012 年，世界银行发起了"财富核算和生态系统服务估值"（WAVES）的全球伙伴关系项目，旨在推广联合国开发的综合环境经济核算体系（SEEA 2012），将包括空气、清洁水资源、森林和其他生态系统在内的自然资本价值纳入商业决策和国家的国民核

算体系，并加大对执行国家的支持力度。①

国内学者对于生态价值的评估可以追溯到 20 世纪 80 年代初。1984 年，马世骏先生发表了名为《社会经济自然复合生态系统》的文章，代表生态学家涉足经济学领域。② 傅绶宁等（1987）、过孝民等（1990）、吴熊勋（1992）、李金昌（1994）、郎奎建等（2000）、姜文来（2003）、陶星明等（2006）、吴珊珊（2008）、许妍（2010）、李坦（2013）、荆田芬（2016）等采用不同的生态环境价值评估方法估算生态系统服务功能经济价值。陈仲新等（2000）根据 Costanza 等人的研究成果，按照面积比例对中国生态系统的服务功能经济价值进行评估，得出中国生态系统服务功能的经济价值约为 7.78 万亿元人民币。③ 2014 年年底，国家林业局与国家统计局联合对外发布了中国森林资源核算研究成果，成果显示，全国林地林木资产总价值 21.29 万亿元。总体而言，中国资源环境核算大致经历三次热潮。第一次是 20 世纪 80 年代，以李金昌、徐嵩龄、过孝民、郑易生等专家为代表，提出将自然资源纳入国民经济核算体系；第二次热潮是 21 世纪初期，中国政府开展绿色 GDP 研究工作后，以高敏雪、雷鸣、王金南等为代表，对国内开展环境经济核算的方法和思路进行不断完善；第三次研究热潮也就是当前中国正在编制的自然资源资产负债表，各级政府部门、研究机构开展了大量研究。④

2015 年，由民间智库、德稻环保金融研究院（IGI）主办的"未来新经济——生态经济的可持续发展模式"峰会上发布了中国首个地级市自然资源资产负债表。研究者在自然资源资产负债表中，把三亚可投资的自然资源项目分为三类：经济增长和自然资本负增长项目，经济与自然资本协同增长项目，自然资本增长较大但经济增长较小项目。得出三亚自然资源价值为 2000 多亿元，为该市 2014 年 GDP 的 5 倍以上。2016 年 10 月，世界自然基金会（WWF）发布了首份浏阳河流域自然资本评估报告，指出：浏阳河流域自然资源资产总的价值量为 24028 亿元。其中，存量自然资源资产为 6696 亿元，包括：流域内土地资

———————————

① 高和然. 国际自然资本核算的理论和实践启示 [J]. 中国生态文明，2016 (6)：61 - 65.

② 刘玉龙，等. 生态系统服务功能的价值评估方法综述 [J]. 中国人口·资源与环境，2005 (1)：88 - 92.

③ 陈仲新，等. 中国生态系统效益的价值 [J]. 科学通报，2000 (1)：17 - 22.

④ 周宏春. 生态价值核算回顾与评价 [J]. 中国生态文明，2016 (6)：54 - 61.

源价值量约 2665 亿元, 林地资源价值约 1719.5 亿元, 耕地资源价值约 404 亿元, 草地资源价值约 50 亿元, 水资源与水能资源价值约 98.62 亿元, 林木资源价值总量约 56 亿元, 主要矿产资源资产价值约 3876 亿元。作为可再生自然资源, 浏阳河流域水资源、林木资源、耕地资源每年都会产生新的价值。经核算, 浏阳河流域水资源价值量约 50 亿元/年, 全流域林木资源价值年均增量约为 1.02 亿元/年, 林下经济年均增量约为 2 亿元/年, 森林碳汇资源价值约为 0.32 亿元/年, 全流域水能资源价值约为 48.62 亿元/年。① 高吉喜 (2014) 认为生态资产价值表现为直接自然资源价值和间接服务功能: 直接的自然资源价值即生态系统生产可供人类利用的生物资源; 间接服务功能即生态服务功能。因功能的不同表现出不同的价值, 自然资源价值、生态服务价值和生态产品价值, 如图1-3所示。生态资产评估主要包括实物量评估和价值量评估: 实物评估法

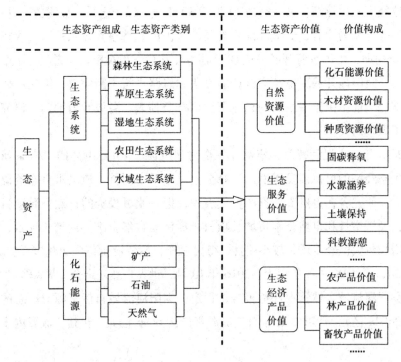

图1-3 生态资产组成及其价值构成

资料来源: 高吉喜《生态资产评估在环评中的应用前景及建议》, 载《环境影响评价》, 2014 年第 1 期。

---

① 徐海瑞. 浏阳河流域家底: 2.4 万亿元 [N]. 潇湘晨报, 2016-10-20.

主要按照常规的各项生态资产计量单位评估同种生态资产的占有量、消费量、流转量的变化；生态资产的货币价值计量包括自然资产价值的估算和生态系统服务价值的估算。依据目前生态系统服务与自然资产的市场发育程度，现存的生态资产的货币价值计量方法大致可以归为三大类：直接市场法、替代市场法和模拟市场法，并评价了各自的优缺点，如表1-4所示。

表1-4 近年来中国主要废水、废气排放量情况

分类		评估方法	优点	缺点
生态资产实物量评估法	资源计量法	实物存量评估法	评价方法和过程简单，容易被普通公众理解和掌握	不同类型的生态资产难以横向比较和汇总
		生态足迹评估法	多在区域统计年鉴中获取，不同类型、区域的生态资产可以横向比较，也可以汇总分析	难以全面反映区域之间生态资产交流情况，无法分析区域内部同一类型生态资产质量差异
	能值分析法	能值货币价值法	可比较不同类别、不同等级层次上的物质或非物质性能量	由于生态经济系统的复杂性，可能存在重复和遗漏数据的问题
生态资产价值量评估法	直接市场法	费用支出法	可较好量化生态环境价值	不能全面、真实地反映生态资产价值
		市场价值法	评价较客观	需全面充足数据，受市场波动影响，在衡量非物质性资产时争议较大
	替代市场法	机会成本法	较全面体现了资源系统的生态价值，可信度高	无法衡量资源稀缺价值
		恢复和防护费用法	可通过生态恢复费用或防护费用量化生态环境价值	评估价值偏低，环境生态服务价值无法衡量
		影子工程法	可将难以直接估算的生态价值用替代工程表示	替代工程非唯一性，替代工程时间、空间差异较大
		人力资本法	可对难以量化的生命价值进行量化	效益归属及理论问题尚存在缺陷

分类		评估方法	优点	缺点
生态资产价值量评估法	替代市场法	旅行费用法	可核算生态系统休憩的使用价值，可评价无市场价格的生态环境的价值	不能核算生态系统的非使用价值，可信度低于直接市场法
		享乐价格法	通过侧面比较分析可求出价值	主观性强，受其他因素影响较大，可信度低于直接市场法
	模拟市场法	条件价值法	适用于缺乏实际市场和替代市场的商品的价值评估，能评价各种生态服务功能的经济价值，适用于独特景观和文物古迹的评价	实际评价结果常出现重大偏差，调查结果的准确性依赖于调查方案的设计和被调查对象等诸多因素，可信度低于市场法

（二）生态资源资本化实现方式

随着人们对生态资源需求加大、市场开发能力加强以及相关制度的完善，不同的生态资源类型表现出不同的资本化实现方式。谢慧明（2012）将生态资本归纳为交易、补偿和投资三种方式，并在实践中总结为三种思路：一是区域内生态资源通过交易方式转化为生态资本（排放权交易），二是区域间生态资源通过补偿方式转化为生态资本（流域生态补偿），三是国际间生态资源通过投资方式转化为生态资本（清洁发展机制）。[①] 生态资源资本化的实现涉及主体、客体以及运营平台建设，需要政府、企业和个人作为不同的功能主体，通过精心设计生态资产资本化运作方案并开展可行性评估，采取适宜的运作途径，将生态资产转变为符合社会消费需求和市场经济增值能力的生态资本，以实现生态效益、经济效益和社会效益的最大化。高吉喜等（2016）认为政府是生态资产资本化运营投资主体、制度保障主体与推进主体，企业是生态资产资本化运营的操作主体和消费主体，社会公众、民间社会组织是生态资产资本化的监督辅助主体和消费主体，生态资产资本化需要不同功能主体参与，需要瞄准包括生态资产权属、生态资产存量、生态资产流量三大类型的生态资产客体，通过深

---

① 谢慧明. 生态经济化制度研究 [D]. 杭州：浙江大学，博士学位论文，2012：41－43.

度开发生态产品增值、优化配置生态资产共生增值、交易生态资产权属、交易生态服务、产业化运营实现生态资产资本化。① 2015 年 9 月，由 Robert Costanza、Donald H. Chew、Robert G. Eccles、龙永图、段培君、诸大建、谢高地等国内外学者以及李卓智、胡建忠等企业家共同发起了《自然资本未来新经济上海宣言》，宣言倡议：建立区域自然资本负债表、发展健康的 GDP 与自然资本（NC）双增长模式、投资关键的自然资本领域、开展面向自然资本的 PPP 模式，以此为推动金融资本和自然资本的携手合作，探索践行可持续发展的新经济模式。并在操作层面给出具体路径：由专业机构编制自然资源资产负债表；政府提出改进目标、竞争性引入专业自然资本投资者；开展项目实施前后第三方评估，根据评估情况，对于超出目标部分政府给予基准回报，未达标部分由投资者承担。2016 年 3 月，刘世锦向全国两会提交的《生态资本实物核算、市场交易的建议》中指出，绿色发展首先要实现生态资本可核算可交易：一是生态资本的核算要以特定实物量作为共同核算单位，选取一种生态资本中有益元素的含量计算出实物量，以此作为计量单位，通过某种权重对不同类型生态资本实物量加总，形成特定地区的生态资本实物总量。二是借助互联网、物联网技术进行生态资本实物量的数据采集和计算，并选择县域试点，划定特定区域。三是在特定区域内，依照现有的产权法律归属，界定不同类型生态资本实物量的产权所有者，让已获得实时在线监测核算实物量的特定区域生态资本进行市场交易，交易双方根据某种生态资源的判断形成不同的价格，以此实现生态资本可计量、可定价、可核算、可交易。他所提的建议实质上是对生态资源资本化实现过程的论述，具有很强的针对性。

（三）生态资源资本化政府规制研究

生态资源资本化过程离不开政府与市场的关系研究，在阐述生态资源产权界定、价值评估以及市场环境等方面均涉及政府规制内容。让生态商业"有利可图"，并形成集体行动，需要政府的制度设计。② 李小玉（2014）认为从经济学外部性理论的视角分析生态资本运营中的外部性问题，指出生态资本运营中

① 高吉喜，等. 生态资产资本化：要素构成·运营模式·政策需求 [J]. 环境科学研究，2016（3）：315 – 321.

② 张劲松. 生态商业：让生态文明建设成为有利可图的制度设计 [J]. 国外社会科学，2015（5）：13 – 20.

产生的外部性问题是不能根除的，只能尽可能地结合具体情况，通过构建政府和市场的生态补偿机制，来确定相对较优产量或消费水平，实现生态资本运营由外部性向"内部化"的转化。① 利用市场竞争机制，让个人、企业和外资竞相介入，成为生态产品的供给主体，政府则是生态产品的购买者，其实质是政府部门与私营企业签订合同或协议后，由后者生产某方面的生态产品，政府来负责监督合同的履行，并向后者支付费用。同时，在生态产品的市场化供给过程中，营利性企业或组织也必须承担公共责任，接受政府的规制和公众的监督，如见图1-4所示。②

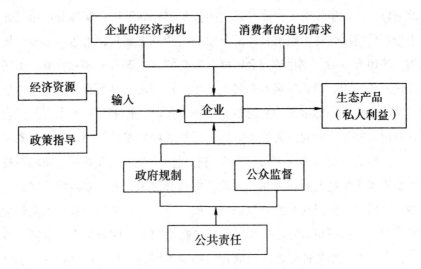

图1-4 基于市场的生态产品供给的运行机制

生态产品的市场供给，是生态资源资本化内容的一部分，生态服务的公共产品性和外部性决定了政府生态服务供给的角色——完善生态资源环境保护的政府规制工具、创新生态服务的补偿工具。③ 政府参与到生态资本运营的内外部机制中，包括积累机制、转换机制、补偿机制、激励机制，并且政府政策支

---

① 李小玉，孟召博. 基于外部性视角的生态资本运营 [J]. 南通大学学报（社会科学版），2014（4）：121-126.

② 曾贤刚，等. 生态产品的概念、分类及其市场化供给机制 [J]. 中国人口·资源与环境，2014（7）：12-17.

③ 李荣娟，孙友祥. 生态文明视角下的政府生态服务供给研究 [J]. 当代世界与社会主义，2013（4）：177-181.

持对于生态资本运营的信息流、资本流、能量流、物质流起着引导作用。① 有
学者直接指出，政府在生态资源资本化过程中的职能定位，包括：建立环境公
平理念和生态补偿制度，实现生态系统资本化；科学合理地设计资源税，使自
然资源资本化；建立排污权交易市场，实现环境资本化。② 高小平在讨论中国
政府生态公共服务时，认为应整合政府生态职能，建立综合统一的决策机制，
建立生态管理和服务的大部门体制，剥离国有生态资源的经营管理职能，并加
快生态公共服务民营化市场化进程，同时加强政府对生态公共服务的监管和绩
效评估，以调动政府和社会力量推进生态公共服务的积极性。③

四、研究述评

在日趋激烈的竞争环境中，绿色发展成为中国政府有效缓解生态环境危
机与促进经济发展"双赢"的道路选择。扭转西方工业文明的发展模式，拓
展传统意义上"资本"的内涵，重视自然资本在促进经济发展与实现人类福
祉共享发展目标的重要意义。生态资源同样具有经济学意义的稀缺性，有必
要进一步认识生态资源价值。诚然，生态资源具有公共物品的属性，负外部
性问题的存在，以及无序、放任的市场终将造成"公地悲剧"的频繁上演。
建立健全生态资源资本化实现机制，提高自然资本增值性，促进绿色发展具
有重要意义。

已有的研究为本书认识生态与经济发展关系演变提供了时间上和空间上
的视角，也为生态资源资本化的理论研究奠定了基础，与生态资源资本化相
关的研究范畴，已触及生态资源产权、生态资源定价、政府规制等方面的内
容。既有研究在提供坚实理论基础和丰富观点的同时，也不可避免地带来认
知上的误区或不足。比如对于自然资源与生态资源关系的研究还比较欠缺，
尚未深入生态资源特性、分类等方面；关于生态资源价值测算的研究，缺少
共同衡量尺度和社会广泛认同的定价方法；从管理工具角度研究设计自然资

---

① 邓远建，等. 生态资本运营机制：基于绿色发展的分析 [J]. 中国人口·资源与环境，
2012（4）：19 - 24.

② 高志英. 政府在绿色经济发展中的职能定位——基于生态资源资本化的视角 [J]. 中
国人口·资源与环境，2012专刊：36 - 39.

③ 高小平. 中国政府生态公共服务的基本属性、存在问题与对策建议 [J]. 四川大学学
报（哲学社会科学版），2015（5）：5 - 9.

源产权制度相关改革，忽略与自然资源市场、生态资源市场、价格、税费等制度改革之间的经济联系；有待于深入研究发挥生态资源资本化的增值效应，拓展生态市场经济。已有的研究没有深入回答生态资源资本化的演化逻辑，没有系统归纳现有的生态资源资本化的开发模式，对于生态资源资本化的实现机制也有待深入研究。这意味着生态文明建设尚未形成广泛的社会行动力，有待进一步筑牢生态文明建设的经济基础。那么，如何认识生态资源价值？如何推演生态资源资本化机理？如何把握生态资源资本化的理论基础？如何为建立健全生态资源资本化实现机制？这些问题则是本书需要尝试回答的重点问题。

　　当前，中国资源约束趋紧，环境污染严重，生态系统退化，发展与人口资源环境之间的矛盾日益突出，已成为经济社会可持续发展的重大制约。人民日益增长的对优美生态环境的需要集中体现在对于优质生态产品的需求，以生态资源配置为基础的生态经济系统支撑着生态文明建设。当前，生态资源配置基本停留在政府提供公共产品、倡导开展环境保护公益活动等层面，还没有完全成为企业和个人等市场经济主体的经济活动，还没有建立起反映市场供求和资源稀缺程度的生态市场，一些地区依然存在"端着绿水青山的金饭碗讨饭吃"的现象。如何将生态文明建设融入到市场经济运行机制中，充分发挥市场配置生态资源的决定性作用和更好地发挥政府对生态资源规制作用，实现生态资源保值增值，促进"绿水青山就是金山银山"的实现，是本书研究的逻辑起点。

第三节　研究价值

　　本书选题具有前沿性。基于当前转变经济发展方式、推进生态文明建设等社会现实情况的思考，在归纳、总结国内外该选题及相关领域发展现状的基础上，提出本书研究的问题导向：如何将生态文明建设融入到市场经济运行机制中，激发全社会从事生态文明建设的内生动力；使"绿水青山"转化为看得见的"金山银山"，实现生态资源保值增值。本书将研究问题进行理论深化分析，解释生态资源何以实现保值增值，为加快推进生态文明建设提供有力理论支撑和现实指导。

一、理论价值

稀缺资源如何在人们的需求中实现有效分配，是新古典经济学研究热点。对于生态资源转化为经济资源，在市场上形成交易，实现经济价值，却是经济学研究者们容易忽视的领域。近年来，随着人们对生态资源需求的提高，生态资源稀缺性凸显。本文通过对现有理论的梳理与分析，解释这一具有公共产品特征的生态资源进入市场交易环节，实现自身经济价值及可能的增值行为。本文尝试纠正传统理论关于生态资源资本化理论存在的偏差，运用自然资本理论、产权理论、政府规制理论分析市场配置生态资源的决定性作用和更好地发挥政府作用，探寻能够契合生态资源资本化特点的理论框架和理论解释。

二、应用价值

本书应用价值在于：试图寻找生态文明建设与市场经济的内在一致性。加快推进生态文明建设，既需要生态文明体制顶层设计，也需要推动生态文明体制落地的转化机制。在生态资源资本化过程中，梳理政府发挥作用的手段、内容以及当前的规制政策，形成产权确权登记、生态资源资产评估与管理、分级行使生态资源所有权等方面建议，对于落实《生态文明体制改革总体方案》要求，促进"绿水青山"转化为看得见的"金山银山"具有重要的现实指导意义。

一是有效提高生态资源价值再认识。生态资源具有非排他和非竞争特点决定其公共产品属性。然而，随着生态资源稀缺性的显现，重视有形生态资源的商品属性并不能满足人们对于优质生态品的需求，需要重新认识包括有形、无形生态资源在内的生态资源市场价值。生态资源资本化有助于重新认识生态资源的市场价值，对生态资源的市场价格进行修正，反映其真实价值，增加生态资源的经济财富，并基于生态资源资产价值及其消费形态的转变，按资产属性进行经营，使其达到最优配置，实现生态资本保值增值。

二是促进"绿水青山"转化为看得见的"金山银山"，有效协同欠发达地区区域发展和生态保护的双重目标。中国欠发达地区多是江河流域的分水岭和重要水源地，在国家生态安全格局中具有突出作用，重点生态功能区约占贫困地区总面积的77%。自然资源的粗放开发导致贫困地区陷入"资源掠夺—生态退化—贫困加剧"的恶性循环，因此迫切需要改变当前资源廉价使用的现状，提高资源的资产化程度。中国较发达地区多是工业或者服务业发展水平较高地区，长期无偿或是低成本使用区域内的生态资源，转移生态环境成本。因此，迫切需要通过改变对生态资源"搭便车"现象，实现生态资源保值增值。党的十八届三中全会要求"加快自然资源产品价格改革"，让价格机制充分调节资源的开发利用，走集约高效的可持续之路。推行生态资源资本化就是坚持生态资源的生态效益和经济效益并重，就是落实习近平总书记提出的"绿水青山就是金山银山"理念的具体实践，使区域发展和生态保护在现实中实现统一。

第四节　研究思路与方法

一、研究思路

本书的研究围绕着"如何将生态文明建设内化到市场经济运行机制中，增加全社会从事生态文明建设的内生动力"的问题，解释产权制度和政府规制在生态资源资本化中的作用，促进"绿水青山"转化为看得见的"金山银山"，实现生态资源保值增值。本书沿着"问题的提出—理论研究—实践探索—个案分析—对策研究"的思路展开研究。

本书研究内容共由九章构成。

第一章是"绪论"，本章明确本书所研究问题的背景、国内外研究基础、研究内容、研究思路、研究方法以及可能存在的创新点和不足。

第二章是"生态资源内涵、属性与分类"，本章围绕着生态资源的内涵展开讨论，辨析与生态资源相关的概念（资源、自然资源）；梳理、划分生态资源类型，界定本文的研究对象；分析生态资源经济属性，重点讨论生态资源有价性、稀缺性、增值性和收益分配性等内容。

第三章是"生态资源资本化演化逻辑及路径"，本章从"资本"的理解入手，分析自然资本内涵及对经济增长的贡献，分析"生态资源—生态资产—生态资本"的演化逻辑，尝试着对生态资源资本化的具体路径进行归纳分析，以落实生态资本保值、增值的具体形态。

第四章是"生态资源资本化的产权分析"，本章将产权理论引入生态资源领域，在梳理产权基本内涵基础上，从生态资源产权内涵、性质、功能等分析生态资源产权的重要性，从生态资源交易费用内涵、类型及影响因素分析基于交易费用视角的生态资源产权的实现；明晰生态资源产权制度基本内容，包括生态资源产权界定制度、生态资源产权配置制度、生态资源产权交易制度、生态资源产权保护制度等。

第五章是"生态资源资本化政府规制"，本章对梳理政府规制相关理论，解释生态资源资本化政府规制的必要性及其特殊性；概括生态资源资本化政府规制的一般方法，比较生态资源资本化的政府规制与可交易权利的不同。

第六章是"中国生态资源资本化发展历程"，从生态资源资本化的制度基础及政府职能作用的发挥梳理中国生态资源资本化的发展历程。一是生态资源产权制度演化；二是生态资源资本化的政府规制现状；三是生态资源资本化的政府规制特点；四是生态资源资本化的发展障碍。

第七章是"生态资源资本化的实证分析：以福建林业资源为例"，本章以福建林业资源为案例，说明生态资源资本化的前提条件（即明晰产权）、实现方式以及政府在其林业资源资本化过程中所起的规制作用；概括福建林业资源发展概况，分析福建集体林权制度改革的历史变迁过程，以林业碳汇经营作为林业资源资本化实现方式分析产权制度在林业碳汇项目中的运用，以重点生态区位商品林收储改革分析政府化解林农经济效益和生态保护矛盾时的规制作用。

第八章是"促进生态资源资本化的对策建议"，本章从推进生态资源产权制度改革、完善生态资源价值量化评估机制、优化生态资源资产管理制度、健全生态资源资本化的市场环境建设等层面提出相关建议。

第九章是"结论与展望"，本章对本文研究的主要内容形成结论性观点，并探讨本文研究需要进一步提高完善之处，对生态资源资本化领域研究提出建议和构想。

本文研究技术路线图，如图1-5所示。

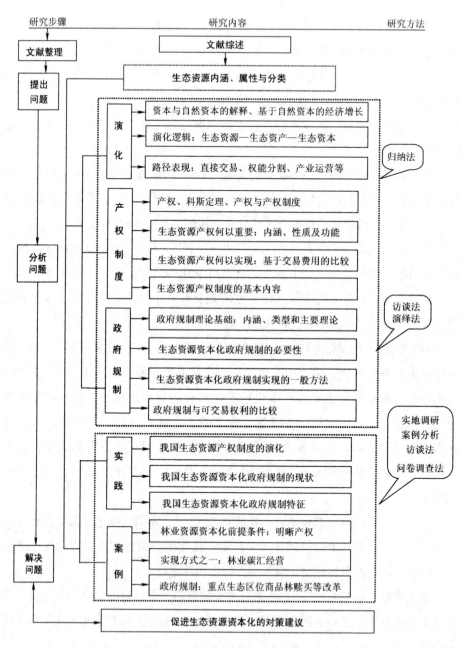

图1-5 本书技术路线图

二、研究方法

本书采取理论分析与实践考察相结合、宏观和中微观相结合、规范研究与实证研究相结合等多种研究方法，综合研究生态资源资本化相关内容。具体包括：

（一）文献研究法

为了充分利用已有成果作为研究基础，针对生态资源资本化的相关研究内容进行大量资料搜集和阅读，归纳与本书相关的国内外研究现状和理论基础，在此基础上进行研究述评，找到文章研究的逻辑起点和理论支撑。

（二）案例分析法

本书的一个重点研究方法是案例分析法。在引用案例论证观点的过程中，尽可能地体现引证资料的翔实性。本书通过对福建集体林权制度改革案例研究，论证确权到户是福建林业资源发展的重要前提；以福建林业碳汇经营项目为例，说明林业资源资本化的实现过程；以重点生态区位商品林赎买等改革试点为例，探究政府在化解林农经济效益与生态保护矛盾时的作用。

（二）问卷调查法

本书在研究过程中，参与《集体林权制度改革监测项目（福建省）》的问卷调查，了解集体林权制度改革带来的成效、存在的问题等方面内容，并设计问卷，调查研究"县域重点生态区位商品林赎买等改革"的现状、难点和化解措施，通过问卷调查获得一手数据和资料，为生态资源资本化研究奠定基础。

（四）访谈法

一是专家访谈法，咨询访谈本领域权威专家，了解前沿动态，把握最新进展；二是个案访谈，在分析福建林业资源资本化案例中，访谈林农对于集体林权制度改革、重点生态区位商品林赎买等改革存在的顾虑、态度等内容。

（五）制度分析法

借鉴道格拉斯·诺斯（North）的制度研究方法，将制度因素特别是产权制度作为考量生态资源资本化的重要条件，进而探求有效规制生态资源资本化的制度设计。

第五节　创新与不足

一、创新之处

本书的创新点包括以下几方面：

一是提出"现代市场经济与生态文明建设具有内在一致性"的命题，将生态文明建设内化到市场经济运行机制中，激发全社会从事生态文明建设的内生动力，即通过市场机制加快推进生态文明建设。

二是构建生态资源资本化的理论解释框架。一方面，将产权理论拓展运用到生态资源领域，以产权理论作为生态资源资本化理论解释框架的核心，解释生态资源产权何以重要、何以实现及生态资源产权制度基本内容，分析产权对于稀缺性生态资源的配置作用，实现生态资源保值增值；另一方面，认为政府在生态资源资本化过程中的规制作用，是以更好地完善产权制度和推动生态资源要素市场化流动为基础。

三是提出修复或增强自然资本，将自然资本融入经济体系。生态资源与人类经济活动有着千丝万缕的关系，"天蓝""地绿""水清"是人类生活的必需品，应重视生态资源经济属性；生态资源稀缺性体现生态资源价值，是生态资本能够带来收益的前提，也是其体现自我增值和资本增值空间的衡量指标。

四是解释生态资源资本化的演化逻辑，基于生态资源价值的认识、开发、利用、投资、运营的过程，从"生态资源—生态资产—生态资本"的演化过程，归纳生态资源资本化的路径表现，有助于从逻辑上和整体上认识生态资源资本化。

五是主张通过生态资源与市场交易、金融创新相结合，探索"绿水青山就是金山银山"的转化路径，具有很强的实践性和操作性。

六是从产权制度与规制视角梳理了中国生态资源资本化的实践探索，并对福建林业资源资本化进行了个案分析，特别是对林业碳汇经营及重点生态区位商品林赎买的案例分析，属于前沿性研究。

二、不足之处

生态资源资本化是一个全新的、学科交叉的研究课题，受资料的可获性和主客观条件的限制，本书研究还存在着不足，主要表现在：

一是生态资源与金融创新相结合不够深入，可以深入分析生态资源权能交易的具体情况，如产权证券化的发展现状、困境及可能的出路等内容。

二是生态资源类型多样，具有显著区域特点和差异性，不同时期、不同地区的生态资源资本化实现路径有所差异，使得本研究所选用的一些项目数据的代表性受到一定程度的影响。

三是研究方法方面，生态资源资本化研究在定性判断与定量研究方法上需要改进，加强计量模型构建与分析能力，使实证研究更令人信服。

鉴于以上的不足，继续完善和改进本领域的相关研究将是未来努力的方向。

第二章

生态资源内涵、属性与分类

本章通过辨析资源、自然资源与生态资源的区别和联系，梳理并划分生态资源的类型；通过探究生态资源与人类经济活动的联系，分析生态资源的经济属性，从而界定本书研究对象。

第一节　生态资源相关概念辨析

资源、自然资源与生态资源既相互联系，又表现出各自的内涵特征。共同之处在于涉及对自然资源开发利用和治理保护问题；但各自与人类活动发生关系的程度不同，形成稀缺性资源的利用和分配方式不同，人类对其涵盖的属性评价侧重点有所差异。

一、资源

资源的概念属于经济学范畴，泛指构成各种生产要素的总称，包括自然的和非自然的物质、能量、信息等，可将其划分为以自然界中人类能够开发利用的物质和条件（如光、热、水、土地、森林等）以及人类活动中形成的社会经济资源（如资金、技术、人力等），即自然资源和社会资源。《辞海》中把资源定义为"资财的来源，一般指天然的财源"。马克思在《资本论》中引用威廉·配第"劳动是财富之父，土地是财富之母"的论述。① 恩格斯在《自然辩

---

① ［德］马克思，恩格斯. 马克思恩格斯全集［M］. 中央编译局译. 北京：人民出版社，2006：57.

证法》中指出：“劳动和自然界一起才是一切财富的源泉。自然界为劳动提供材料，劳动把材料变为财富。”① 由此可见，资源离不开自然界和劳动力。随着人们认识、利用自然能力（种类、形态、性质、结构和功能等）的不断提高，“资源”概念的经济范畴也不断扩展。社会资源构成了社会生产力要素，是人类在开发利用自然资源的过程中所积累的物质和精神财富。人类对其开发利用方式多样，如科技、教育、文化、信息、管理等都是社会生产要素不可或缺的组成部分。自然资源经由劳动力加工后，具体形态发生变化，朝着对人类生产生活可利用的方向发展，如自然资源的实物形态。人类开发利用资源，使资源成为生产资料和生活资料，同时，也在消费使用资源产品。资源成为人类赖以生存和发展的物质基础。张敦富和孙久文（2002）认为资源是指一切能为人类提供生存、享受、发展的自然物质与自然条件，以及这些物质与条件相互作用而形成的自然生态环境和人工环境。② 周立等（2005、2010）认为资源的范围可以涵盖一切能为人所用的物质、人类的劳动能力、智力以及人类创造的科学技术手段、文化符号等物质和精神力量。③ 因此，资源是作为生产实践的物质基础提出来的，是创造人类社会财富的源泉，且其内涵深度、广度随着社会生产力的不断发展而发生着变化。

二、自然资源

自然资源与社会资源相对应。《辞海》把自然资源定义为“天然存在的自然物（不包括人类加工制造的原料），如土地资源、水资源、生物资源和海洋资源等，是生产的原料来源和布局场所”。《英国大百科全书》中对自然资源的定义是“为人类可以利用的自然生成物及生成这些成分的源泉的环境功能，前者如土地、水、大气、岩石、矿物、生物及其群集的森林、草场、矿产、陆地、海洋等，后者如太阳能，地球物理的环境机能（气象、海洋现象、水文地理现象），生态学的环境机能（植物的光合作用、生物的食物链、微生物的腐蚀分解

---

① ［德］恩格斯. 自然辩证法 ［M］. 曹保华，等译. 人民出版社，1972：149.
② 张敦富，孙久文. 论资源资本化、价格化是构建中国资源保障体系的基础工作 ［J］. 资源与产业，2002（1）：43 - 45.
③ 周立，等. 资源资本化推动下的中国货币化进程（1978—2008）［J］. 广东金融学院学报，2010（5）：3 - 15.

作用等），地球化学的循环机能（地热现象、化石燃料、非金属矿物生成作用等）"。1972 年联合国环境规划署指出："所谓自然资源，是指在一定的时间条件下，能够产生经济价值以提高人类当前和未来福利的自然环境因素的总称。"尽管对于自然资源概念理解有所差异，但却具有一些共同特性：自然资源是人类在生产生活中利用自然生成的物质和能量，是自然中客观存在的物质或者能量，是一个发展中的概念，能够被人类所利用。自然资源处在一定空间范围内且相互联系的统一体中。

学术界对自然资源的分类较为复杂，至今并没有定论。按产业部门划分为农业资源、工业资源等，农业资源又可以细分为土地资源、水资源等类型；按物理特性划分为物质资源和能量资源；按地理特性划分为矿产资源（岩石圈）、气候资源（大气圈）、水利资源（水圈）、土地资源（地表）、生物资源（生物圈）、海洋资源（海洋圈）六大类。按照再生特性划分为再生资源和非再生资源，生物资源、风能、地热、太阳能等属于再生资源，矿产资源属于非再生资源。自然界纷繁复杂的自然资源相互联系存在于一定的空间范围内，资源组合形成各具特色的区域特征。对于自然资源类型的划分要在掌握自然资源共同性和差异性的基础上，依据不同的标准进行。自然资源类型的划分将随着人类掌握自然资源能力的加强而变化。在 1999 年版《中国资源百科全书》中，如表 2-1 所示，根据自然资源属性划分为恒定性资源、可更新性资源、可循环性资源、耗竭性资源，根据自然资源用途划分为农业资源、工业资源、旅游资源、潜在资源，根据自然资源种类划分为气候资源、水资源、土地资源、生物资源、矿产资源。如表 2-1 所示，是根据自然资源某一方面的特征进行分类，而以属性和用途为主要依据进行多级综合分类则从 20 世纪开始较为广泛使用。

表 2-1　自然资源分类表

分类标准	类型	举例
属性	恒定性资源	太阳能、风能、光能、潮汐能等
	可更新性资源	土地、生物等资源
	可循环性资源	水资源
	耗竭性资源	矿产资源

续表

分类标准	类型	举例
用途	农业资源	气候、土地、水、生物等资源
	工业资源	矿产、森林、水等资源
	旅游资源	岩石、水、生物、大气等圈层资源
	潜在资源	将来可能被利用的物质和能量
种类	气候资源	光、热、风、大气等
	水资源	水
	土地资源	土地
	生物资源	植物、动物与微生物
	矿产资源	矿产

资料来源：中国资源科学百科全书. 中国大百科全书出版社，1999：9-13.

在图 2-1 中，列出了三级综合分类，一级自然资源包括陆地资源系列、海洋资源系列以及太空（宇宙）资源系列，二级自然资源包括土地资源、水资源、气候资源、矿产资源以及海洋生物资源、海水（化学）资源、海洋气候资源、海洋矿产资源、海底资源等，三级自然资源包括耕地资源、草地资源、林地资源、荒地资源、地表水资源、地下水资源、冰雪资源、光能资源、热能资源、水分资源、风力资源、空气资源、植物资源、动物资源、微生物资源、海洋植物资源、海洋动物资源、海洋浮游生物资源等，也可根据其属性和用途进行第四级和第五级乃至更往下一级的分类。

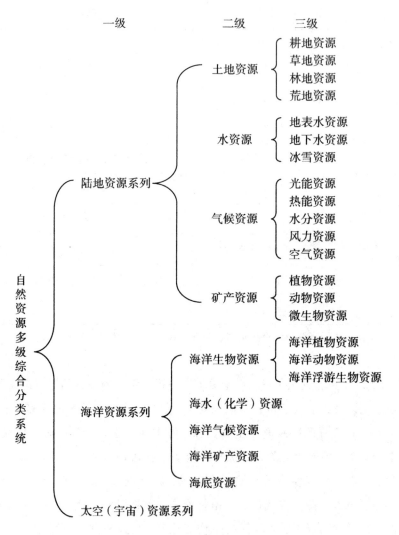

图 2-1 自然资源多级综合分类系统图

资料来源：《中国资源科学百科全书》，中国大百科全书出版社 1999 年版。在此基础上改动。

三、生态资源

生态资源是一个十分常用但却没有公认定义的概念，生态资源与自然资源的关系也显得模糊不清，但不可否认的是生态资源对于人类生产生活具有十分重要的影响。在阿兰·V. 尼斯和詹姆斯·L. 斯威尼主编的《自然资源与能源经济学手册》中，从环境经济学、可再生资源经济学、能源和矿产经济学三大部分讨论资源经济学。李晓西在撰写该手册译者序言时，指出资源经济学一般被认为起源于20世纪20年代末的土地经济研究。直到20世纪70年代，围绕自然资源开发利用与治理保护问题，则形成了自然资源经济学、生态经济学与环境经济学三足鼎立的格局。但三者的研究对象在很大程度上是重叠的。人类将生态、环境看作是可耗竭的资源，反映出人类社会经济活动的需求。森林、渔场和农业用地等资源是食物供应的重要基础，长期以来备受关注。近代以来，森林、渔场和农业用地等资源才被看作是可再生资源，这些资源以有限的速度进行着自我更新，而这一速度取决于各个时间段资源存量的大小以及人类影响存量变动的程度和性质。水、空气等资源被看成可再生资源，或者在某些情况下，被看作是可耗竭资源。① Hueting（1980）认为生态资源对人类的影响是通过大范围的"生态功能"实现的。Ekins（1992）以及 Pearce 和 Turner（1990）则将"生态功能"分为三类：提供人类活动的资源、提供人类活动的废物，以及提供与人类活动独立或依赖的生态环境。② 沈满洪（2007）对自然资源进行经济分析时，认为人们关注的是自然经济资源和自然生态资源两类。③ 谢慧明（2012）将自然生态资源等同于生态资源，并认为环境容量资源和气候资源是两类与地区经济和社会发展密切相关的生态资源。④

　　对于生态资源概念的界定，不能简单等同于自然资源，生态资源与自然资源的关系也不是包含与被包含的关系，两者既有联系也有区别。从生态资源空间分布特性上看，生态资源存在于各种层次的生态系统中，而生态系统是生物群落与周围环境，通过能量流动和物质循环而形成的具有一定结构和功能的动态体系，各个生态系统之间没有明显区分的自然界限。它可以存在于垂直空间，从大气圈到岩石圈，由上层的气候资源、地表水资源、生物资源、土壤资源到地下水资源组成垂直系统；也可以存在于水平空间，从高原、山地、丘陵到盆地。生态资源依存于生态系统之中，是相互联系、相互制约的整体，生态资源组合的不同表现出区域性差异。从生态资源功能上看，生态资源作为生态系统

---

① ［美］阿兰·V. 尼斯和詹姆斯·L. 斯威尼. 自然资源与能源经济学手册［M］. 李晓西、史培军，等译. 经济科学出版社，2001：1－5.

② 范金. 可持续发展条件下的最优经济增长［M］. 北京：经济管理出版社，2002：9.

③ 沈满洪. 资源与环境经济学［M］. 北京：中国环境科学出版社，2007：2.

④ 谢慧明. 生态经济化制度研究［D］. 杭州：浙江大学，博士学位论文，2012：7.

中的重要组成部分，参与生态系统生产者、消费者到分解者及其周围环境的生命活动和相互作用，不断地进行着能量和物质交换。生态资源也在发生着生态系统的能量流动、物质循环和稳态调节作用，能量流动功能主要通过绿色植物作用于太阳能，使得能量在生态系统中传递；物质循环由生物地球化学循环和生物化学循环组成，如水循环、气态循环和沉积循环；稳态调节则发生在生物和环境之间。人类直观感受到的是生态资源提供的产品，以及潜在的生态服务。

　　从生态意义上看，生态资源内涵的广度和深度要大于自然资源。生态资源是为人类提供生态产品和生态服务的各类自然资源，以及各种生态要素之间相互作用组成的生态系统，包括自然资源、自然环境及生态系统。生态资源能够提供包括林产品、水产品、畜产品等各种有形的物质性产品或生产要素，也能够发挥诸如涵养水源、调节气候、保持水土、调蓄洪水、维持生物多样性、提供景观休闲等重要生态调节性服务功能。生态资源存在于生态系统中，能被人类用于生产和生活的物质与能量的总称，是人类赖以生存发展的环境和使社会生产正常进行的物质基础。随着社会生产力的提高，人类对于生态资源在生态系统中认识不断深入，生态资源的内涵也将不断拓展和深化。

第二节　生态资源的经济属性

　　物质流动从自然环境开始，通过人类的经济活动，最后又返还到自然环境中。生态资源的经济属性存在于人与自然的活动中，并随着人类经济社会发展的变化，呈现出差异性特征。本节在概述生态资源与经济关系的基础上，分析生态资源的稀缺性、有价性、增值性及其收益分配，以准确把握生态资源的经济学意义。

一、生态资源与经济的联系

　　生态资源的经济属性并未被严格定义。最初的生态经济学的研究对象是生态经济系统，强调的是生态系统与经济系统的相互作用（许涤新等，1987；唐建荣，2005），后来演变为生态经济协调性（刘思华，2007）和可持续发展。从经济学视角上看，生态资源所提供的生态服务被看作是集体的或是公共的物品，尽管不同的主体对生态服务变化的感受有所差异，但假定每一项生态服务的变化都涉及所有的家庭和生产者。如图 2-2 表示了"经济—环境"相互作用的一般框架。由图可知，生态资源与人类经济活动发生着紧密联系，生态资源通过生产和消费活动，最终回到生态环境中，构成物质循环活动。

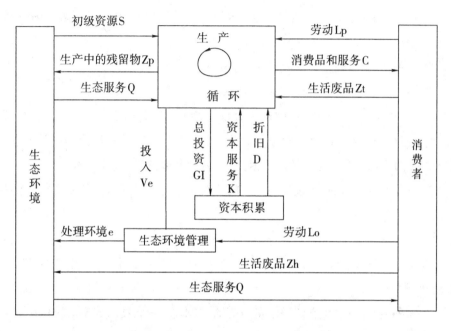

图 2-2　"经济—环境"相互作用的物质循环

资料来源：Male，K. G. *Environmental economics*，a theoretical Inquiry（Baltimore）

图中的方框分别对应着生产循环、资本积累、消费者、生态环境管理和生态环境。消费者从生态环境中获取初级资源 S，一般是对生态资源的初级开发利用，作为原材料通过劳动 Lp 运用到生产中。与此类似，资本的投入由从资本积累到生产的 K 来表示。总投资增加了资本库存，也就是一个产品的流动，如 GI 从生产流向资本积累。折旧 D 会减少资本积累，消费品和服务都属于服务消费，消费之余的残余物或废弃物被直接排放到环境中 Zt 或者实现生产循环。生态环境管理者通过购买劳务服务 Lo 和作为生产投入 Ve 起到管理环境作用，管理环境的规模用 e 表示。一般而言，生态服务 Q 随着残余物排放的增加而减少，随着

管理环境规模和效果的加强而增加。人类开发利用生态资源的基本模式包括:①

第一种模式:反映生态资源与国民生产总值关系。

$$GNP(t) = f[Lo(t),Ko(t),Ro(t),t]　　　　①$$

①式中 $GNP(t)$ 为国民生产总值,f 为前者的生产函数,$Lo(t)$ 为劳动投入,$Ko(t)$ 为资本投入,$Ro(t)$ 为生态资源产品投入,t 为时间并用于反映技术和其他要素的变动。

第二种模式:反映生态资源与社会消费水平关系。

$$C(t) = Cg(t) + A[S(t)]$$
$$= [GNP(t) - I(t) - X(t)] + A[S(t)]　　②$$

②式 $C(t)$ 为该时期可提供的消费水平,$Cg(t)$ 为产品与劳务的消费量,$A[S(t)]$ 为人们享受生态环境的价值,$I(t)$ 为投资额,$X(t)$ 为出口额。

第三种模式:反映生产过程中投入的劳动、资本、生态资源存量和技术要素相互依存的函数关系。

$$Ro(t) = g[L1(t),K1(t),S(t),t]　　　　③$$

③式中 $S(t)$ 为 t 时期的资源存量,$L1(t)$ 和 $K1(t)$ 分别代表因生产而投入的劳动和资本。

第四种模式:反映生态资源增量与劳动、资本、存量和技术等要素的相互依存关系。

$$H(t) = h[L2(t),K2(t),S(t),t]　　　　④$$

④式中 $H(t)$ 为生态资源增量,$L2(t)$ 和 $K2(t)$ 分别代表在发现或更新改造过程中投入的劳动和资本。

第五种模式:反映生态资源存量与流量核算的关系。

$$S(t) = S(t-1) + H(t) - Ro(t)　　　　⑤$$

⑤式中表明生态资源本期存量等于前期存量,加上本期增量,减去本期生态产品生产量。

生态资源在生产与消费过程中接收的废弃物,反映出的关系有两类:一是可降解的废弃物,任意时段 t 的新增存量为:$Rt = Pt - Mt$,其中 M 是能够被净化的数

---

① 因对自然资源与生态资源概念理解的不同, 在有些论著中将其表述为自然资源开发利用模式。

量,R 是新增存量,P 是正的污染物流量;二是不可降解的废弃物,任意时段 t 的新

增存量为:$Rt = \sum_{tj}^{t1} Pt$,tj 是排放开始的历史日期,R 是新增存量,P 是正的污染物

流量生产与消费过程中的可降解与不可降解废弃物,正是反映出人类经济活动与生态资源关系的正反馈与负反馈。正反馈是遵循生态经济规律的经济活动,通过生产作用于生态环境,使生态资源在生产过程中实现更新;负反馈是违背生态经济规律的经济活动,破坏生态平衡。生态资源和经济同处在生态经济系统中,生态资源是人类经济活动的基础,人类经济活动对生态资源及生态系统具有反馈作用,实现生态资源优化利用是人类经济社会可持续发展的重要条件。

二、生态资源稀缺性

稀缺性资源如何配置是经济学研究的主题。萨缪尔森等人认为经济学"研究的是社会如何利用稀缺的资源以生产有价值的商品,并将它们分配给不同的个人"。并且指出:"经济学的精髓在于承认稀缺性的现实存在,并研究一个社会如何进行组织,以便最有效地利用资源。"① 瓦尔拉斯在界定稀缺含义时,认为资源是有用的,能满足我们的某种需要;资源数量是有限的,但数量很多且每个人都感到随手可取,可以完全满足个人需要的并不属于稀缺范畴。② 显然,在该论述中对于数量很多且能够满足人的需求的资源被排除在稀缺资源之外有失偏颇。"稀缺"在经济学中是一个相对的概念,将稀缺建立在与人的需求相对的位置上。罗宾斯研究稀缺资源约束下人类行为方式,他认为人类活动目标和手段之间的关系包括:目标或者需求的多样性、手段的稀缺性、手段在目的之间转换的可能性、不同目的在重要性上的差别性。据此,他认为,"经济科学的研究内容获得了统一,经济科学研究的是人类行为在配置稀缺手段时所表现的形式"。③ 生态资源稀缺是指各类生态资源的数量相对于人类物质需求期望的有

① [美] 保罗·萨缪尔森,威廉·诺德豪斯. 经济学 [M]. 萧琛,译. 北京:华夏出版社,1999:2.
② 戴星其,刘平养. 上海建设循环经济型城市的经济分析 [M]. 上海资源环境蓝皮书,2004:62 – 90.
③ [英] 莱昂内尔·罗宾斯. 经济科学的性质与意义 [M]. 北京:商务印书馆,2000:19.

限性。使用有限的资源，即使在最先进的科学技术水平下，所能产生的每种物品都有一个有限的最大数量即"生产可能性边界"，以表示产品的各种组合的外部界限。如果资源不是稀缺的，每种物品均能无限量生产，人类的需求可完全满足，那么某种物品是否生产过剩或劳动与资源配合是否恰当便无关紧要。①从生态资源"存量—流量"角度看，特定区域范围内在某一时间点上生态资源及生态环境的类型、规模、数量、质量和空间分布格局构成生态资源存量。生态资源流量则是指在一定时间段的特定类型、特定空间范围内由存量产出的生态产品及提供的生态服务。存量可以提供物质流量，实际上流量的大小是任意的，能以任何速度使用存量资源。时间对该生产方程没有影响，因此可采用生产的产品和服务数量来测量存量和流量资源的产量，而且流量可以储存以供将来利用，生态资源的稀缺性还表现在人类从自然界中获取的可再生资源大大超过其再生能力，人类向自然排放的废弃物超过生态环境的自净能力。

需求是消费者在一定时间内一定价格下对一种商品或劳务愿意而且能够购买的数量。从客观上看，随着收入水平的提高，支付能力增强；从主观意愿上看，随着人们生活水平的提高，人们对于生活质量、健康水平的追求意愿更加强烈。从主客观上看，人们对于包括生态产品在内的生态资源的需求呈现出递增趋势。图2-3表明，生态需求曲线的初始位置处于D1，随着收入水平的上升，生态需求增加，即生态需求曲线的位置移动到D2。需求的增加以及稀缺性凸显将反映在价格上。

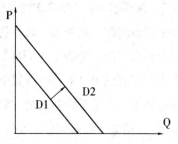

图2-3 生态资源需求的递增趋势

以水资源为例，如图2-4所示，作为人类生存的必需品，没有哪一种资源可以替代水。淡水稀缺已成为一个全球性问题，并且相关预测显示2030年淡水年需求量和可持续淡水供应量之间的缺口将日益扩大。到26亿人在改善卫生条件方面仍存在困难；有超过8.84亿人仍然无法获得清洁的饮用水。② 一般而言，可利用的水资源稀缺被视为区域性问题，但从系统论角度上看，水资源的稀缺

---

① 编辑委员会编. 中国资源科学百科全书 [M]. 北京：中国大百科全书出版社，1999：66.

② Progress on Sanitation and Drinking Water：2010 Update.

是一个全球性问题，主要表现在水价上。当水供给稀缺时，或者水的价格升高时，水的需求对价格变化缺乏弹性，水价提高1%，水的需求量减少不到1%；当水非常丰富时，水的用途扩大，被用于非基本活动中，对水的需求富有弹性，随着水变得稀缺，需求对于价格的变化越来越缺乏弹性，水变得非常稀缺时，水仅用于最基本的活动，如饮水等，需求对于价格完全没有弹性。

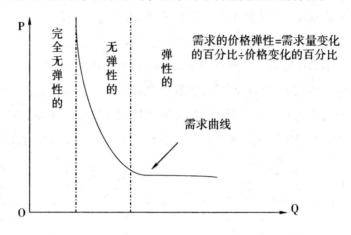

图2-4　不同水量的需求价格弹性

资料来源：Herman E. Daly，Farley J. Ecological economics：*principles and application*. 2004.

三、生态资源有价性

关于生态资源价值的看法大致分为两大类：一是不承认生态资源有价值，原因在于并不是从人类劳动中所获得的；二是承认生态资源有价值。传统经济学中，人类对于生态环境的依附性，以及人类对于生态环境的需求及表现出的科学技术水平等条件，使得生态资源在生产、交换、消费等环节上不具备价值属性。生产上以较少的劳动、资金等投入获得产出，并没有计算生态资源损耗；交换上只计算流通中的商品；消费上认为生态资源取之不尽、用之不竭；从而在制度设计上忽略生态资源价值。随着全球性资源环境问题的产生、科学技术的进步以及经济社会的发展，传统经济学中价值概念的局限性日益显现。承认生态资源有价值，表现在：一是生态资源有效用，认为生态资源是人类生产发展不可或缺的物质基础；二是生态资源日益稀缺，这种稀缺的生态资源使得人们在生产生活中存在着竞争性和排他性。高吉喜等（2007）将人类从自然环境中获得的各种服务福利的价值体现（包括自然资源价值和生态服务功能价值）定义为生态资产，并认为人类对于自然环境中的各种资源产品和生态服务的利用是实现其经济意义和价值的根本。① 在市场经济中，物资稀缺性的增加会导致该物资价格或价值的提升，生态资产价值也同样遵循该法则。从生态资源有价性传导机制（见图2-5）可知，生态资源有价性包括两大层次：一是生态资源进入经济社会系统，被人类生产生活所开发而构成生产品价值，如生产原料、林产品等；二是生态资源发挥着固有的生态服务功能，但由于人们的认知能力以及社会生产需求等原因，并没有被纳入经济价值核算体系，但生态服务价值是固有的存在。传统的市场机制只能体现生产资源的生产品价值，对于生态服务价值仍存在着市场化认知的盲区。生态资源使用价值体现在多个方面，如直接消费，人类生存所需的饮用水等；生产原料，作为生产要素被直接或间接作

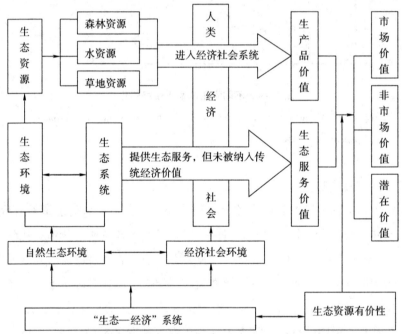

图2-5 生态资源有价性传导过程

资料来源：高吉喜，范小杉《生态资产概念、特点与研究趋向》，载《环境科学研究》，2007年第5期。在此基础上改编。

---

① 高吉喜，范小杉. 生态资产概念、特点与研究趋向 [J]. 环境科学研究，2007（5）：137-143.

用于生产产品；在经济系统中发生的各类市场行为以及市场关系。能够被市场认可并实现交易的部分实现了市场价值，而没有形成市场最终消费品的部分则具有非市场的使用价值。除此之外，生态资源所固有的，但由于主观认识不到位、技术水平不够、经济条件不具备、制度不完善等诸多原因尚未发挥出来的价值，构成生态资源潜在价值。

　　Eliasch 等学者曾对生态系统产物及服务进行估价，并以森林对于避免温室气体排放贡献值达到 37000 亿美元为示例，说明生物多样性所具有的经济价值（见表 2 - 2）。

表 2 - 2　自然资本：基础组成、典型服务及经济价值

生物多样性	生态系统产物及服务 （示例）	经济价值 （示例）
生态系统 （种类、范围、面积）	娱乐 水资源调节 碳储存	通过保护森林避免温室气体排放：37000 亿美元（净现值）
物种 （多样性和丰富性）	食物、纤维、燃料 设计 授粉	昆虫授粉对农业产量的贡献：约 1900 亿美元/年
基因 （变异和种群）	医药发现 抗病能力 适应能力	6400 亿美元的医药市场中，25% ~ 50% 源于基因资源

资料来源：Eliasch 2008；Gallai et al. 2009；TEEB 2009。

　　对于生态系统服务的价值构成及其评估方法各有差异，徐中民等（2003）认为生态系统的总经济价值（Total Economic Value，TEV）包括利用价值（Utility Value，UV）和非利用价值（Non - Utility Value，NUV）两部分。[①] 利用价值（UV）则包括直接利用价值（Direct Utility Value，DUV，分为直接实物价值和直接服务价值）、间接利用价值（Indirect Utility Value，IUV，生态功能价值）和选择价值（Option Value，OV，潜在利用价值），非利用价值（NUV）包括遗产价

---

①　徐中民，等. 生态经济学理论方法和运用 [M]. 郑州：黄河水利出版社，2003：121.

值（BV）、存在价值（Existence Value，EV）和准选择价值（QOV），由此得出：生态服务系统的总经济价值

$$TEV = UV + NUV = DUV + IUV + OV + QOV + BV + EV$$

如图2−6所示：

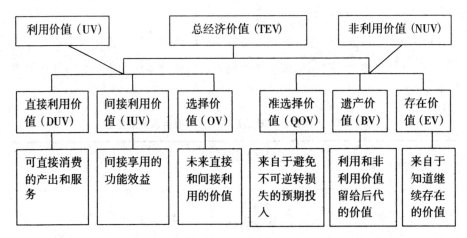

图2−6　生态服务系统的总经济价值

资料来源：徐中民等《生态经济学理论方法和运用》，黄河水利出版社2003年版。

其中，可直接消费的产出和服务包括产出型价值（食品、木材、药用生物量、其他工业生物量、基因物质）和非产出型价值（旅游、休闲、科研、教育、美学），间接享用的功能效益包括对生态系统的生物支持（如生态功能、洪水控制、风暴防护）和全球生命支持（碳储存），未来直接和间接利用的价值包括自然物种、保护生存环境、生物多样性，将利用和非利用价值留给后代的价值包括自然物种、生存环境。对于生态系统服务价值分类的争论还没有停止，但不可否认的是，生态资源的生态服务功能是有价的。

四、生态资源增值性

随着人类社会的发展，资源的稀缺性问题日益凸显。生态资源在稀缺、有价的基础上体现出增值性，并具有资本自身的增值特性，也就是对于未来收益的预期。刘平养（2011）认为生态资源的增值预期包括两个方面：一是资本的增值性，生态资本是生态资源经济化的最终形态，资本能够带来未来收益；二是生态资源的稀缺性，生态资源供给相对固定而需求不断增加使得生态资源的

稀缺性日益突出，供不应求状况使得生态资本的经济价值增加。前者强调的是资本本身的增值性，利率是资本增值的衡量指标；后者强调的是资源价值的变化，稀缺性和竞争性使得生态资源价格不断攀升，经济价值也随之增加。① 在Costanza（1997）等人划分的生态系统服务与生态系统功能的 17 个类行中（见表 2 - 3），部分生态系统服务功能的价值在今天得到体现，根据《北京碳市场年度报告 2016》，截至 2016 年 12 月 31 日，7 个省市试点碳市场累计成交量为1.6 亿吨，累计成交额近 25 亿元。生态价值呈现增值趋势；既然生态价值呈现增值趋势，那么人类就可以像进行经济投资一样进行投资生态，实现生态资本的增值。②

表 2 - 3　生态系统服务于生态系统功能的类型

序号	生态系统服务	生态系统功能	举例
1	气体调节	调节大气化学组成	CO_2/O_2 平衡，O_3 对 UV - B（紫外线的 b 波段）防护，SO_2 的浓度水平
2	气候调节	调节区域全球尺度上的温度、降水及其他生物参与的气候过程	调节温室气体，生成影响云的形成的 DMS（二甲基硫醚，是一种对气候有明显影响的气体）
3	扰动调节	生态系统对水环境扰动的容量、抑制和整合效应	主要由植被结构控制的生境对环境变化的响应，如防止风暴、控制洪水等
4	水调节	调节水流动	为农业灌溉、工业和运输提供水
5	水供给	储存和保持水	由流域、水库和地下含水层提供水
6	控制侵蚀和保持沉积物	生态系统内的土壤保持	防止风力、径流和其他动力过程造成土壤流失，将淤泥储存于湖泊或湿地

① 谢慧明. 生态经济化制度研究［D］. 杭州：浙江大学，博士学位论文，2012：12.
② 沈洪满. 生态经济学的定义、范畴与规律［J］. 生态经济，2009（1）：42 - 47.

续表

序号	生态系统服务	生态系统功能	举例
7	土壤形成	土壤形成过程	岩石的风化和有机质的积累
8	养分循环	养分的储存、内部循环处理和获取	固氮，N、P 和其他元素和养分的循环
9	废物处理	易流失养分的再获取，过剩或异类养分和化合物的去除或降解	废物处理，污染控制，解毒作用
10	传粉	植物被子的移动	为植物种群的繁殖供给传粉媒介
11	生物控制	生物种群的营养动态调节	关键捕食动物对被捕食动物种类的控制，高级食肉动物使食草动物数量减少
12	避难所	为定居和迁徙种群提供生境	育雏地，迁徙种群的栖息地，本地主要物种的区域生境，越冬场所
13	食物生产	总初级生产中当作食物的部分	通过渔猎采集及农耕的鱼、猎物、坚果、水果、作物等的生产
14	原材料	总初级生产中当作原材料的部分	木材、燃料和饲料的生产
15	基因资源	特有的生物材料和产品的来源	医药、材料科学的产品，抵抗植物病原和作物害虫的基因，装饰物种（宠物和园艺植物品种）
16	休闲	提供休闲活动的机会	生态旅游、体育垂钓，户外休闲活动
17	文化	提供非商业用途的机会	生态系统的美学、艺术、教育、精神或科学价值

资料来源：Costanza Retal. "The Value of the World's Ecosystem Services and Natural Capital", Nature, Vol. 37, 1997, pp. 73 - 90.

联合国发布的《迈向绿色经济：实现可持续发展和消除贫困的各种途径》报告中，对自然资本储存的变化进行模拟，如表 2 - 4 所示，对常规经济（Business - As - Usual，BAU）不同情景下的基本假设，包括没有额外投资的 BAU 情景、提高投资水平但能源和环境政策保持不变的两个 BAU 情景（BAU1 和 BAU2）以及提高投资水平的同时改善环境政策的两个绿色情景（G1 和 G2）。模型给出了各种天然资源储备量随时间的演变，列出了三种资源（化石燃料、森林和鱼类）短中期生物绝对值和在 GDP 所占比重的变化。化石燃料和鱼类的实体价值的变化用经济价值（单位租金）估算，森林由 TEEB 估算。该结果强调了目前管理自然资本方式的重大经济意义，以及可以从通过绿色经济战略所赢得的潜在收益。

表 2 - 4　BAU 和 G 情景中的 GDP 的增长率和潜在收益

	单位	2011 年	2015 年					2020 年				
			BAU1	BAU2	BAU	G1	G2	BAU1	BAU2	BAU	G1	G2
实际 GDP	十亿美元/年	69334	78651	79306	77694	78384	78690	90281	92583	88738	90915	92244
NDP	十亿美元/年	59310	69082	69625	68244	68898	69174	79700	80981	77705	79766	81007
化石燃料储备量的变化	十亿美元/年	-1212	-1447	-1471	-1413	-1309	-1221	-1730	-1788	-1645	-1392	-1163
	占 GDP 的比例（%）	-1.8	-1.8	-1.9	-1.8	-1.7	-1.6	-1.9	-1.9	-1.9	-1.5	-1.3
鱼类资源储备量的变化	十亿美元/年	-160	-151	-151	-149	-77	-36	-141	-141	-134	-46	1
	占 GDP 的比例（%）	-0.24	-0.19	-0.19	-0.19	-0.10	-0.05	-0.16	-0.15	-0.15	-0.05	<0.01
调整后的 NDP	十亿美元/年	57992	67533	68052	66733	67515	67878	77875	79097	75973	78305	79771
	单位	2011 年	2030 年					2050 年				
			BAU1	BAU2	BAU	G1	G2	BAU1	BAU2	BAU	G1	G2
实际 GDP	十亿美元/年	69334	116100	119307	110642	117739	122582	164484	172049	151322	174890	199141
NDP	十亿美元/年	59310	100686	103215	96006	102638	107133	139621	145483	128599	149887	172198
化石燃料储备量的变化	十亿美元/年	-1212	-2616	-2787	-2373	-1692	-1127	-4705	-4972	-4312	-2306	-979
	占 GDP 的比例（%）	-1.8	-2.3	-2.3	-2.1	-1.4	-0.9	-2.9	-2.9	-2.8	-1.3	-0.5

续表

	单位	2011 年	2030 年					2050 年				
			BAU1	BAU2	BAU	G1	G2	BAU1	BAU2	BAU	G1	G2
鱼类资源储备量的变化	十亿美元/年	−160	−122	−122	−116	−9	52	−91	−91	−88	40	142
	占 GDP 的比例（%）	−0.24	−0.11	−0.10	−0.10	−0.01	0.04	−0.06	−0.05	−0.06	0.02	0.07
调整后的 NDP	十亿美元/年	57992	97988	100345	93558	100939	105930	134855	140450	124231	147509	171129

资料来源：Towards a Green Economy：Pathways to Sustainable Development and Poverty Eradication，UNEP，2011.

在联合国发布的绿色经济报告中，对各种生物多样性和生态系统服务资产类别的市场潜力进行预期，如表 2－5 所示，生物多样性和生态系统（Biodiversity and Ecosystem，BES）资产中的林业碳、造林、支付流域等呈现出一定的市场价值。认为保护现有森林（REDD ＋）或退耕还林（造林和再造林，即 A/R）比其他减排技术成本更低、且易于实现。他们的实施能够带来多方共赢，如生物多样性保护和流域保护。到 2100 年，这种"免费"的服务价值估计可达每年 1 万亿美元。伴随着未来几年全球气候谈判政策的正确选择，森林的碳市场可能在 2020 年达到 900 亿美元（CDC Mission Climate，2008）。

表 2－5　各种生物多样性和生态系统服务资产类别的市场潜力

BES 资产类	市场价值	年份	市场类型	资料来源
生物多样性减缓/偏移	18 亿~29 亿美元	2008	上限贸易/自愿	Ecosystem Marketplace，2009
生物碳				
自愿的柜台（林业碳），包括 REDD ＋	3150 万美元	2008	私人自愿	Ecosystem Marketplace，2009
芝加哥气候交易所——林业碳	530 万美元	2008	私人自愿	
清洁发展机制（CDM）——造林/再造林	30 万美元	2008	上限贸易	
化妆品、个人护理、制药；生物勘探合同	3000 万美元	2008	私人自愿	The Economics of Ecosystems and Biodiversity study（TEEB）D3

续表

BES 资产类	市场价值	年份	市场类型	资料来源
认证的农产品,包括非木材森林产品（TFPs）	400 亿美元	2008	私人自愿	Bishop et al., 2008. Building Biodiversity Business
认证林产品——森林管理委员会（FSC）森林认证体系（PEFC）认可的方案	50 亿美元（FSC 认证产品）	2008	私人自愿	TEEB D3
支付流域服务（私人自愿）	500 万美元（各试点,如哥斯达黎加、厄瓜多尔）私人自愿 TEEB D3	2008	私人自愿	TEEB D3
付费与水有关的生态系统服务（政府）	52 亿美元	2008	公共	TEEB
生态系统服务的其他款项（政府支持）	30 亿美元	2008	公共	TEEB
私人土地信托保护地役权（如北美、澳大利亚）	80 亿美元（仅限在美国）	2008	公共	TEEB

资料来源：UNEP FI BES 2010。

五、生态资源收益性

生态资源在空间分布上具有差异性，不同的生态资源遵循不同的分布规律。生态资源区域差异性是形成各地资源比较优势的基础，也是导致各地经济发展不平衡的重要原因。在开发利用生态资源过程中，各地区在一定范围内寻求不同层次、不同规模的资源地域组合，以满足地区经济发展要素需求。在生态资源丰富、开发利用组合条件优越的地区形成优势，有利于较快促进地区经济发展。但各地生态资源之间并不是孤立存在的，而是相互联系、相互制约，共同组成的一个复杂的系统，具有整体性特征。具备生态资源开发优势的地区，经济发展水平高于其他地区，但随着该地区资源开发强度的加大，保护生态、整治环境力度的欠缺使得生态破坏、环境污染等问题日益凸显，给当地及周围地区经济社会发展带来消极影响。探索生态资源和人类劳动所积累的经济资源在较密集的地区如何实现协调发展，以求得生态资源的合理开发、利用和兼顾各种生态经济目标的协同，是生态经济系统耦合作用的重要内容。

　　生态资源的收益，是生态资源所有者权益的体现。因生态资源的禀赋特征差异，生态经济区域协同发展需要发挥"有形之手"的作用，形成合理的收益分配机制，提高配置效益和效率。在实践方面，旨在调整生态资源、环境保护和建设相关方之间利益关系的生态环境经济政策呼之欲出。寻求生态资源与地区经济协调发展的体现之一是实施生态补偿机制。根据生态系统服务价值、生态保护成本、发展机会成本的差异性，实行生态补偿，以实现不同地区、不同利益群体的和谐发展。秉承"谁开发、谁保护，谁污染、谁治理，谁破坏、谁恢复"原则，探索建立自然保护区、重要生态功能区、流域水环境保护生态补偿机制。以完善国土功能区规划构建区域协调发展格局是生态经济协调发展的又一重大举措。中国发布的《全国国土规划纲要（2016—2030 年）》以 2015 年为基期、2020 年为目标中期、2030 年为目标远期，从耕地保有量、用水总量、重点流域水质、重要江河湖泊水质达标率以及草原综合植被盖度、湿地面积等方面给出约束性、预期性指标，如表 2 - 6 所示，这对区域经济发展构成资源约束。从长远来看，有利于人口资源环境相均衡、经济社会生态效益相统一；有利于优化国土空间开发格局，立足区域资源环境禀赋，加强地区经济联系和分工协作，提升国土开发的协调性。

表 2 - 6　《全国国土规划纲要（2016—2030 年）》主要指标

指标名称	2015 年	2020 年	2030 年	属性
耕地保有量（亿亩）	18.65	18.65	18.25	约束性
用水总量（亿立方米）	6180	6700	6700	约束性
草原综合植被盖度（%）	54	56	60	预期性
湿地面积（亿亩）	8	8	8.3	预期性
国土开发强度（%）	4.02	4.24	4.62	预期性
城镇空间（万平方千米）	8.90	10.21	11.67	预期性
公路与铁路网密度（千米/平方千米）	0.49	≥0.5	≥0.6	预期性
全国七大重点流域水质优良比例（%）	67.5	> 70	> 70	约束性
重要江河湖泊水质达标率（%）	70.8	> 80	> 95	约束性
新增治理水土流失面积（万平方千米）	—	32	94	预期性

资料来源：《全国国土规划纲要（2016—2030 年）》国发〔2017〕3 号。

第三节　生态资源类型划分

生态资源能够提供生态产品和生态服务，具有能量转化、物质循环在内的生态功能，包括生物资源、环境资源等生态系统中的生态要素。马传栋（1994）认为自然生态资源系统是自然生态系统的一部分，自然生态资源系统可以划分为可再生的生物资源要素、不可再生的环境资源要素（即矿物质要素）和可循环利用的环境要素（如土壤、光照、风能等）。① 李林（2006）将生态资源划分为生物资源和生态环境资源。② 他认为生物资源可以借助生物自身的生长和繁殖能力，进行物质循环和能量转化，包括动物资源、植物资源和微生物资源；生态环境资源在生态系统中可供人类利用，但却是以无生命的生物存在，包括土地资源、水资源、森林资源和湿地资源等。显然，该划分是从生态资源与生态环境之间联系的角度出发。由于研究领域和研究目的不同，生态资源类型的划分也呈现标准较多、类别多样的特征。本节主要讨论基于生态资源初始状态、可再生性以及产权性质的类型划分。

一、按照初始状态划分

按照生态资源初始状态可划分为天然生态资源和人工生态资源。一类是天然生态资源，天然形成的资源是大自然恩赐给人类的宝贵财富，即纯自然要素，如空气、水源、土地、气候等。天然生态资源维系着生态安全，保障着生态的调节功能，为人类提供良好生产和发展环境。另一类是人工生态资源，即经过人类劳动加工后所形成的人工自然要素，如通过植树造林增加碳汇，通过水土保持净化水源等。人工生态资源显著特征在于通过人类行为对生态资源的利用、改造，使之更好地为人类生产生活服务。两者都是"凝结了无差别的人类劳动"。按照马克思主义的观点，人是自然界的一部分，人作为自然界的产物，受自然界影响和制约，自然界为人类提供物质，是人的无机的身体，人靠自然界

---

① 马传栋. 资源生态经济学 [M]. 济南：山东人民出版社，1994：21.

② 李林. 生态资源可持续利用的制度分析 [D]. 成都：四川大学，博士学位论文，2006：23.

生活。① 生态资源存在于自然界中，是人的实践与消费对象。作为天然形成的生态资源（如各类生态产品）也是人类的自然消费，但人们在生产生活及实践活动中，有意识地对自然物进行改造，使之凝聚人类劳动而成为生态产品时，人们对其消费的形成就可能发生变化，如通过植树造林增加氧气含量、通过污水处理提高水质等。人类通过耗费劳动，从生态资源环境系统中获得人类生产和发展所需要的生态资源；同时，为保护人类能够与其生存环境之间合理地进行物质、能量和信息等的交换，对生态资源环境进行适当的改造，如采用涵养水源、调节气候、清洁空气、净化水质、减少噪声、吸附粉尘、防风固沙等方式保护和净化生态。

二、按照可再生性划分

按照生态资源可再生性可将其划分为不可再生生态资源和可再生生态资源等类型。第一类是不可再生的生态资源，比如矿产、石油、天然气等各种矿物和化石燃料，这类资源的生态性往往体现在物质循环、能量循环过程中，较难直观感受到"生态性"。目前这类资源较早被人类开发利用，其存量逐渐减少以致枯竭，主要特点是储量有限，一旦被用尽或过度消耗在短时间内无法补充。第二类是可再生的生态资源，又可细分为生物可再生生态资源和非生物可再生生态资源。生物可再生生态资源富有生命、可再生循环能力强，包括各种动物、植物、微生物及其周围环境组成的各种生态系统，如森林、草原、鱼类、野生动植物等；非生物可再生生态资源虽然没有生命，但具有可以恢复和循环使用的规律，如土地、水等资源。可再生生态资源的生态性以多种形式存在，能相互转换，具有自我更新复原、可循环的特性。比如水资源处于全球水循环过程中，不断得到大气降水的补给，通过径流、蒸发实现更新；又如森林是以乔木为主体的生物群落，并与其环境因素相互作用才构成了生态系统，不仅能为社会提供木材和林产品，而且对于调节气候、保持水土、涵养水源、净化空气、防治荒漠化等具有重要的生态功能。

三、按照产权性质划分

生态资源产权性质涉及产权主体、产权客体以及权利分割等内容。按照生

---

① ［德］马克思. 1844 年经济学哲学手稿［M］. 北京：人民出版社，2000：57.

态资源产权主体（所有权的拥有者）的不同，可将生态资源划分为公有产权、私有产权和混合产权三种类型。中国实行公有产权，包括全民所有和集体所有两种公有形式。从所有权分割的角度，可将生态资源划分为独有、共享类型，由所有权分割出的使用权、处分权和收益权等，经由市场配置，辅之以必要的政府监管，可在不同的市场主体之间进行转换，形成对生态资源某种权能的占有。如林业资源归集体所有，在确权到户后，林农便拥有了所属林地、林木的使用权、经营权和收益权，以及在所有权归集体所有前提下的权能交易。按照生态资源产权客体划分为：水权、林权、土地权等类型，其中土地资源产权往往是其他资源产权的载体。按照生态资源产权使用性质的差异性，可将生态资源分为公益性、经营性以及准公益性等类型。生态资源的公益性基于公共目的、谋求社会效应，特别是以追求社会生态效益为核心的资源使用，具有规模大、范围广、受益面宽等特点。生态资源的经营性主要是通过对生态资源的生产、经营来获取经济利益的。生态资源的准公益性介于公益性和经营性之间，旨在实现社会效益和生态效益，同时兼顾经济效益，为社会公众提供生态产品或服务。基于不同产权视角的划分表现出共同的特征：生态资源产权以不动产产权为主；受生态资源时间、空间、种类关联性影响显著；具体产权表现形式多样，包括有形产权和无形产权，也可由实物产权衍生出相应的债权及股权。

除以上类型划分外，按照化学性质，可将生态资源划分为有机资源和无机资源。按照自然形态，分为动物资源、植物资源和矿藏资源。按照矩阵资源系统划分为：土地资源、水资源、海洋资源、矿产资源、能源资源、森林资源、草地资源、物种资源、旅游资源等主要种类。按照人类利用资源的角度划分为：物质资源、能源资源、环境资源和信息资源。按照生态资源对人类作用的大小，可分为战略性资源和非战略性资源。按照人类用途划分为：生态农业资源、生态工业资源、生态旅游资源等类型。

本章小结

资源、自然资源和生态资源之间不是简单的包含与被包含的关系，而是三者相互联系、各有侧重。三者涉及资源开发利用和治理保护问题，但资源涵盖范围广，自然资源强调天然存在的自然物。生态资源以生态性为显著性特征，区别于资源和自然资源。生态资源与人类经济活动有着千丝万缕的关系，"天蓝""地绿""水清"是人类生活的必需品，也是消费品。生态资源稀缺性、有价性、增值性和收益分配是其发生在经济活动中的属性表现。随着人类社会的发展，生态资源的稀缺性问题日益凸显。生态资源稀缺性体现生态资源价值实现，是生态资本能够带来收益的前提，也是其体现自我增值和资本增值空间的衡量指标。依据不同划分标准，生态资源的类型各异。本文依据生态资源初始状态，将其划分为天然生态资源和人工生态资源；依据生态资源可再生性，将其划分为不可再生生态资源和生物可再生生态资源；依据生态资源所有权主体差异，将其划分为公有产权、私有产权和混合产权，依据生态资源产权使用性质差异，将其划分为公益性、经营性和准公益性。

生态资源内涵有狭义和广义之分。狭义的生态资源是指能够提供生态产品和生态服务的资源，如林产品、清新空气、清洁水源等；广义的生态资源包括生态产品、生态服务以及各生态要素之间相互联系、相互作用而形成的生态系统，发挥着涵养水源、调节气候、保持水土、调蓄洪水、维持生物多样性、提供景观休闲等重要生态调节性服务功能。随着人们认识的深化，生态资源的内涵还将不断深化和扩展。

本书所界定的生态资源并不能够穷尽生态资源现有内涵和潜在要义，但也区别于一般意义上的生态产品和生态服务。本书的研究对象立足于"绿水青山就是金山银山"的转化路线，在现有条件以及可预期的未来，能够通过市场交易和金融创新实现生态资源资本化；侧重于从源头上解释生态资源资本化，即生态资源能够实现市场交易和金融创新的产权理论，以及政府在"绿水青山"转化为看得见的"金山银山"过程中的职能作用。

第三章

生态资源资本化演化逻辑及路径

本章从"资本"的逻辑解释入手，厘清作为生产要素的自然资本在资本范畴中的内涵，主张建立有投资价值的自然资本新经济体系，促进经济增长；分析生态资源资本化的演化逻辑及其特征；归纳生态资源资本化的实现路径，以落实生态资本保值、增值的具体形态。

第一节　资本的逻辑解释

经济学发展的历史脉络离不开对于"资本"核心内涵的解释。"这是一个资本误置的时代"，误置的原因在于过度消耗自然资源和生态环境。遏制由于资本配置不当引发的生态环境外溢效应，这需要经济学理论的进一步解释，传统的经济增长模式并不能诠释自然资本对经济增长的贡献，人类应该认真反思和重塑经济增长模式，建立有投资价值的自然资本新经济体系。

一、资本的一般理论

"资本"是经济学的一个重要概念，众多经济学家从不同视角剖析资本的含义。弗朗斯瓦·魁奈是法国重农学派创始人和主要代表，也是最早对资本进行分析的经济学家之一。他在农业中分析资本含义，把用于购置农业设备的基金称为"原预付"，把每年花在耕作劳动上的支出称为"年预付"，以"原预付""年预付"为最初的资本概念，将资本的整个生产过程看作是再生产过程，并以流通货币的形式体现。亚当·斯密把资本看作是使国民财富增加的积极因素之一，把资本定义为是为了取得利益而投入的并用来继续生产的财产，他关于资本性质的认识曾接近于生产关系，他说："资本一经在个别人手中积聚起来，当然就有一些人，为了从劳动生产物的售卖或劳动对原材料增加的价值上得到一种利润，便把资本投到劳动人民身上，以原材料与生活资料供给他们，让他们劳作"。① 李嘉图把注意力集中在资本数量上，也就是资本积累，将资本划分为维持劳动的资本和投入工具、机器及建筑物上的资本。② 萨缪尔森指出："资本是一种生产出来的生产要素，一种本身就是经济产出的耐用投入品"。③ 马克思指出资本的本质是："能带来剩余价值的价值"，并且揭示了资本积累的规律：通过剩余价值转化为资本的方式来增大资本总额。④ 在《资本论》第一卷中，马克思揭示了资本无限增值的逻辑，用公式可表达为"G—W—G′"。而在《资本论》第二卷中，马克思指出公式中的"W"并非简单指一种"商品"，而是一个生产过程。换句话说，"W"指的是资本循环过程的第二阶段"W…P…W′"。"资本家用购买的商品从事生产消费。他作为资本主义商品生产者进行活动；他的资本经历生产过程。结果产生了一种商品，这种商品的价值大于它的生产要素的价值。"因此，货币资本循环的完整公式是"G—W…P…W′—G′"。现代社会只要把资本的增值奠定在生产过程的基础上，社会的物质财富就会随之增长。但如果资本增值的方式把生产过程的一中间环节抽象化了，就必然导致财富增长的假象。正是在这个意义上，"G—W…P…W′—G′"的公式构成了现代社会资本增值的合理性界限。⑤ 对资本的定义和划分部分，托马斯·皮凯蒂认为资本可以分为"人力资本"和"非人力资本"，而对于后者，资本的概念并非是一成不变的，它反映出了每个社会的发展态势及该社会普遍的社会关系。空气、海洋、山脉等的所有权也是类似的情况。同时，针对资本价值量的核算，托马斯·皮凯蒂认为，我们几乎无法排除人们在土地上增加的附加价值，石油、天然气、稀土元素等自然资源的价值也面临着同样的问题，我们很难将

---

① [英] 亚当·斯密. 国民财富的性质和原因的研究：上卷 [M]. 郭大力，等译. 商务印书馆，1972：303－304.
② [英] 大卫·李嘉图. 政治经济学及赋税原理 [M]. 北京：人民出版社，1972：17－18.
③ [美] 保罗·萨缪尔森，威廉·诺德豪斯. 经济学 [M]. 萧琛，译. 华夏出版社，1999：64.
④ 辞海编委员会. 辞海 [M]. 上海：上海辞书出版社，1980：1435.
⑤ 王庆丰. 资本论与资本的合理界限 [N]. 光明日报，2016－01－27 (14).

人们在勘探采掘中所投入的价值剥离出来，单独计算自然资源的纯粹价值。这些财富数据仍然存在诸多缺陷，例如，自然资本和对环境的破坏并没有通过数据体现出来。①

在传统经济学中，通常将资本定义为局限于经济社会领域内可以给人们带来预期经济收益的财富，随着全球日益严重的环境污染、资源枯竭和生态破坏问题对区域经济社会发展产生的巨大影响。② 生态资源和生态环境并不属于正资本，其积累过程和形态的特殊性意味着如果将外部性因素考虑进去，结果使其总存量规模具有明显的"减值性"特征，在生态资源和良好生态环境绝对有限的情况下，所有看似利用"生态资源和生态环境"带来资本增值和增加财富的过程，其实都是消耗自然资本的过程。即便表面上拥有生态资本的所有者从中获得了要素性的回报，那也只不过体现为价值量增加之后的增值，而不是自然资本的物理存量在增加。换句话说，使用价值量的增值性掩盖了自然资本在存量上的减值性，将是不可复制的。③ 资本的概念和外延从经济社会领域逐步延伸到自然资源和生态环境领域。联合国《迈向绿色经济》报告中指出这是一个资本误置的时代，大多数经济发展和增长战略都鼓励实体、金融和人力资源快速积累，但都是以自然资本的过度耗损和退化为代价，包括自然资源和生态系统，这种模式往往以不可逆转的方式耗损着全球自然资源，不仅对当代的福祉产生损害，而且还会对未来世代构成巨大风险和挑战，必须改变资本配置不当问题，遏制由于资本配置不当引发的生态环境外溢效应。④ 联合国和世界银行记账系统（The UN System of National Accounts，SNA）及联合国环境与经济综合记账系统（UN Integrated System of Environmental and Economic Accounts，SEEA）都将自然资本纳入其中。世界银行（1994）在《扩展衡量财富的手段》中将国家财富的主要资本成分划分为三大类：产品资本（人造资本）、人力资本（社会资本）以及自然资本，提出自然资本是一国财富的重要组成部分，其中包括农业用地、牧场、森林、保护区等一切自然资源。

---

① ［法］托马斯·皮凯蒂. 21 世纪资本论［M］. 中信出版社，2014：143.

② 高吉喜，范小杉. 生态资产概念、特点与研究趋向［J］. 环境科学研究，2007（5）：137－143.

③ 李志清. 论 21 世纪的自然资本与不平等——环境质量的收敛和经济增长［J］. 复旦学报（社会科学版），2016（1）：135－142.

④ UNEP. 迈向绿色经济：实现可持续发展和消除贫困的各种途径，2011：16.

二、自然资本的内涵

学者对于自然资本概念的界定莫衷一是，有些国内学者将自然资本翻译为生态资本，虽然自然资本和生态资本在字面上有所差异，但本质上倾向于一致性，都是作为生态经济学的理论核心。Costanza 认为自然资本是以在一个时间点上存在的物质或信息的存量所产生的服务流用以增进人类福利而存在的。[①] Daily 将自然资本拓展到对现在或未来能够提供有用的产品流或服务流的自然资源及环境资本的存量上。[②] El Serafy 认为生态环境提供环境产品和服务就是生态资本，并将生态资本划分为可再生和不可再生。[③] 中国学者刘思华认为生态资本是指能够直接进入当前社会生产与再生产过程的资源环境，将其划分为生态资源和生态环境两部分，对于生态资本的理解拓展到自然资源总量、生态环境的自净能力、生态潜力、生态环境质量等范畴。[④] 在 Trucost 和中国工商银行研发的自然资本成本分析工具中，生态系统服务和环境破坏的估值包括生态系统资源、服务和环境破坏对人类福祉的正面或负面贡献。尽管对于自然资本的表述各有侧重，但始终围绕人与自然之间的经济活动，即人类从生态系统中获取的生态产品和服务，可以存在于生态资源及其系统的存量或是流量，由生态资源存量或流量衍生出的供人类生产和再生产所创造出的价值。

生态资源和服务的定价反映人类社会和经济发展从这些资源和服务中所获取的经济价值，这些价值在传统市场定价中没有得到体现。现行经济增长贡献要素统计并未反映或大大低估生态资源和服务的价值。例如，市场价格只反映木材作为商品和生产原材料的价值，并不反映消耗对社会和人类福祉的成本，忽视了森林提供的一系列重要生态系统服务，包括全球气候调节和当地水源调节等。当市场价格并不反映这些价值时，森林可能在不具可持续性的条件下被

① Costanza Retal. *The Value of the World's Ecosystem Services and Natural Capital* [J]. Nature, 1997 (37): 73 – 90.

② Daily, G. C., Soderqvist, T. *The Value of Nature and the Nature of Value* [J]. Science, 2000 (289): 395 – 396.

③ El Serafy, S.. *The Environment as Capital*. R. Costanze. Ecological Economics: The Science and Manage – ment of Sustainability. New Yok: Columbia University Press, 1991: 34 – 56.

④ 刘思华. 对可持续发展经济的理论思考 [J]. 经济研究, 1997 (3): 46 – 54.

过度开发，引致环境恶化和资源短缺。生态资本嵌入在生态系统、经济系统和社会系统之中，并以市场化的符号方式呈现。与传统经济学对于资本的认识相比，生态资本把生态系统作为人类社会福利或是财富纳入经济学研究视角，并以经济系统和生态系统共同作用于社会系统，形成有机整体。生态资本作为资本的内涵延伸，具备资本的一般属性，并突出表现为资本增值。生态资源日益稀缺警示着人类，生态资源的过度消耗将严重影响现在及未来的经济福利，也将带来生态资源自我增值和生态资本收益增值空间。2005 年的《千年生态系统评估报告》提出生态系统服务纲要，包括维持高质量生活所必需的物质条件、健康以及良好的社会关系、安全等，报告指出，世界上已经有超过 60% 的主要生态系统产物和服务正在退化或遭受不可持续利用，这也是世界范围内生态稀缺性加剧的又一体现。① 生态资源对人类福祉至关重要，部分生态资源发挥着不可替代的生态作用，但人类并没有完全意识到这些资源对于人类的真实价值，其潜藏着巨大的增值空间。比如大气、土壤和水为人类提供四类服务：供给服务（食物和纤维、天然药物），调节服务（气候、水质和径流、疾病控制），支持服务（养分循环、授粉）和文化服务（精神和娱乐收益）。供给服务的价值通常是最容易货币化和量化的，而其他服务的价值常被低估。② 随着时间的推移，从自然资本中获得的服务将会变得越来越有价值，因为它们会变得越来越稀少，这无论如何都会通过经济中的价格有所体现。自然资本同人造资本、人力资本以及劳动资本都是经济生产要素，但自然资本是基本的生产要素，其他要素都可以追溯到不同形态的自然资本。③

三、基于自然资本的经济增长

传统的经济增长模式并不能诠释自然资本对经济增长的贡献，人类应该认真反思和重塑经济增长模式，建立有投资价值的自然资本新经济体系。古典经济增长理论以亚当·斯密的《国富论》为代表，他认为，经济增长取决于分工

---

① UNEP. 迈向绿色经济：实现可持续发展和消除贫困的各种途径，2011：18.
② 中国环境与发展国际合作委员会. 2017 年关注问题报告：新时代背景下践行生态文明，2017：17.
③ ［英］迪特尔·赫尔姆. 自然资本：为地球估值［M］. 蔡晓璐，译. 北京：中国发展出版社，2017：59 - 67.

程度的增进和劳动人数的增加，后两者又要取决于资本积累，资本积累来源于储蓄；认为分工导致的劳动生产率的提高和生产性劳动在全部劳动中所占比例，是决定国民财富增长的主要因素。[①] 马歇尔（1890）拓展了斯密的分工理论，认为分工并不必然排斥竞争，行业产出的变动可以使得代表性厂商出现收益递增，提出产业组织作为促进经济增长的重要因素。[②] 以索洛（1956）为代表的新古典增长理论认为，以投资作为内生变量，储蓄率、人口增长率、技术进步率作为外生变量，说明储蓄、资本积累和经济增长之间的关系；在没有外力推动下，经济体系无法实现持续的增长，只有当经济中存在外生的技术进步或人口增长时，经济才能实现持续增长，并且总产出增长率、消费增长率、资本增长率都等于外生的劳动投入增长率加上技术进步率。[③] 肯德里克（1961）提出以"全要素生产率"测算一国国民收入，确定了生产率提高和要素（资本和劳动）投入量增加对经济增长的贡献份额。[④] 以罗默、卢卡恩等经济学家为代表的新经济增长理论突破了传统经济增长理论所强调劳动数量、资本存量等因素，将人力资本、制度等影响因素纳入经济增长要素范畴。优化资源配置、提高资源配置效率，是经济增长的原动力。帕累托最优描述了资源配置的理想状态。实现帕累托效率需要具备三个条件：一是对于生产厂商来说，任何一组投入的边际技术替代率应当相等，且等于投入的生产要素价格之比，即 $MRTS_{(m,1)c} = MRTS_{(m,1)w} = P_m/P_1$；二是对于消费者来说，任何两种商品的边际替代率应当相等，且等于商品价格之比，即 $MRS_{(m,c)1} = MRS_{(m,c)2} = P_w/P_c$；三是对于生产和交换来说，任何两种商品的商品替代率应该等于生产相同商品的技术替代率，并等于商品价格之比，即 $MRPS_{(m,c)1} = MRTS_{(m,c)2} = P_w/P_c$；$MRTS$ 代表边际技术替代率，M 代表机器、厂房等物质资本，L 代表土地等自然资本，C 和 W 代表生产出来的两种产品或者服务，P 代表价格。从市场经济帕累托最优条件中表明：价

① ［英］亚当·斯密. 国民财富的性质和原因的研究：上卷［M］. 郭大力，等译. 商务印书馆，1972：217.

② ［英］阿尔弗雷德·马歇尔. 经济学原理［M］. 朱志泰，等译. 商务印书馆，1996：62.

③ Solow. R. A. Contribution to the Theory of Economic Growth［J］. Quarterly Journal of Economics. 1956（3）：65–94.

④ ［美］J. 肯德里克. 美国的生产率趋势［M］. 北京：普林斯顿大学出版社，1961：126.

格支配着资源配置。经济学进一步研究表明：有效率的价格水平应该反映该资源的全部社会成本，即应该等于边际机会成本，包括边际生产成本（MPC）、边际环境成本（MEC）和边际资源耗竭成本（MDC），用公式表示为 $P = MOC = MPC + MEC + MDC$。但由于生态资源的公共物品属性、管理制度安排不当、认知上的局限，配置资源中存在着市场价格扭曲、配置效率低等问题，使得在经济增长或者经济效率的实现过程中，自然资本都是以低成本（无价或低价）方式进入生产领域，价格信号不能反映全部社会成本。①

　　如果人类能够将产生额外价值的自然资本修复或增强，将自然资本嵌入经济体系，不再是经济的附加物，人类将能获得更高的经济增长水平。自然资本是中国未来新的增长动力之一。增加资源的数量和质量，就会增加社会总产出。自然资本将改变中国未来的投资结构与投资方向，也将使中国经济重获生机。根据 OECD 的测算，中国经济增长主要还是依靠资源投入。如果将环境污染的影响考虑在内，则 1991—2013 年的年均增长率会下降 0.74 个百分点，如图3 – 1所示。自然资本的增长贡献为长期平均增长占产出增长的份额。它衡量的是通过自然资源的使用带来的收入增长，扣除污染的增长调整表现为长期平均增长率。作为产出增长的一部分，衡量的是经济增长在多大程度上是以牺牲环境质量为代价的。

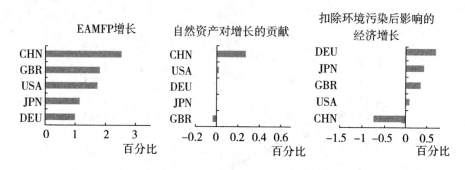

图 3 – 1　生态环境服务的生产力及对增长的作用

注：生态环境服务仅限于空气污染和矿产资源。

　　中国绿色转型 2020—2050 课题组综合目前基于情景的相关研究成果，设置

---

① 张世秋. 环境资源配置低效率及自然资本"富聚"现象剖析 [J]. 中国人口·资源与环境，2007（6）：7 – 12.

了常规情景（Business As Usual，BAU）和绿色转型情景，分析绿色转型对中国经济的影响，研究结果表明：在绿色转型情景和 BAU 情景下，中国国内生产总值水平和增长速度之间的差距并不大，但对于经济结构的影响比较明显，绿色服务对于绿色转型贡献越来越突出；到 2035 年，两种不同情景下的 GDP 差异中，74% 是因为服务业的变化产生；到 2050 年，服务业对两种情景中 GDP 差异的贡献达到 82%，如图 3 - 2、图 3 - 3、图 3 - 4 所示。

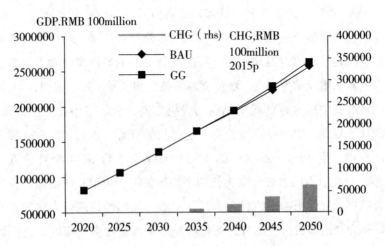

图 3 - 2　中国绿色转型对 GDP 的影响（2020—2050 年）

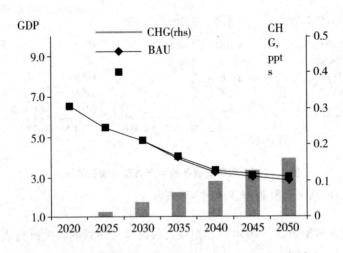

图 3 - 3　中国绿色转型对增长率的影响（2020—2050 年）

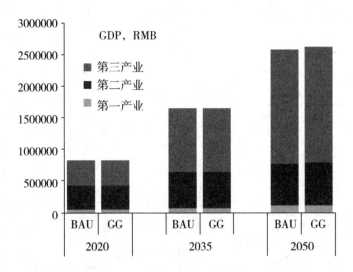

图 3 - 4　中国绿色转型对 GDP 内容的影响（2020—2050 年）

资料来源：中国绿色转型 2020—2050 课题组。

中国贫困地区的生态资源优势在工业生产中没有充分发挥出来，但在绿色发展理念指导下，良好的生态环境是农村最大的优势和宝贵财富，其"绿水青山就是金山银山"。中国绝大部分的贫困地区，在主体功能区中均划分为限制开发区。其中，2017 年中国有贫困县 573 个，同属生态功能区有 516 个，占比90.05%；贫困县的县城所在地与生态功能区重叠的占比为 79.93%，而县城是贫困县工业发展的主要地方。这意味着，受限于主体功能区划，贫困地区在政策上不能重走传统工业化道路，但自身独特的生态优势为其经济增长的重要契机，应推动乡村自然资本加快增值。

第二节　生态资源资本化演化逻辑

生态资源资本化是一个基于生态资源价值的认识、开发、利用、投资、运营的保值、增值过程。生态资源资本化遵循"生态资源—生态资产—生态资本"的演化路径，如图 3 - 5 所示，这一路径是"资源—资产—资本"三位一体新型资源管理观在生态领域的运用。生态资源在不同阶段具有差异性的价值形态表现，生态资源形态和价值的不断变化使得生态资产实现增值效应。生态资源资本化主要经历生态资源资产化、生态资产资本化、生态资本可交易化等阶段。

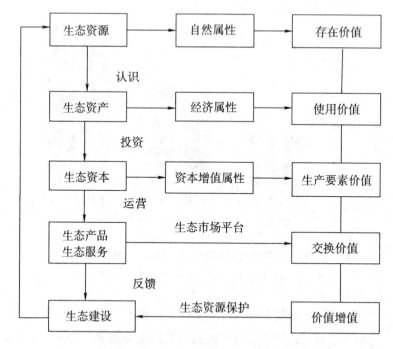

图 3 - 5　生态资源资本化演化逻辑

资料来源：作者绘制。

一、生态资源资产化

生态资源以其自然属性为人类提供生态产品和生态服务，随着人类对生态资源需求的加大，对于为人类提供生态产品和生态服务的自然要素被纳入资源观。生态资源转化为生态资产，最大的特征在于生态资源的稀缺性，因稀缺导致生态资源权益所有者发生变化。在初始状态下，生态资源属于公有资源；随着生产生活环境的变化，国家代表公权力对公有资源进行权力界定。当产权明晰的生态资源能够给投资者带来收益时，投资者就能够对生态资源行使法律规定的权利，生态资源成为生态资产。生态资产具有资产的一般属性，即具有潜在市场价值或交换价值的一种实体，是其所有者财富或财产的构成部分，同时要求达到稀缺、产权清晰等条件。生态资产更强调经济属性，能够将生态资源使用价值进行货币化，为人类生产生活提供经济效益。生态资源资产化是生态资源向生态资产转化的过程与趋势，能够确保生态资源所有权人及其权能所有者权益不受损害，并有效管理和保护生态资源。类似的界定，如姜文来（2000）认为自然资源资产化是指从自然资源的开发利用到自然资源的生产和再生产的全过程中，把自然资源当作资产，按照经济规律进行投入产出管理，以确保资源所有者权益不受损害、资源保值增值，增加资源产权的可交易性。① 生态资源资产化意味着将生态资源及其产权作为一种资产，按照市场规律进行投入产出管理，并建立以产权约束为基础的管理体制，实现从实物形态的资源管理到价值形态的资产管理的转化。

二、生态资产资本化

生态资本是有一定产权归属并能够实现价值增值的生态资源，主要包括资源总量、环境质量与自净能力、生态系统的使用价值以及能为未来产出使用价值的潜力资源等。生态资本与生态资产既有区别又有联系，生态资本是能产生未来现金流的生态资产，具有资本的一般属性，即增值性，生态资本通过循环来实现自身的不断增值。生态资产与生态资本的实体对象是一致的，但需要强调的是只有将生态资产盘活，成为能增值的资产，才能成为生态资本，经过资本运营实现其价值，这一过程就是生态资产资本化。② 生态资源转化为生态资产并进入经济社会领域，在市场上产生服务于社会的效益才能转化为资本，进而获取保护生态环境或是生态资源可持续发展所需的经济成本，真正实现生态资源保护与经济利益（获取生态产品或服务等）之间的平衡。当生态资产通过市场交易、金融创新，使得生态资产形态和价值不断变化而实现价值增值时，生态资产成为生态资本。生态资本在投资生态资产的基础上更加强调增值性，体现生产要素价值在未来的增值空间。生态资本作为一种生产要素，在其逐利性的支配下必然投入到一定的社会生产活动中去，在生产过程中与其他生产要素相结合生产出特定的产品，然后通过产品在市场上的出售以交换价值即价格

① 姜文来. 关于自然资源资产化管理的几个问题［J］. 资源科学，2000（1）：5-8.
② 高吉喜. 生态资产资本化概念及意义解析［J］. 生态与农村环境学报，2016（1）：41
  -46.

的形式实现其资本价值。① 有学者从会计学角度界定"资本化",如朱学义从支出处理、资金渠道、未来收益等角度分析资本化。② 本文从经济学视角界定生态资源资本化,一般意义上的无差别的有用物通过市场机制发挥作用,形成具有商品性、能够带来价值和产生剩余价值的过程,是生态资产向生态资本转化的过程与趋势。生态资产资本化本质上源于马克思的"收益资本化"观点,认为"任何一定的货币收入都可以资本化,也就是说,都可以看作一个想象资本的利息"。③ 生态资源货币化形成生态资产,生态资产凭借其收益转换成市场交换价值,带来预期的收益。生态资源资本化意味着具备明晰产权的生态资源完成资产化后,以生态资产及其产权进入交换市场,体现资本增值属性,实现生产要素价值。

三、生态资本可交易化

生态资本可交易化是生态资产资本化进入资本运营阶段的具体表现。生态资源的生产价值通过生态资本的具体运营过程转化到生态产品或服务中,并在市场上交易,形成交换价值。这一过程是实现生态资源的要素价值转化为交换价值,只有生态资产转化为生态产品或服务才能体现其价值。生态资本运营目标之一是实现生态资本保值,即在生态资本各要素存量上不减少、流量上分配更良性、结构性更合理、生态资本总体价值不降低。生态资本运营的另一个目标是实现生态资本增值,即通过生态资本运营实现生态资本的货币化,获取远高于常规经济活动的经济效益,提高经济发展水平,反过来更好地促进生态资本管理和发展。保值与增值相辅相成、紧密相连。如果在生态资本运营中没有保值措施,那么资本运营将是不可持续的。反之,只有生态资本增值才能实现经济效益,改善当地生产生活水平,引导人们重视和主动维护生态资本,推动生态资本运营可持续。生态资源资本化体现在生态产品和生态服务经市场交易、金融创新实现要素价值交换,也就是生态资本运营过程。生态资本运营形成一

---

① 严立冬,等. 生态资本构成要素解析——基于生态经济学的文献综述 [J]. 中南财经大学学报, 2010 (5): 3 – 9.

② 朱学义,张亚杰. 论中国矿产资源的资本化改革 [J]. 资源科学, 2008 (1): 134 – 139.

③ [德] 马克思. 资本论: 第三卷 [M]. 北京: 人民出版社, 2004: 702.

定的生态市场，这一生态市场是生态产品和生态服务价值实现的重要平台。生态市场平台机制促使投资者将已实现生态资源价值收益的部分用于生态资源保护、生态技术改进或者生态耗损的修补，以提高未来生态资源价值。生态资源价值增值使生态建设成为可能，并与生态资源形成循环路径。在资源与外部环境双约束的条件下，体现外部性的交易成本体系和制度体系共同作用于生态资本可交易化过程。这就需要充分发挥市场在生态资源配置中的决定性作用，发挥政府制度创新和治理现代化能力，促进生态资本保值增值。

四、生态资源资本化演化特征

生态资源经资产化形成生态资产，生态资产经资本化形成生态资本，"生态资源—生态资产—生态资本"的演化逻辑以明晰产权为基础、以生态技术价值量化评估为支撑、具有时空动态特性以及体现生态价值变化内在逻辑等特点。一是生态资源资本化以明晰产权界定为前提。产权边界不清的生态资产，其范围和数量不能确定，其价值也就无法量化，构不成现实的生产要素。明晰生态资源的权利所指向的每项权利的产权边界，明确各主体行使权利的范围及权限的法律行为，也是体现生态资源的稀缺性和价值性的要求。二是技术的应用对于生态资产转化成生产要素、凝结为生态产品或生态服务起着重要作用。如何量化评估生态资源价值，关系到生态资源经营权价值的确定，从而影响由生态资源经营权价值所能够带来的抵押、入股等资产经营性行为的相关活动。三是生态资源资本化演化过程中的时间前后性。生态资源资本化过程最重要的前提是明晰产权，产权的廓清过程有明显的前后时间，生态资源经资产化形成生态资产，进一步明晰产权后，随市场交易、金融创新的资本化过程形成生态资本。四是生态资源资本化演化过程的空间并存性。生态资源的资产化和资本化过程并不是两条平行线，而是在空间上相互联系，生态资源资产化是以生态资源为物质基础，生态资源资本化是以生态资源和生态资产的产权为其价值增值的前提，产权的价值增值也影响着生态资源价值评估，两者相互关联。五是体现生态资源价值变化内在逻辑，生态资源资本化演化实质上是生态资源价值发生变化，即"存在价值—使用价值—生产要素价值—交换价值"的变化。生态资源的存在价值转换为生态资产的使用价值，生态资产的使用价值作为要素投入生产过程便形成生产要素价值，生产要素价值通过生态资本的具体运营过程转化到生态产品中形成交换价值，最后通过生态市场的生态消费交易实现交换价值的货币化。任何一个环节的中断，将导致生态资本运营过程无法进行下去。①生态资源资本化演化逻辑表明：生态资源资本化是以生态资源为物质基础，通过明晰产权后，对生态资源进行量化评估，实现生态资源向生态资产转化，利用对生态资本的消费及其形态的变化，通过生态产品和生态服务实现生态资本作为生产要素价值增值的市场投资活动。

第三节　生态资源资本化路径表现

生态资源资本化方式多样，如何将资本化路径进行分类并没有一致的结论。严格界定生态资源资本化的市场路径（如林木产品交易）、规制和基于交易混合工具（如生态补偿）甚至交易成分不明显的工具（如生态旅游付费）归纳为单一类别的路径是有困难的。惠滕（2005）将生态系统服务的市场化工具归纳为基于价格的机制（如拍卖、投标、拨款、退款、特定税收）、基于数量的机制（总量管制、交易补偿）和市场摩擦机制（如生态标签）三类。②皮拉尔（2014）基于演绎的类型划分，将市场化工具分为直接市场交易（如林木产品）、许可证交易（如碳配额）、反向拍卖（如林木招标）、科斯类型协议（如经营权交易）、调控价格变化（如生态税）和自愿性价格信号（如森林认证何有机农业标签）等六大类。可见，基于归纳和演绎类型的划分差异性较大。生态资源资本化路径实质也是"绿水青山就是金山银山"的转化路线。本节试图从生态资源具体交易内容视角归纳其资本化路径，大体上可以分为直接转化路径和间接转化路径。直接转化路径是将生态资源的优势转化为生态产品并可直接交易获得价值，间接转化路径需要经过生态资产优化配置、绿色产业组合、金融市场工具嫁接等方式实现生态资源增值。

---

① 严立冬，等. 生态资本构成要素解析——基于生态经济学的文献综述 [J]. 中南财经大学学报，2010（5）：3 – 9.
② 张晏. 生态系统服务市场化工具、概念、类型与适用 [J]. 中国人口·资源与环境，2017（6）：119 – 126.

一、生态产品直接交易

生态产品直接交易是指利用生态资源产出生态产品的能力，通过不断挖掘其新的生态生产要素，并与其他生产要素相结合生产出满足人们绿色消费的新型生态产品，通过直接在生产者和消费者或者加工者之间进行交易获得价值，将生态资源使用价值直接开发转化为交换价值，进入生态市场实现资产增值。中国浙江安吉县，利用本地丰富的竹林资源，在传统竹材利用基础上，开发了远销中国港澳台地区和日本、韩国、东南亚及欧美等地区的第二代到第六代竹产品，创造了巨大的经济、社会效益，并保护生态资源和改善生态环境。① 安吉县的竹制品从单一的竹凉席发展到竹地板、竹家具、竹饮料等七大系列 3000 多个品种，竹子的价值从 15 元提高到 60 元，竹加工一年产值达 150 亿元，占工业总产值的三分之一，从业人员近 5 万人，全县现有竹产品配套企业 2400 余家，竹地板产量占世界产量 60% 以上。② 生态产品直接交易的另一个典型的技术路线就是应对气候变化背景下的林业碳汇。碳交易市场是运用资本市场解决碳资源需求的重要形式。农民可通过参与联合国清洁发展机制碳汇项目和中国在建的碳排放市场交易，实现其生态产品价值。据世界银行测算，全球二氧化碳交易需求量预计为每年 7 亿～13 亿吨，由此形成了一个年交易额高达 140 亿～650 亿美元的国际温室气体贸易市场，到 2020 年，全球碳交易总额有望达到 3.5 万亿美元。③

二、生态产权权能分割

生态产权权能交易的前提是权能明晰、权责分明。生态资源的所有权、使用权、收益权等权能在交易双方按照各国法律规定达成一致情况下实现权能交易，其中，使用权交易可将资产的使用价值转化为交换价值，实现增值。鉴于中国自然资源资产的公有性质，所出售的往往是特定时间内的自然资源资产的

---

① 徐勇. 一根竹子撑起一个大产业 [J]. 长三角，2007（2）：28.
② 张孝德. "两山"之路是中国生态文明建设内生发展之路 [J]. 中国生态文明，2015（3）：28.
③ 李婕茜. 全国碳市场的交易逻辑. http://jjckb.xinhuanet.com/2017 - 03/27/c_136160103.html，2017 - 07 - 27.

使用权、经营权及与之相伴的收益权或受益权。如果生态资源的产权能够界定，加上足够的生态技术，核算生态资源价值，那么通过市场交易方式实现生态资源供给将成为可选择的机制。如通过出让、租赁、作价出资（入股）、划拨、授权经营等方式处置国有农用地使用权，通过租赁、特许经营等方式发展森林旅游，以招标、拍卖、挂牌等市场化方式出让、转让、抵押、出租、作价出资（入股）等丰富海域使用权权能，以出租、抵押、转让、入股等流转形式或以资产证券化等金融产品形态进行生态旅游资源经营权市场化运作，以实现其价值增值。如表 3 - 1 所示，生态资源使用权流转主要形式包括出租、抵押、转让、入股等，通常是经营权与所有权、使用权的组合关系。以水资源为例，水资源市场工具包括：生态系统服务付费制度（PES），消费驱动认证制度，推广使用可交易的许可证、补偿和银行制度，有些国家和地区通过改进水资源的授权和分配制度，允许水权交易，以适应变化的经济与环境状况。水资源收费制度可以是向取水用户收取一定的费用（消费者付费），或是由政府向水资源消费者征税，再由政府提供取水费用。水权交易发生在一个周密设计的体系中，会有相应的水资源规划来确定其在不同河段及蓄水层中的分配，也有一个明确的授权制度来规定水在用户间的分配。澳大利亚的水权交易被普遍认为是发展水权市场的典范，澳大利亚从 20 世纪 80 年代开始实施水权制度改革，20 世纪 90 年代完成墨累—达令河流域的用水总量控制，规定流域内任何新用户的用水都必须通过购买现有的用水权来获得，2013 年，澳大利亚全国的水权交易量为 75 亿立方米，占当年用水总量的三分之一。① 比约克隆和罗亚尼（2007）研究表明，澳大利亚水市场在过去 10 年间将内部收益提高了 15%。

表 3 - 1　生态资源使用权流转主要形式

形式	特征
出租	将某项资源使用权按照固定期限租赁给承租人并收取租金的租赁行为
抵押	产权主体以所有权、使用权作为担保，向银行、农信社等金融机构借款的行为

① 王亚华，等. 水权市场研究述评与中国特色水权市场研究展望 [J]. 中国人口·资源与环境，2017（6）：87 - 100.

形式	特征
转让	产权主体通过招标、拍卖、协议方式进行交易，或通过互易、赠予、继承等方式行使某项资源权利再转移
入股	权利主体以其拥有的使用权、所有权或其他权益作价出资

三、生态资产优化配置

生态资产优化配置是指以生态资产存量为基础，推进与生态资产相关的区域、绿色产业化组合发展，通过整体优化配置生态资产提升生态资产质量及其社会服务能力，从而提高生态资产共生、创收等增值空间。落后地区发挥"生态位"优势，从落后产业承接到培育特色产业、提高特色产品附加值来形成地区发展的内生力量。通过产业化运营，主要包括污染物（大气、水和土壤）减排与治理、生态环境保护与修复，绿色基础设施和公共服务的推进（低碳能源、交通、建筑和垃圾、污水处理）以及绿色产业的发展（低碳、循环经济），主要是依靠以绿色产业为代表的第二产业（包括新材料、新能源等产业），以补偿因放弃资源开发而损失的利益，实现产业运营增加收益目标。如表 3 - 2 所示，"生态 +"将生态与经济紧密结合，促进生态资源转化为经济产出，实现生态资产优化配置。"生态 + 空间布局"以主体功能区为支撑，优化区域经济发展空间格局；"生态 + 现代农业"途径较多，可以是从事林下种植、林下养殖、相关产品采集加工和森林景观利用等立体复合生产经营，优化调整特色农林产品结构，提高农林产品附加值和综合效益；"生态 + 康养旅游"以优化养生环境、发展养生经济为立足点，释放生态红利和宜居效应，促进生态与医护养老、养生休闲相结合；"生态 + 产业园区"是将生态系统引入园区规划布局和建设管理，促进园区产业链接循环化和资源利用高效化，通过绿色产业组合实现生态增值；"生态 + 特色文化"促进文化资源在产业和市场结合中的传承、创新与可持续发展，推进文化创意和设计服务融合发展，实现文化价值能与实用价值的有机统一。同时，基于物联网与大数据技术等信息化手段能够显著提高产品生产的透明度，降低生态信息的不对称性，支撑建立生态优势产品与服务的供销渠道，促进生态资产优化配置。"互联网 + 生态经济"通过塑造生态产品分享平台，创造出平台化运营、大数据服务、个性化体现的新生态经济模式。①

表 3 - 2　生态资产优化配置主要模式

主要模式	主要内容
"生态 + 空间布局"	科学布局生产、生活、生态空间，优化经济发展空间格局
"生态 + 现代农业"	依据区域生态区位，发展生态农业、品质农业、休闲农业
"生态 + 康养旅游"	提高生态红利和宜居效应，发展生态养生、诊疗康复、休闲旅游
"生态 + 产业园区"	促进产业链接循环化、园区资源利用高效化、产业组合绿色化
"生态 + 特色文化"	促进文化资源在产业和市场结合中的传承与创新

　　重庆武隆区依托特有的喀斯特地貌和生态资源，将昔日的穷山沟嬗变为全国知名的旅游大景区。2016 年，全区接待游客 2450 万人次，旅游综合收入 75亿元，以旅游业为主导的服务业对经济增长贡献率达 44.2%。武隆区还延长旅游产业链，推动旅游与文化、体育、农业、电商等领域深度融合，综合拓展旅游功能，催生新业态，形成旅游业发展新格局。以当地文化"川江号子"为主题创办《印象武隆》大型实景演出，从 2012 年公演至今，共接待观众 200 余万人次，实现门票收入 20 多亿元。从 2005 年开始，连续举办 14 届国际山地户外运动公开赛，通过全域旅游培育壮大高山蔬菜、草食牲畜、特色林果、有机茶叶、电子商务、乡村旅游六大产业链。目前，全区已建成乡村旅游示范村（点）15 个，近两年累计接待游客 950 万人次，旅游收入超过 13 亿元；通过电商打通绿色农产品与消费者之间的最后一公里，增加农产品附加值，启动 5 个乡村旅游扶贫电商试点村建设，带动农产品销售 457 万元。武隆区的例子说明：有条件的地区依托优质生态资源，通过"生态 +"催生新业态，促进生态资产优化配置，释放出了生态红利。

四、生态资产投资运营

　　如果将金融创新引入生态资源的开发利用与保护中，那么与生态资源相关的资本市场将得到进一步发展。如发展与生态资源相关的股票、证券、基金、保险、期货、期权、指数等资本市场。这是基于森林、草地、湿地等生态资产

---

① 胡乃武，李佩洁. 生态优势向经济优势的转化 [J]. 中国金融，2017（8）：89 - 91.

的生态服务能力的判断，市场主体投资于生态资产而获取经济收益的方式。生态资源资本化市场的发展，将使得各类金融工具出现在生态市场成为可能。消费者对于生态资源的需求衍生到金融市场，通过市场交易协调生态资源供给和需求，以及对于生态资产的投资。可以预见，利用市场机制让生态资本成为一种新的投资领域，将为促进绿色经济转型打开一条全新思路。此外，在一个稳定且具有弹性的资本市场，如果有充足的资金供给以便及时支持绿色经济转型，私人资本和公共资本的相互作用与配合的能力则非常关键。以绿色林业投资方案为例，如表3-3所示，一些私人和政府的绿色投资可以按照不同的森林类型进行区分，确保有足够的森林面积来提供生态服务。私人在原始森林发展生态旅游等投资行为，需要政府与之配合的措施，比如政府部门对其私人产权的保护、对私人资本行为的约束与激励。考虑到私人资本在向低碳经济过渡中所发挥的关键角色，通过连贯性政策体系谨慎调配公共资本，将会催化和激发更多的私人资本投资于绿色经济领域，私人资本和公共资本共同作用于森林生态服务价值的实现就是一个很好的例子。

表3-3　不同森林类型的绿色投资方案

森林类型	投资	
	私人	公共
原始森林	发展生态旅游	增加新的保护区
	私人自然保护区	提高保护区的执法
	支付土地拥有者用于保护流域	支付林地所有者用于保护森林
		断采伐特许权
自然改良森林	采伐影响的降低以及其他森林经营的改善	对改善的森林管理进行奖励
	可持续的森林经营标准认证	支持认证系统的建立
人工林	为生产进行的造林和再造林	对造林和再造林的奖励
	提高人工林的管理	对改善管理的激励
		以保护生态功能为目的的造林

续表

森林类型	投资	
	私人	公共
农林复合经营	扩展拥有农林复合系统的区域	对土地所有者的奖励
	改善农林复合系统的管理	对改善管理的奖励技术扶持

资料来源：UNEP《迈向绿色发展》。

　　近年来，在讨论有关清洁发展时，绿色债券、清洁能源债券或气候债券已日益显露其特色。如图 3-6 所示，作为中长期绿色项目提供融资的一种债务融资工具，绿色债券年发行量从 2013 年的 110 亿美元增长到 2014 年的 375 亿美元和 2015 年的 425 亿美元。在中国发行人绿色债券发行量增长的推动下，全球绿色债券在 2016 年的发行量达到 800 亿美元（约为 2015 年发行量的 200%）。当前，中国正在开展以森林、土地、海域海岛、水、草原等资源有偿使用制度改革，生态资源资本化契合改革要求。通过绿色信贷、绿色债券、绿色股票指数和相关产品、绿色发展基金、绿色保险、碳金融等金融工具和相关政策支持经济向绿色化转型的制度安排而构建绿色金融体系，有助于动员和激励更多社会资本投入绿色产业，促进生态资源资本化，加快培育新的经济增长点，提升经济增长潜力。

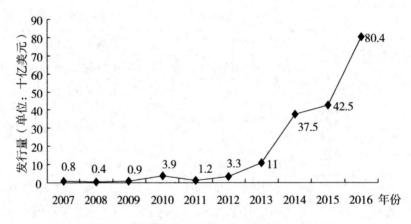

图 3-6　全球绿色债券发行量（2007—2016 年）

资料来源：NAFMII，ICMA：2017 年《绿色债券市场发展》。

本章小结

作为基本生产要素的自然资本并没有被纳入传统经济增长模式中。过度消耗自然资源和生态环境可能使人类深陷"资本误置的时代"，遏制由于资本配置不当引发的生态环境外溢效应，需要反思和重塑经济增长模式。随着自然资本稀缺性日益凸显，人类从自然资本中获得的服务将会变得越来越有价值。如果人类能够将产生额外价值的自然资本修复或增强，将自然资本嵌入经济体系，改变未来的投资结构与投资方向，人类将能获得更高的经济增长水平。

生态资源资本化是以实现保值增值为目的，基于生态资源价值的认识、开发、利用、投资、运营的过程。生态资源资本化沿着"生态资源—生态资产—生态资本"的逻辑演化，主要经历生态资源资产化、资本化以及可交易化等阶段。生态资源资产化将具有潜在市场价值的生态资源及其产权作为一种资产，按照市场规律进行投入产出管理，并建立以产权约束为基础的管理体制，实现从实物形态的资源管理到价值形态的资产管理的转化。生态资产资本化将生态资产与市场交易、金融创新相结合，在投资生态资产的基础上更加强调增值性，体现生产要素价值以及在未来的增值空间。生态资产的金融创新极大地充实了市场主体，使得抵押质押、证券化、租赁、期货期权等手段运用到生态资产资本化中成为可能，实现生态资本可交易化。生态资源资本化的演化过程将生态资源基于产权可明晰的前提下，以足够的生态技术为支撑，体现时空格局下的生态资源价值变化。

对生态资源资本化的具体技术路线进行分类、归纳为单一类别的路径是有困难的。生态资源资本化实现路径实质是"绿水青山就是金山银山"理念的转化路径。本章将生态资源资本化路径划分为直接转化路径和间接转化路径，直接转化路径是将生态资源的优势转化为生态产品并可直接交易获得价值，间接转化路径需要经过生态资产优化配置、绿色产业组合、金融市场工具嫁接等方式实现生态资源增值。重点论述四种具体路径，一是生态产品直接交易，即生态产品能够在生产者和消费者或者加工者之间直接交易，将生态资源使用价值直接转为交换价值；二是生态产权权能分割，即权能分割以明晰产权为基础，丰富权能交易，通过出让、租赁、作价出资（入股）、划拨、授权经营等方式体现生态资源使用权、经营权、收益权等权能交易；三是生态资产优化配置，即通过整体优化配置生态资产提升生态资产质量及其社会服务能力，从而提高生态资产共生、创收等增值空间；四是生态资产投资运营，即通过对生态资产的生态服务能力的判断，市场主体投资于生态资产而获取经济收益的方式，表现为金融创新工具与生态资源的嫁接。

第四章

生态资源资本化的产权分析

本章以产权理论分析生态资源资本化，包括四部分内容：一是梳理产权及产权制度要义；二是解释生态资源产权的重要性；三是基于交易费用视角，分析生态资源产权得以实现的原因；四是产权作为一项制度安排，生态资源产权制度包含的基本内容。

第一节　产权与产权制度

本节通过梳理有关产权内涵的代表性观点，指出"科斯定理"的由来及其作为产权理论的核心内容，论述产权作为制度安排的要义，为本章内容的分析奠定框架基础。

一、产权的解释

产权是新制度经济学的核心概念之一，所追随的探索方向有罗纳德·哈里·科斯（Ronald H. Coase，1937，1960）；洛杉矶—西雅图学派（Los Angeles – Seattle School）的产权经济学，尤其是阿尔钦（Alchian，1977）、诺思（North，1981，1990）、张五常（Cheung，1969，1970）、巴泽尔（Barzel，1989）、法学和经济学（Goldberg，1976；Posner，1986）方面的大量学者以及组织经济学的研究者（Williamson，1985）。对于"产权"的解释，主要是从法律和经济学的视角出发，论述产权这一术语在各自领域的内涵。阿尔钦（Alchian）认为："产权是授予特别个人某种权威的办法，利用这种权威，可从不被禁止的使用方式中，选择任意一种对特定物品的使用方式"，"由于这些限制往往只是对一些人的强制，那些没有受到如此限制的人就从其他一些受到了不必要限制的人的行动中获得了一种法律上的垄断权"。① 德姆塞茨（Demsetz）认为："产权是一种社会工具，其重要性在于事实上它能帮助一个人形成他与他人进行交易的合理预期。这些预期通过社会的法律、习俗和道德得到表达。产权的所有者拥有其同事同意他以特定方式行事的权利。"② 巴泽尔（Barzel）指出："个人对资产的产权由消费这些资产、从这些资产中取得收入和让渡这些资产的权利或权力构成……人们对于资产的权利不是永久不变的，而是他们自己直接努力加以保护、他人企图夺取和政府给予保护程度的函数。"③ 巴泽尔在这里指出界定产权的固有困难，并进一步论述产权概念和交易成本概念的密切性。张五常在其修订的《经济解释》（卷四：制度的选择）中有一节关于"资产四权"的论述，他认为资源的稀缺以及人与人之间的竞争是产权出现所需的两个条件，产权包括所有权、使用权、收入权和转让权，有或者没有这四种权利都是法律与经济学的话题。④《牛津法律大辞典》中对产权概念的定义是："财产权亦称财产所有权，是指存在于任何客体之中或之上的完全权利，包括占有权、使用权、出借权、转让权、用尽权、消费权和其他与财产有关的权利。"⑤ 国内学者对于产权的解释缘于西方产权经济学，对产权概念的理解也存在着分歧，特别是在产权与所有权的区别与联系的认识上存在着两种观点：一些学者将产权等同于所有权；另一种观点则认为产权比所有权范畴更广，体现为一组权能束，具有可分割、可分离性。显然，在现实世界的历史与实践中，对于产权概念的理解，后者的观点更具有解释力。

二、科斯定理

"科斯定理"一词是20世纪70年代由施蒂格勒命名的，他认为科斯定理是

① ［美］A. 阿尔钦. 产权：一个经典注释 ［M］. 财产权利与制度变迁. 上海三联书店，上海人民出版社，1994：167.
② ［美］H. 德姆塞茨. 关于产权的理论 ［M］. 财产权利与制度变迁. 上海书店，上海人民出版社，1994：97.
③ ［美］Y. 巴泽尔. 产权的经济分析 ［M］. 费方域，等译. 上海：上海三联书店，1997：2.
④ 张五常. 经济解释 ［M］. 北京：中信出版社，2015：824.
⑤ ［英］戴维·M. 沃克. 牛津法律大辞典 ［M］. 李双元，等译. 北京：法律出版社，2003.

整个 20 世纪的经济学发展中最重要的思维。经济学者大都认为"科斯定理"源于科斯 1960 年发表的《社会成本问题》。张五常认为最接近科斯定理的源于科斯 1959 年发表的《联邦传播委员会》一文。在《联邦传播委员会》一文中，科斯举例说：有一块土地，可以用来种植，也可以用来泊车，两个人对此选择不同，这是谁损害了谁？泊车损害种植，但如果为了种植而不允许泊车，那么种植者损害了泊车的人。科斯据此推论：只要土地的使用权利有清楚的界定，那么就可以通过市场的运作来决定这块土地是用于种植还是泊车。于是，科斯认为："权利界定是市场交易必要的先决条件。"在《社会成本问题》一文中，科斯举例养牛和种麦子的例子，说明当两个地主各自拥有一块相连的土地，一块用于养牛，另一块用于种麦子。如果牛群跑到麦地吃麦子，给种麦者造成损害，要怎么办？科斯分析该案例时假设养牛的人对麦子的损害要以市价赔偿麦主的损失。牛吃麦子使牛肉产量增加，如果牛的价值高于麦子的损失，那么牛主是愿意赔偿的。不管两个地主怎么划分土地界限，栏杆的建造会落在牛多吃麦子的边际收益等于麦子的边际损害的位置上。据此，科斯得出结论：只要权利有清楚的界定，市场的运作会使栏杆的位置不变，也就是土地的使用不变。不难看出，这两个出自不同文章的案例所得出的结论是一致的。但养牛和种麦的例子并不是《社会成本问题》一文的主要内容，这篇文章中最重要的是引进交易费用。这是对他于 1937 年《公司的性质》中交易费用主题的进一步深化，也就是文中所得出的观点：权利的界定与市场没有交易费用的运作会满足帕累托最优。也就是科斯第一定理：在交易费用为零的情况下，不管权利如何进行初始配置，当事人在追求各自利益最大化的激励之下，会通过市场交易实现对于资源权利的重新安排，使资源的配置达到帕累托最优。科斯第一定理以零交易成本为假设前提，科斯自己也说"这是很不现实的假定。""任何一定比率的成本都足以使许多在无须成本的定价制度中可以进行的交易化为泡影"。所以，"一旦考虑到进行市场交易的成本……合法权利的初始界定会对经济制度的运行效率产生影响"。① 科斯的这一论述被总结为科斯第二定理，即在交易费用不为零的情况下，合法权利的初始界定会对资源配置效率产生影响。如果发生市场交

---

① R. H. Coase. *The problem of social costs* ［J］. Journal of law and eeonomies, 1960（3）：15.

易费用，可以通过合法权利的初始界定来提高资源配置效率。科斯的观点对西方经济学造成很大的冲击，经济学界对科斯的观点进行了极为广泛的讨论，科斯定理成为产权理论的核心内容。

三、产权与制度

在制度经济学中，产权关系到一个行动者使用和控制有价值资源的权力，这些权力被社会的其他成员承认和实施。对资源的控制也有一种内在的产权成分（Alchian，1965）。制度被定义为约束个体行为、形成人类相互作用的正式和非正式规制，制度环境则随个人在社会中地位的变化而变化（North，1990）。一个市场主体使用有价值资源的权力来源于外生和内生的控制，外生控制取决于行动者的产权。交易成本成为市场主体在建立和维持资源内生控制时的机会成本。在交换过程中，市场主体借助于合约中的措施（条款）降低市场交易成本。交易双方通过提供明晰和稳定的产权制定合约，合约的结构反映了市场主体交易双方的制度环境和规则。Eggertsson（1993）在论述制度经济学避免领域开发综合征和路径依赖危险时，概括出：当有价值的资产产权不确定或不清晰，而引起浪费行为时；当有价值的资产产权属于并留在没有把资产置于其最有价值的使用个体手上时；价值的创造受损。① 他进而引用 Barzel（1989）在《产权的经济分析》中相关理论解释产权、激励和经济产出之间的联系，在制度和财富关系的第三个分析层次，试图解释制度框架与产权结构的各种要素。制度经济学把更多的注意力放在产权的起源和性质方面，因为产权对经济繁荣和财富的创造具有潜在的重要性。通过影响市场主体创造新财富或者浪费资源的激励，产权的结构决定性地影响着经济后果。产权与制度的相互作用，共同作用于产权所有者对资源行为权力关系，影响着稀缺资源的有效配置及其利用效率。

第二节　生态资源产权何以重要

本节以"生态资源产权何以重要"为命题，从生态资源产权内涵、性质及

---

① Thrainn Eggertsson. *the economics of institutions*：*avoiding the open - field syndrome and the perils of path dependence* [J]. Acta Sociologica，1993（2）：36.

其功能等方面分析产权运用到生态资源领域的特征。

一、生态资源产权的内涵

阿尔钦在《新帕尔格雷夫经济学大辞典》中写道："产权是一种通过社会强制而实现的对某种经济物品的多种用途进行选择的权利。"[①] 其中，"社会强制"是一种规制选择，通常是政府行为的选择，表现为一种制度安排；"经济物品"则是对于具备稀缺性资源的统称，包括有形的经济品以及在此基础上衍生出无形生态服务，乃至抽象化的权属，都应该纳入该范围内；"权利"是一组产权束的集合，包括所有权、使用权、收益权等。生态资源产权是产权在生态领域的应用。首先，承认生态资源是有价值的，生态资源价值的体现与经济学上的稀缺性息息相关，这就构成广义的"经济物品"范畴。其次，认同生态资本具有的增值性，生态资源转化为生态资产，并通过市场交易行为体现生态资本，随着稀缺性加剧，消费者对于生态资源竞争性使用，在可预期的未来实现生态资本的增值。再次，生态资源产权回答了由于生态资源稀缺性的存在使得人与人之间对于生态资源存在着竞争性关系，协调这种竞争性关系需要一种相对明确的制度，生态资源的产权作为规范和约束制度选择出现。最后，在对生态资源进行权利选择时，生态资源具备占有权、使用权、收益权、转让权等权能。

产权是使自己或他人受益或受损的权利（Demsetz Harold，1967）。要使自己或他人的权利受益而不受损，需要克服生态资源负外部性。放任自由的机制无法使生态资源配置达到最优，反而会因生态资源外部性特征，使得生态资源的（生产）边际收益低于边际成本，频频上演"公地悲剧"。产权引入生态领域，要解决的重要内容之一便是克服生态资源外部性的存在。与私人产权不同的是，由于资源的多用途性，在开发利用过程中总存在着生态效用和经济效用的冲突与矛盾，资源的国家所有权（公有产权）就使国家作为社会公益的代表，在干预资源开发利用的过程中处于合法的优越地位，在社会公益和个体私益之间找到一个合理的均衡点。[②] 为此，生态资源产权具有公共产品属性的，应界

---

① ［英］伊特韦尔，等. 新帕尔格雷夫经济学大辞典：第一卷［M］. 经济科学出版社，1992：1101.

② 张璐，冯桂. 中国自然资源物权法律制度的发展与完善［M］. 北京：法律出版社，2002：168.

定为公有产权,以非市场方式(即政府)供给,具体而言,包括通过限制性措施克服生态资源负外部性,通过激励机制发挥生态资源正外部性;具有私人产品性质的,应界定为私人产权,发挥市场对生态资源的优化配置作用。

生态资源产权通过社会制度实现对稀缺性生态资源的规范而进行多种权能的选择。生态资源产权具有化解外部性和降低交易费用等内涵(本章第三节详细讨论基于交易费用和外部性的生态资源产权制度的实现),也表现出产权引入生态领域所具有的特征。因生态资源的产权制度安排,规制者根据生态资源的制度形式,对于生态资源权能归属做出不同的制度安排。生态资源公有产权和私有产权在"使自己或他人受益或受损的权利"方面发挥的作用表现出极大的差异性,这也是生态资源产权作为一组产权束,可分离出所有权、使用权和经营权等多种权利而呈现出的结构表现。

二、生态资源产权的性质

生态资源种类繁多,生态资源产权划分类型依据不同,对于生态资源产权性质的论述侧重点也有所差异。如关于生态资源产权排他性问题,因生态资源产权的私有化程度而表现出差异性。生态资源产权的内涵决定生态资源产权具有多种属性,其基本属性表现在可分离、可分割、可交易以及可收益等方面。

生态资源产权可分离性。所有权是产权制度的核心,在所有权基础上衍生出其他权能,如占有、支配、转让、使用等,形成一组产权束。使用权界定涉及谁拥有使用权、谁规定使用权以及如何规制使用权、如何保障已明确的使用权等内容,涉及两个主体:一是使用主体,可以与所有权主体一致,也可以通过租赁、承包、转包等方式实现与所有权主体相分离;二是规制主体,通过合理、有效的制度安排克服生态资源外部性问题。收益权关乎所有权、使用权主体的利益表达,可分为经济价值和社会价值,公共产权的生态资源主要是发挥社会效益,私人产权的生态资源更注重经济利益。私人在追求经济利益时,造成的生态负外部性需要政府相应的规制机制,所产生的生态正外部性,需要政府激励机制。收益权制度安排的激励方式主要是生态补偿,即政府作为规制主体,为克服生态资源外部性,发挥生态资源生态保护等社会效益时,对可能损害私人利益的行为进行补偿。①

生态资源产权可分割性。生态资源产权承认生态资源具有价值，并可能因产权在生态领域的运用，使得生态资源具备增值空间。这意味着在构成生态资源价值的体系中，可以将生态资源产权划分为若干份额（如股份）。另外，生态资源所有权者可以将使用权、经营权等权能转让给多个不同市场主体，通过合约赋予他们相应的权利，其相应权能的利益也就进行了转移，这样生态资源产权的权能就可以根据具体的分工和利益进行分割。

生态资源产权可交易性。生态资源产权制度是因配置稀缺生态资源而做出的制度安排。生态资源产权通过不同市场主体之间的权能交易，界定生态资源在不同市场主体之间的分布状态，重新界定生态资源产权主体对于生态资源的行为权利关系，进而实现产权优化配置，提高生态资源利用率。

生态资源产权可收益性。生态资源产权保护自己的权利受益而不受损，产权能为市场主体带来一定程度的收益预期和需求的满足，使得市场主体从事相应的经济活动具有内在动力。生态资源产权界定了生态资源相关市场主体自由活动的空间，使得生态资源所有者获得了法律赋予的权利。这种权利既包括生态资源所有权，也包括在所有权基础上衍生出的其他权能。所有权者以自己可见的预期尽可能地采用最小的成本经营（支配）所有权以获得最大的收益，其他权能所有者通过权能交易实现获利。

三、生态资源产权的功能

生态资源产权通过界定生态资源使用方式与途径等权利的选择，反映人与人之间的社会关系。如何规定使用主体，如何规定生态资源的用途以及规范生态资源产权主客体之间的关系，是生态资源产权作用的主要内容。通过激励或限制产权主体行为，使生态资源产权在界定社会主体权利、分配社会效益等方面发挥作用，实现生态资源保值、增值，促进生态资源优化配置。

生态资源产权界定社会主体权利。生态资源的所有权取决于社会制度的规范，即社会和法律的认可。生态资源产权规范着现存的合法权利，对不同利益

---

① 李克强. 论可再生自然资源的属性及其产权 [J]. 中央财经大学学报，2008（12）：68 － 73.

主体之间的权益关系进行界定和调整，以此界定社会主体权利。如果缺乏对社会主体权利的界定，社会主体进入生态资源领域并以自身利益最大化使用生态资源，容易发生权、责、利的不对称，导致"公地悲剧"的发生。产权是基于对经济效益最大化的追求，通过把外部性内在化的方式进行制度安排。外部性的产生是由于经济主体的"活动空间"不明确，使得侵犯他人的利益成为可能，而产权的功能之一就是界定清楚每个人受益或受损的权利，使得外部性得以内在化。①

　　生态资源产权分配社会收益。生态资源产权的交易程度取决于市场主体对于自身利益最大化的可预期性。生态资源产权界定了权能所有者的权、责、利，其利益相关者具有广泛性，包括能够影响生态资源产权利用目标实现和受目标实现影响的利益群体。规制者通过各类生态资源产权的界定及其产权利益关系的制度规范，调整生态资源利益相关者之间的利益关系以及利益再分配问题。生态资源产权激励社会主体根据自身的预期进行行为选择，也制约着社会主体不能作为的空间范畴。即产权规定生态资源如何使人受益，如何使人受损，通过利益机制和竞争机制分配社会收益。

第三节　生态资源产权何以实现：基于交易费用的视角

　　本节基于交易费用的视角，分析生态资源产权何以实现。从生态资源交易费用内涵、类型与影响因素分析生态资源交易费用，从假定的零交易费用和现实世界的正交易费用等层面分析生态资源产权界定、交易费用和资源配置效率之间的关系。

一、生态资源交易费用内涵

　　科斯在《企业的性质》中指出，使用价格机制是有代价的。② 他在《社会成本问题》中指出："为了进行一项市场交易，有必要发现和谁交易，告诉人们

---

① 常修泽. 广义产权论 [M]. 北京：中国经济出版社，2009：129.

② R. H. Coase. *The Nature of the Firm* [J]. Economica, 1937 (4)：386 – 405.

自己愿意交易及交易的条件，要进行谈判讨价还价、拟定契约、实施监督来保障契约的条款得以按要求履行"。① 该表述虽然没有明确使用"交易费用"一词，但却探讨了契约过程中的费用，是交易费用的具体化。科斯有关价格机制的论述，开创"交易费用"这一概念的研究先河。此后，新制度经济学的代表人物从不同视角研究交易费用内涵。诺思（1994）认为交易费用的产生与分工和专业化程度的提高有关。② 这是将交易费用看作是因分工而产生的制度成本。张五常（1983）从契约的角度研究交易费用，将交易费用与契约联系起来，强调产权交换对契约安排的依赖关系以及交易费用对契约选择的制约关系。③ 当前，常见于将交易费用运用到国家制度变迁理论、企业理论以及产业组织理论中，将交易费用与生态资源产权相结合的研究还比较少。

生态资源的交易费用发生在进行生态资源交易活动的过程。科斯的"价格机制"连接着生态资源整个交易活动的发生，价格机制的形成本身也发生着交易费用。从诺思的交易分工上看，生态资源的交易费用发生在扩大生产、组织以及专业化分工等方面，包括制度成本。从张五常的契约角度上看，生态资源交易的过程也是一种契约的体现，契约订立前是交易双方对于交易意愿的了解所消耗的时间和精力，契约订立后是交易双方对执行契约的控制监督成本，都应该纳入生态资源的交易费用范畴。应该说，交易分工角度、契约角度或者是制度成本角度从不同视角解释生态资源之所以发生交易费用的机理。张五常（1987）在《新玻尔格雷夫经济学大词典》中将"交易费用"定义为"那些在鲁宾孙·克鲁梭（一人世界的）经济中不能想象的一切成本，在一人世界里，没有产权，也没有交易，没有任何形式的经济组织"。该定义没有明确给出交易费用的含义，但指出了交易费用的发生并不是在一个人的世界里，而是在人与人之间因利益冲突与调和的过程中出现的。生态资源交易费用的发生也是协调人们在分工时发生的利益分歧所耗损的资源价值。如水资源的利用，造纸厂排出的污水对于流域造成的污染，也影响着周围人的饮水质量，受损者要想知道

---

① R. H. Coase. *The Problem of Social Costs* ［J］. Journal of law and eeonomies, 1960（3）：15.

② 道格拉斯·C. 诺斯. 交易成本、制度和经济史 ［J］. 杜润平，译. 经济译文，1994（2）：23 - 28.

③ S. N. S. Cheung. *The Contractual Natural of the Firm* ［J］. Joural of Law and Economics, 1983（26）：1 - 21.

受损程度以及如何减少损失度或者获得补偿等，需要与排污企业协商，在协商过程中可能由政府起到引导作用，也可能通过市场机制解决，但始终离不开在协调污水相关利益者关系过程中发生的交易费用。

二、生态资源交易费用类型

因交易费用内涵研究视角差异，不同的学者对交易费用具体构成的理解也有所偏差。科斯认为交易费用包括进行谈判、讨价还价、拟定契约、实施监督履约等围绕契约签订和实施过程所发生的费用。威廉姆森以交易双方草拟合同、合同谈判以及履行合同所需要的成本界定为交易费用的事前部分，以解决合同本身存在的问题、修改、解除合同等成本界定为交易费用的事后部分。张五常将交易费用理解为识别、考核与测度费用，以及讨价还价等。尽管学者对于交易费用构成的理解有所差异，但可以看出交易费用贯穿于达成交易的全过程。

在划分生态资源交易费用类型时，比较常见的方法是借助新制度经济学代表人物（如科斯、诺思、张五常、德姆塞茨、威廉姆森、巴泽尔等）对于交易费用具体构成的理解，在此基础上，结合生态资源的特殊性，划分生态资源交易费用的类型。李林（2006）借助威廉姆森和诺思等人对于由机会主义行为引起的内生交易费用与有形外生交易费用的区别的观点，将生态资源交易费用划分为内生交易费用和外生交易费用。[①] 内生与外生的区别在于"机会主义行为"，即如果是因交易双方的利益冲突导致生态资源价值的耗损，则属于生态资源的内生交易费用；如果是在交易决策之前由主观预期判断的费用，则属于生态资源的外生交易费用，包括交易过程中的直接和间接两部分费用，如用于生态资源的生产运输、通信以及交易过程中的交易设施都属于生态资源的间接外生交易费用。[②] 生态资源内生交易费用是由生态资源交易信息等不确定性因素引发交易双方对机会主义行为的判断，以追求自身利益最大化。

---

① 李林. 生态资源可持续利用的制度分析［D］. 成都：四川大学，博士学位论文，2006：94.

② 杨晓凯，张永生. 新兴古典经济学与超边际分析框架［M］. 北京：社会科学文献出版社，2003：90－94.

三、生态资源交易费用的影响因素

机会主义行为影响着生态资源内外生交易费用类型的划分，而机会主义行为的发生与交易频率、不完全信息、资产的专用性等有着密切关系。威廉姆森指出交易费用包括交易频率、不确定性和资产的专用性三个维度，有限理性、机会主义和资产专用性影响着交易费用的发生。① 因生态资源交易次数的变化，每次交易的方式可能发生变化，致使每次交易发生的费用并不相同。交易频率便是通过每次交易方式可能发生方式的不同从而影响完成交易的总费用。因交易双方所掌握信息的不对称性，交易双方对于可能发生的影响交易的偶然事件的判断、交易所发生费用的预期也会有所不同，因而做出的机会主义行为选择也具有一定的差异。理性经济人的预期促成交易双方达成交易。在不牺牲生态资源、生态价值的情况下（保障其专用性），根据各类生态资源的属性而选择开发利用的程度，使事后机会主义行为具有潜在可能性。在生态资源资产的专用性条件下，理性经济人对于交易可能发生的受益或者不受损的预期不同使得交易费用发生变化。当有限理性、机会主义同资产专用性共同影响生态资源交易费用时，通过市场完成交易所耗费的资源比一体化内部完成同样交易所耗费的资源要多。②

四、生态资源产权与交易费用

交易费用、产权界定和资源配置效率三者之间内在联系是科斯定理的核心内容。外部性关乎资源配置效率问题，其存在的条件是 $Uj = [X1j, X2j, \cdots, Xnj F(Xmk)]$，其中，$j \neq k$。在此公式中 $Xi(i = 1, 2, \cdots, n, m)$ 代表生态资源各种行为活动，j 和 k 代表不同的个人。如果 j 的福利受到其所控制下或者受到个体 k 所控制下的活动 Xmk 所产生的效果 $jF(Xmk)$ 影响，外部性问题就出现了。这种影响可能是正的外部性,也可能是负的外部性(也称作外部不经济)。而要实现帕累托效率,就要找到一种既能使受影响方 j 的福利不受损,同时又不会使行为方 k 的福利受损的方法,并对活动 Xmk 进行修正。针对生态资源外部不经济的低效状况,科斯市场

---

① O. E. Williamson. *The Economic Institutions of Capitalism* ［M］. New York：The free press，1985：64.

② 伍山林. 交易费用定义比较研究 ［J］. 学术月刊，2000（8）：8 – 12.

解决方案是运用产权制度规范外部不经济的行为方与受影响方。①

（一）零交易费用的假定

图4-1是一个典型的市场均衡图，用于分析负外部性治理市场。科斯方案是为了解决负外部性，放在治理市场中就是为了避免负外部性效应点的出现。图4-1右边界止于垂直线与水平轴在完全治理点的交叉点，该点表示不存在负外部性。水平轴从左到右表示始于零治理点而止于与负外部性初始水平相等的治理水平点，用 Q_0 表示。作为消费者，需求曲线将反映出治理所带来的边际效用价值；对于生产商，需求曲线将反映出治理使其免于承受生产过程中的边际损失的值。当需求曲线向右下方倾斜时，行为方有一个相应的供给曲线。作为生产商，供给曲线反映出治理水平而需要增加的生产费用；对于消费，供给曲线反映出行为方减少负外部性而降低其自身福利所带来的费用的增加值。初始水平点 Q_0 是负外部性没有定价时的完全均衡量，供给曲线将穿过原点，向右上方倾斜。

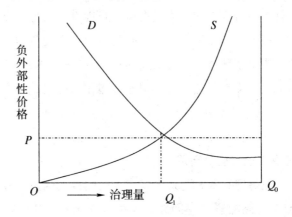

图4-1　零交易费用条件下的市场解决方案

在非衰减产权完全责任法情况下，当受影响方遭到行为方负外部性影响时，受影响方为维护自己的福利，向有关机构上诉。假定有关机构执行上诉方将该事项负外部性降至零水平的要求，行为方承担完全治理的负外部性成本。当行为方未将负外部性治理水平降到零的时候，受影响方获得行为方提供的补偿。在市场完全均衡的假设条件下，行为方治理负外部性的水平在 Q_1，那么剩余需要治理的

① ［美］约翰·C. 伯格斯特罗姆，阿兰·兰多尔. 资源经济学：自然资源与环境政策的经济分析［M］. 谢关平，朱方明，译. 北京：中国人民大学出版社，2015：163-167.

量在$(Q_0 - Q_1)$；行为方支付给受影响方的赔偿金额为$P(Q_0 - Q_1)$。此处，Q_1代表治理的高效水平。因为若是治理量大于Q_1，受影响方接受的单位赔偿价格大于治理需求价，因此受影响方愿意达成没有完全治理的协议；对于行为方而言，行为方愿意承担的单位外部性治理量最多是Q_1，这样的治理成本低于受影响方要求的完全治理的成本。此时，达到高效的帕累托效应。

在非衰减产权零责任法则情况下，受影响方没有权利消除负外部性（没有上诉的权利），此时负外部性水平是Q_0，且没有行为方没有治理量。这种情况下，受影响方要么是忍受这种负外部性，要么通过贿赂等方式降低负外部性水平。受影响方提供的贿赂价不会高于他的治理需求价，行为方愿意接收的贿赂价不会低于他所需要治理的供给价。在完全的市场均衡假定条件下，受影响方和行为方达成的治理水平是Q_1，剩余外部性数量是$(Q_0 - Q_1)$，成本是PQ_1。此时，帕累托效率是高效的。

可以看出，在非衰减产权完全责任法则和非衰减产权零责任法则情况下，资源的配置与权利的界定之间没有关系。两种情况下都能够达到均衡水平。这也就是科斯定理的零交易成本假定下，资源最终配置将不会导致初始产权发生变化，即在零交易成本假定下，不管权利如何进行初始配置，通过双方协商能够最终解决生态资源的外部性问题，实现生态资源的帕累托最优配置。

（二）正交易费用的现实世界

零交易成本是科斯第一定理有效的前提假设，这意味着不考虑其他，每个人都能知道其他所有人的品位和机会（Arrow，1979）。正如 Farrell（1987）所指出的"当人们不知道别人的品位和机会时，经验、理论和经验证据都将证明协商可能是冗长的、高成本和困难的。一个潜在的买者对一间房子可能要比他的卖者评价更高，但可能比卖者所认为的其他买者的出价要低。于是，他就很难说服卖者降低价格以使交易达成。如果所购买的或出售的不是房子而是安静，问题同样存在"。"所有互惠的合约都会被签订，除非我们假定每个人知道比尔的所有一切，而这是不可能的。强科斯定理——声称自愿协商将会导致完全有效的结果——是不真实的，除非人们对其他人非常了解。"[1]

---

[1] Farrell, J. *Information and the Coase Theorem* [J]. Journal of Economic Perspectives, 1987 (2): 13 - 29.

正交易费用将减少行为方或者受影响方任一报价的有效性。各自需要支付的金额等于收到的金额减去交易成本，如图 4-2 所示。在非衰减产权完全责任法则情况下，负外部性治理的有效需求被减至 D_n。在非衰减产权零责任法则情况下，交易成本使得治理费用更低。因而，治理的有效供给变成 S_n。交易成本效应将加大非衰减产权完全责任法则和非衰减产权零责任法则的治理均衡数量之间的差异，表现出 $Q_n < Q_z \leqslant Q_f < Q_m$。如果交易成本大于双方从交易中获得的利益，则交易不会发生。如果发生交易，这说明均衡资源配置将与产权结构最初制定的配置一致。在非衰减产权完全责任法则情况下，若是交易成本和禁止交易的成本一样高，受影响方有权利且愿意完全消除负外部性；在非衰减产权零责任法则情况下，若是交易成本过高，行为方不愿意治理负外部性。

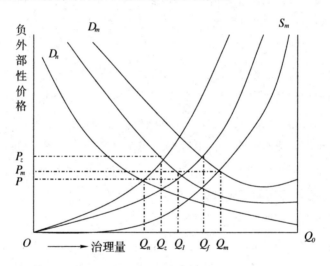

图 4-2　正交易费用的市场解决方案

在正交易费用的现实世界，除非产权是非衰减的，否则资源配置不会随着产权的变化而变化，即生态资源产权初始分配状态不能通过无成本的交易达到整个社会的生态资源利用的帕累托最优配置。

第四节　生态资源产权制度的基本内容

资源稀缺性的存在是产权出现的根本原因。类似的生态资源产权的出现缘于生态资源稀缺性。人们对生态资源展开争夺，规制者需要对稀缺性生态资源给予制度安排，产权成为其中的选择。产权制度安排就是在生态资源稀缺的条件下，为使生态资源达到预期帕累托效率而制定的一套制度，这样的制度安排以产权界定制度为前提，进而通过提供一系列的信息影响人们的预期，并反映在生态资源市场价格，即发生生态资源产权交易行为，优化配置生态资源。

一、生态资源产权界定制度

与一般意义的产权界定不同，生态资源产权界定有其自身的特点。生态资源自身在时间、空间上不断发生着变化，且有些变化量化难度较大，并随着人类的生态需求而改变。一是代际传递性，生态资源产权涉及当代人，也关系到后代人，涉及生态资源产权效率与公平问题。二是区域可转移性，生态资源（如水、气等）并不因行政区划或国界而停止运动，其跨越国界，形成全球生态系统，构成人类的生存环境。三是整体性，生态资源产权是由生态资源各组成要素组成的产权网，某一生态资源在状态和功能上的变化都可能影响到其他生态资源，权利可能受损或收益。因此，根据生态资源的特点，生态资源产权界定制度需要基于更加开放、包容的视角，在生态资源时间、空间变化上作出权衡，从而使生态资源产权界定与经济社会发展需要相适应，构建人类命运共同体。

生态资源产权界定制度主要是对生态资源产权体系中的各种权利归属作出明确的界定和制度安排。一是生态资源产权体系中的各项权利的归属。涉及生态资源所有权归属主体，生态资源产权体系中的使用权、收益权等多种权能的分割。按照中国法律规定，矿藏、水流、森林、山岭、草原、荒地、滩涂等自然资源，都属于国家所有，即全民所有；由法律规定属于集体所有的森林和山岭、草原、荒地、滩涂除外。这就界定了其所有权是公有性质，但还需明确所有权之外的占有、使用、收益、处分等权利归属关系和权责。二是生态资源产权主体权利的界定。涉及生态资源全民所有权和集体所有权的实现形式，所有者权利与管理者权利的归属，以及不同管理层级的事权和监管职责。

二、生态资源产权配置制度

产权配置涉及各类法人和自然人的产权在特定范围内的配比、分配及组合问题。① 生态资源产权配置主要关乎国家所有权的具体行使和公共利益的表达。在国家所有权具体行使方面，实行的是政府分级管理方式，这就需要探讨中央和地方资源产权关系的配置、中央与地方政府分级代理行使所有权职责、中央和地方政府行使所有权的资源清单和空间范围的界定、中央和地方政府开发利用生态资源的收益归属。在中央和地方政府行使所有权之余，所有者与监管者对于生态资源产权的权利与责任的划分，也关乎生态资源产权交易的效率与公平。二是表现在所有权、使用权和收益权配置方面。生态资源承载着社会公共利益，公共利益的存在是公共权力得以建立的基础。国家代表全民行使资源所有权，公共权力以牟取公共利益为主要动力，保障全体人民分享全民所有自然资源资产收益。所有权在经济上实现自己，除了获取物的使用价值（使用）和获取物的价值（处分）以外，还要取得用物化劳动所产生出来的新价值（收益）。② 生态资源所有权、使用权关系的变化，相应的收益权转移到实际所有权人。转移前后，不管是以实际方式还是法律方式实现生态资源产权收益，都需要制度的规范。而生态资源产权配置制度的设计是否考虑到"新价值"的创造，关系到全民所有或是集体所有的生态资源产权收益分配的公平。

三、生态资源产权交易制度

生态资源产权交易体现产权作为权利体系，具有可分离性、可分割性和可转让性的价值形态的特点。生态资源产权交易制度指生态资源产权的所有权人通过一定的准入条件、方式和程序的产权运营而获得产权收益。生态资源产权交易包括对占有、使用、收益、处置等权属交易。从生态资源种类上看，又包含草原权属、森林权属、水资源权属等内容。其中，使用权是对生态资源开发利用的权利，在中国生态资源全民所有或集体所有条件下，使用权可以通过有关机构授权等方式获取。收益权和处置权是所有权和使用权派生的权利，生态资源产权所有权人通过使用权的出让、转让、出租、抵押、担保、入股等方式获得收益。在生态资源产权交易过程中，涉及交易价格、交易需求和交易竞争等内容。交易价格是交易双方达成生态资源产权交易的关键考量点，也是由交

---

① 常修泽. 广义产权论 [M]. 北京：中国经济出版社，2009：171.
② 王利明. 国家所有权研究 [M]. 北京：中国人民大学出版社，1991：133 - 135.

易价格引导着交易需求量的变化和竞争关系的发生。以碳交易为例，由于减排责任不同，碳资产在世界各国的分布不同；由于减排技术不同，减排成本有所差异。这就导致在进行碳交易时出现不同国家在交易价格、需求以及竞争关系上存在着差异。

生态资源产权交易涉及产权界定、资产评估、交易平台和技术等支撑条件。一是生态资源产权交易以明晰产权为前提。生态资源所有权主体模糊、所有权与使用权等权属关系不明确将导致产权交易的权属纠纷，致使产权交易难以进行。生态资源产权交易制度要明晰生态资源权利束所指向的每项权利的产权边界，使所有权与使用权分离，在此基础上实现多种权能的交易。二是生态资源产权交易以生态资产评估为基础。生态资产评估涉及生态资源价值的范围、评估方法的选择以及评估核算体系的建立。没有价值或者无法计算价值的产权不能作为资本化的客体，更无法在主体之间流转。生态资产评估为生态资源产权的转让、入股、抵押等经济活动奠定基础，也有利于及时掌握生态资产的规模、组成、时空分布，促进双方交易的达成。三是生态资源产权交易以交易平台为支撑。生态资源产权交易平台是生态资源产权交易的节点，是生态资源产权获得收益的载体，也是实现生态资源价值与增值的平台，如林权交易中心、碳交易所等专项平台。没有交易平台，产权的让渡与转移便缺乏系统性、专业性和规范性。四是生态资源产权交易需要技术作保障。生态资源产权交易的内容涉及与生态产品及其相关权属关系的变化，这一转化过程贯穿着技术的应用。当技术达到一定条件时，产权可以分离出更加丰富的权能，以适应经济社会发展多元化需求和生态资源资产多用途属性。

四、生态资源产权保护制度

产权制度是社会主义市场经济的基石，保护产权是坚持社会主义基本经济制度的必然要求。① 生态资源产权保护涉及生态资源各类产权在取得程序、行使的原则、方法及其保护范围等构成的法律保护体系，体现在事关生态资源产权保护的立法、执法、司法、守法等各环节。生态资源产权保护涉及面广、需

---

① 中共中央　国务院关于完善产权保护制度依法保护产权的意见 [N]. 新华社，2016 - 11 - 04.

要厘清权属之间错综复杂关系。如中国正在开展的"建立健全归属清晰、权责明确、监管有效的自然资源资产产权制度""完善自然资源有偿使用制度",以及"完善农村集体产权确权和保护制度,分类建立健全集体资产清产核资、登记、保管、使用、处置制度和财务管理监督制度"等都是在探索生态资源产权保护制度。

生态资源产权保护制度涉及利益相关方的权、责、利边界关系。一是关乎生态资源产权的权利义务关系,特别是生态资源产权主体归属、所有权与使用权等权能如何分离、产权委托代理机制的可实施性、所有权主客体权责利的匹配性方面。二是关乎生态资源产权的监督管理机制,如生态资产的统一确权登记,政府与市场、中央与地方、监督与管理等各种复杂关系的差别化管理,对于经营性生态资源与公益性生态资源的用途管制。三是关乎生态资源产权市场交易,如市场价格传导性机制反映生态资源稀缺性和生态环境成本、生态服务市场交易制度、生态转移支付制度、生态补偿制度。四是关乎生态资源产权的核算审计,如编制自然资源资产负债表、领导干部实行自然资源资产离任审计制度等。通过生态资源相关利益方权、责、利边界的规范,同时,营造全社会重视和支持生态资源产权保护的良好环境,促进生态资源价值转化为居民收入和地方经济增长。

本章小结

产权可理解为资源稀缺条件下人们使用资源的权利,涉及权、责、利关系,它不是一种而是一组权利。分析产权理论时,不能不谈到科斯定理,但科斯定理并非由科斯本人命名,至今尚无规范的表述方式。通俗地将科斯定理表述为:在交易费用为零的情况下,不管权利如何进行初始配置,当事人在追求各自利益最大化的激励之下,会通过市场交易实现对于资源权利的重新安排,使资源的配置达到帕累托最优。在交易费用不为零的情况下,合法权利的初始界定会对资源配置效率产生影响。产权制度作为一种制度安排,是对有关权利的初始界定,影响着稀缺资源的有效配置及其利用效率。

生态资源产权何以重要?生态资源产权是对稀缺性生态资源的规范,界定了"使自己或他人受益或受损的权利"的关系。生态资源的稀缺性使得生态资源具备增值空间，这也是人们竞争性使用生态资源的结果。生态资源产权是一组权利，可以分割出所有权、使用权、经营权、收益权等权利，每一种权利都可能得到进一步的分解。它通过激励或限制产权主体行为，规定生态资源产权主体受益或者不受损的权利，通过利益机制和竞争机制分配社会收益、促进生态资源优化配置。

生态资源产权能够降低生态资源交易费用，是生态资源产权制度得以实现的根源。生态资源交易费用发生在进行生态资源交易活动的全过程。生态资源交易费用可能是因交易双方的利益冲突导致生态资源价值的耗损而形成的内生性交易费用，也可能是因交易决策之前主观预期判断发生的直接或间接费用形成的外生性交易费用。零交易费用的假定仅仅是分析的逻辑需要，并不影响损害的相互性质及经市场交易可使得权利重新得到安排、实现资源帕累托最优配置的判断。在正交易费用的现实世界，生态资源产权初始分配状态不能通过无成本的交易实现整个社会的生态资源利用的帕累托最优配置。

生态资源产权制度包括产权界定制度、产权配置制度、产权交易制度和产权保护制度等基本内容。各项制度间既相互区别，又相互联系。生态资源产权界定制度起着基础性作用，只有明晰产权，才能实现产权交易；生态资源产权配置制度关系到市场主体在特定范围内的产权配比、分配及组合问题；生态资源交易制度体现产权可分割性，需要产权量化评估、交易平台和技术等支撑条件；生态资源产权保护制度体现在生态资源产权保护的立法、执法、司法、守法等各环节。

第五章

生态资源资本化的政府规制

本章通过梳理政府规制相关理论，对生态资源资本化的政府规制进行理论分析；解释生态资源资本化政府规制的必要性及其特殊性；概括生态资源资本化政府规制的一般方法；探究生态资源资本化的政府规制与可交易权利的不同。

第一节　政府规制理论概述

"政府规制"涉及规制主体、客体、方式等内容，厘清政府规制内涵、类型有助于更好发挥政府在促进生态资源资本化中的作用。政府规制理论在市场失灵与政府矫正措施的演化中逐渐形成，本节论述公共利益理论、规制经济理论以及激励性规制理论。

一、政府规制内涵

"规制"来源于英文"Regulation"或"Regulatory Constraint"，在《新帕尔格雷夫经济学大辞典》、卡恩（kahn，1970）所著《规判经济学》、施蒂格勒（Stigler，1971）发表的《经济管制论》中"Regulation"被译为"管制"，而日本学者植草益《微观规制经济学》中将其译为"规制"。"管制"与"规制"两者本质上没有区别，只是管制在汉语表达中使人联想到命令、控制的含义，规制更能体现法律依据。国外学者对于政府规制的研究，主要起源于对市场失灵的认识，规制理论与市场经济理论相伴而生。施蒂格勒（1971）认为，规制通常是产业自己争取来的，规制的设计和实施主要是为受规制产业的利益服务的，且是产业所需要的。① 丹尼尔·F. 史普博（1989）从规制作用于市场的角度解读政府规制，他认为，规制是由政府制定措施干预市场配置机制，规制过程涉及生产者和消费者之间的互动关系。② 日本经济学家植草益（1992）将规制定义为："对构成特定社会的个人和构成特定社会的经济主体的活动，依据一定的规则采取限制的行为"。③ 小贾尔斯·伯吉斯（1995）认为，政府通过干预调节生产者和消费者的行为，以达到某个特定的目的，用于衡量政府和市场之间的相互作用。④《新帕尔格雷夫经济学大辞典》对规制的解释是：国家以经济管理的名义进行干预，在经济上表现为政府对宏观经济活动进行调节以及对企业的价格、销售和生产而采取的各种干预行为。国内学者也对"规制"提出相关见解，如余晖（1998）认为，管制是行政机构为治理市场失灵，依据法律采取一定的手段对微观经济主体的市场交易行为进行控制或干预；王俊豪（2001）将管制界定为：具有法律地位且相对独立的管制者依照一定的法规对被管制者采取的行政管理和监督行为。⑤ 也有些学者在界定规制内涵时，进一步指出规制的目标，如王健（2009）认为，由于市场微观失灵有多种表现形式，纠正市场微观失灵的政府规制政策的目标也是多重的，形成一个目标体系，包括培育和发展竞争性市场，规范市场秩序；保护消费者权益；协调社会成员的利益，增进社会福利；保护环境，减少外部性；规范地提供公共产品；保护国内产业，维护民族经济利益。⑥ 张占斌（2012）指出，政府规制是政府行政机关根据法律授权，按照法律规定制定相关的规定、规章及规范性文件，依法对经济活动和社会中的企业、组织和个人实行行政监督、控制、激励的行为，是政府向社会提供的一种特殊公共产品。⑦

国内外学者对于规制的理解存在一定的差异，但在不同表述中体现出共性：

---

① ［美］乔治·J. 斯蒂格勒. 产业组织与政府管制［M］. 上海：上海三联书店，1989：210.

② ［美］尼尔·F. 史普博. 管制与市场［M］. 上海：上海人民出版社，1999：45－47.

③ ［日］植草益. 微观规制经济学［M］. 北京：中国发展出版社，1992：1.

④ ［美］小贾尔斯·伯吉斯. 管制与反垄断经济学［M］. 上海：上海财经大学出版社，2003：4.

⑤ 王俊豪. 管制经济学原理［M］. 北京：高等教育出版社，2007：4.

⑥ 王健. 政府经济管理［M］. 北京：经济科学出版社，2009：137.

⑦ 张占斌. 政府经济管理［M］. 北京：国家行政学院出版社，2015：93.

规制的主体是具有行政权力的政府机构，包括立法机关、行政机关和司法机关等具有公权力的规制者；规制客体（被规制者）是相关市场主体，可能是个人、企业或是组织；规制的方式因特定的市场主体行为而采取不同的规制政策；政府规制的目的是为纠正市场失灵、促使资源配置实现帕累托最优、维护社会公平和正义、增进社会福利。

二、政府规制类型

学术界根据不同的视角对政府规制进行分类。根据规制主体的不同，划分为私人政府规制、公共政府规制；根据规制强制力不同，划分为强规制和弱规制；根据规制方式的不同，划分为行为规制和结构规制；根据规制模式不同，划分为内生模式和外生模式。植草益根据规制行为是否直接作用于经济主体的差异，将政府规制划分为直接规制和间接规制。直接规制也称为狭义的政府规制，可进一步细分为经济性规制、社会性规制和行政性规制。经济规制是由政府制定和执行经济规制政策，对市场主体的市场准入、市场运营、市场退出等经济活动进行规制，具体经济规制方法包括进入和退出规制、价格规制、数量规制、质量规制和激励性规制等。政府在自然垄断行业、公共事业方面发挥规制作用。萨缪尔森（1999）曾指出，政府经济规制是对包括电力、天然气、供水等公用事业和具有垄断性或结构性竞争的产业进行规制。① 社会规制的领域相对宽泛，是对涉及生产、消费和交易过程中的安全、健康、卫生、环保、提供信息等社会行为进行规范和管理，如国家标准和行业标准、信息公开披露、污染物排放标准、对于损害环境进行收费补偿、对开发自然资源征收资源税等都是属于社会规制范畴。行政规制，是对拥有规制权利的规制机构和规制者进行规制，包括经济规制和社会规制政策的制定者和执行者，目的是通过规范规制者行为，增加规制政策透明度，减少寻租行为，提高规制效率。如通过对领导干部的生态绩效考核、督察问责等制度规制和政策的实施，落实领导干部生态环境保护的责任。间接规制是指不直接介入经济主体的决策而只制约、阻碍市场机制发挥职能的行为，通常由司法部门通过出台反垄断法等法律制度对相

---

① ［美］保罗·萨缪尔森，威廉·诺德豪斯. 经济学 ［M］. 萧琛，等译. 北京：华夏出版社，1999：137.

应的行为进行制约。在实际工作中，政府规制通常是多种规制类型的综合使用，如对于生态环境领域的政府规制，涉及生态补偿、资源税、环境准入、排污标准、党政领导干部问责和督查等多种规制手段，目的是通过综合实施经济、社会、行政等规制手段，纠正市场失灵，维护公共利益，促进资源优化配置，增进社会福利。

三、政府规制主要理论

在理论上对政府规制进行讨论可以追溯到 20 世纪 30 年代的罗斯福新政时期，到了 20 世纪 70 年代，政府规制理论从微观经济学和产业组织理论中逐渐系统化并分离出来，发展为一个相对独立的研究领域。Pigou《福利经济学》、Coase《社会成本问题》、Stigler《经济管制理论》与《产业组织和政府管制》、Kenneth Button《管制改革的时代》、植草益《微观规制经济学》等著作推动了规制经济学的形成与发展。Mitnick《管制政治经济学》、Lawrence J. White《改革规制：过程和问题》、Ripley R. & Franklin G.《国会、官僚机构和公共政策》、G. Majone《放松监管还是再监管：欧洲和美国的监管改革》则是规制运用在公共管理学领域的重要文献。美国是最早产生政府规制的国家，也是政府规制制度发展最成熟的国家，有关政府规制的理论早期研究来自美国政府为制止当时盛行的铁路营建事业的高度投机现象而对铁路公司进行的规制。20 世纪 30 年代至 70 年代以强政府规制理论为主导，20 世纪 80 年代以后，简化政府规制的理论观点和政策主张备受西方国家政府推崇。政府规制研究经历了"市场失灵与政府的矫正措施、检视规制政策的效果、寻求规制政策的政治原因、政府规制中的激励问题"四次主体转换，先后形成了公共利益规制理论、政府俘虏理论、放松规制理论和激励性规制理论等理论流派。①

（一）公共利益理论

公共利益理论是政府经济规制理论的重要内容，主要回答了政府为什么进行规制的问题。理查德·波斯纳（1974）将规制公共利益理论的前提条件表述为："一方面，自由放任的市场运行特别脆弱且运作无效率。另一方面，政府规

---

① 张占斌. 政府经济管理 [M]. 北京：国家行政学院出版社，2015：97.

制根本不花费成本。"① 垄断、外部性、信息不对称以及公共产品特性，都可能导致市场失灵，需要政府发挥规制作用。在自然垄断情况下，只有一家企业在该行业中进行大规模生产经营，政府对垄断行业的价格和市场准入进行规制，以调节垄断行业可能获得资源配置和生产双重效率。在外部性情况下，如政府通常以税收方式对造成环境污染的经济活动进行负外部性的规制，以补贴等方式对植树造林等活动进行正外部性规制。公共利益理论通过一般均衡论和市场失灵论阐明了政府经济规制的必要性：在无规制市场中，只有完全竞争市场是有效率的，能够实现一般均衡；除完全竞争市场外的其他类型的市场都是无效的，经济要实现一般均衡的条件极其苛刻，如果现实经济不能满足这些严苛条件，那么市场失灵则会成为常态。② 即市场机制导致经济偏离一般均衡，出现市场失灵，政府作为公共利益的代表，为了维护公共利益，需要纠正市场失灵，提高市场生产效率和资源配置效率，增加社会福利。

（二）规制经济理论

施蒂格勒和佛瑞兰德（1962）首先对政府监管的有效性提出了质疑，他以1912—1937 年美国电力部门的价格监管效果进行了实证研究，不论是从监管对电费的平均水平还是用电结构和股东权益来看，都"未能发现规制对电力公用事业有任何显著效果"，"规制仅有微小的导致价格下降的效应，并不像公共利益理论所宣称的那样对价格具有较大的下降作用"。③ 1971 年，施蒂格勒发表《经济规制论》，首次尝试运用经济学的基本范畴和标准供求分析方法，比如成本—收益方法、供给—需求方法，并从实证的角度分析规制的产生，从而开创了规制经济理论，其基本观点是：政府规制受利益集团影响。④ 斯蒂格勒模型从一套假设前提出发来论述假设符合逻辑推理，解释了规制活动的实践过程。佩尔兹曼（1976）和贝克尔（1983）在施蒂格勒的基础上进一步发展了规制经

---

① Posner, R. A. *Theories of Economic regulation* [J]. Bell Journal of Economics, 1974 (2)：65.

② 王健. 政府经济管理 [M]. 北京：经济科学出版社，2009：157.

③ [美] 保罗·萨缪尔森，威廉·诺德豪斯. 经济学 [M]. 萧琛，等译. 北京：华夏出版社，1999：88.

④ Stigler, George J. *The theory of economics regulation* [J]. Journal of economics and management science, 1972 (1)：23.

济理论。① 佩尔兹曼在《走向更一般的规制理论》一文中，坚持了施蒂格勒模式的基本假设和主要理论，得出"任何利益集团的利益都可以交换，政治家通常为所有的利益集团服务"的结论，并从规制者如何选择规制政策以使自己得到更多的支持者的视角研究利益集团对规制者的影响。② 贝克尔在施蒂格勒模型和佩尔兹曼模型基础上创立了贝克尔政治均衡模型。贝克尔模型主张政府纠正市场失灵，使用回归分析技术验证利益集团影响着政府决定规制的活动的结论。③

（三）激励性规制理论

激励性规制理论建立在信息不对称前提下，由"规制中的激励问题"衍生而来。20 世纪 70 年代末 80 年代初，传统规制经济学在实践中失去效率从而遭受质疑，而信息经济学及其框架下的"委托—代理"理论作为新的工具引入规制中来。面对信息不对称情况，在"委托—代理"机制分析框架下，政府如何通过激励机制实现有效规制，成为激励性规制的研究内容。特许经营权竞标和区域间标杆竞争是激励性规制的具体运用。德姆塞茨（Demsetz）于 1968 年发表的《为什么管制基础设施产业》一文中，将特许经营权竞标理论重新引入规制经济学，主张使用特许经营权竞标来替代政府直接控制价格。④ 1985 年，Shleifer 提出区域间标杆竞争方法，他主张规制者将受规制的全国性垄断厂商划分为几个地区性厂商，规制者利用其他地区厂商的成本等信息来确定特定地区厂商的价格水平，通过不同地区间垄断厂商的间接竞争来刺激厂商降低成本、提高效率。⑤ 在"委托—代理"分析框架下，现代激励性规制理论大体可分为三个阶段：一是处理逆向选择问题的激励性规制，以勒布与马加特的 L－M 方案为典型代表，该方案将规制过程看作是"委托—代理"问题，运用机制设计激

① Becker, Gray S. *A theory of competition among pressure groups for political influence* [J]. Journal of economics, 1983 (3)：87.

② Peltzman, Sam. *Toward a more general theory of regulation* [J]. Journal of law and economics, 1976 (2)：65.

③ Becker, Gray S. *The public interest hypothesis revisited：a new test of pitman's theory of regulation* [J]. Public Choice, 1986 (49)：22.

④ Demsetz, H. *Why regulates utilities?* [J]. Journal of law and economics, 1968 (11)：55－65.

⑤ Andrei Shleifer. *A theory of yardstick competition* [J]. Rand journal economics, 1985 (3)：319－327.

励契约模型。① 二是同时处理逆向选择与道德风险问题的激励性规制，以拉丰和蒂罗尔的一期静态模型与激励性契约的动态学为代表，他们首次将道德风险问题引入规制模型中，设计了一个克服共存于"委托—代理"关系中的逆向选择和道德风险问题的最优线性激励规制方案，以实现规制者的社会福利最大化的目标。② 三是信息内生化的激励性规制，以约萨和斯特罗福利尼的信息结构内生化为代表，他们主张在价格上限规制下，将信息结构内生化，以研究信息获取的激励和信息获取的效应，同时把价格上限与最优机制进行比较，评价信息获取是提高还是降低通讯与其有关的福利损失。③ 激励性规制理论将规制研究重点从"为什么需要政府规制"转到"政府怎样有效规制"上，更加注重实践中当政府面对信息不对称的市场时，提高资源配置效率，增强社会福利，更加符合社会经济发展的需要。

第二节　生态资源资本化政府规制的必要性

生态资源资本化政府规制的目的是要修复生态资源资本化过程中市场机制的局限性，约束和规范经济主体的行为，进一步优化生态资源配置，提高市场经济效率，增进社会福利，维护正常的市场经济秩序。

一、生态资源外部性

外部性是市场失灵的主要表现之一，萨缪尔森认为，"生产和消费过程中当有人被强加了非自愿的成本或利润时，外部性就会产生。更为精确地说，外部性是一个经济机构对他人福利施加的一种未在市场交易中反映出来的影响。"④

① Loeb，M and Maga，W. *A decentralized method of utility regulation* [J]. Journal of law economics，1979（22）：399 – 404.

② J – J. Laffont. J. Tirole. *The dynamics of incentive contracts* [J]. Econometrica，1988，56（5）：1153 – 1175.

③ F. Iossa，F. Stroffolini. *Price capregulation and information acquisition* [J]. International journal of industrial organization，1993，20（7）：1013 – 1036.

④ [美] 保罗·萨缪尔森，威廉·诺德豪斯. 经济学 [M]. 萧琛，等译. 北京：华夏出版社，1999：267.

按照布坎南和斯塔布尔宾的观点，只要某个人的效用函数或某一厂商的生产函数所包含的变量在另一个人或厂商的控制之下，那么存在外部性，即：$U_j = [X_{1j}, X_{2j}, \cdots, X_{nj}F(X_{mk})]$，其中，$j \neq k$。在此公式中 $X_i (i = 1, 2, 3, \cdots, n, m)$ 代表生态资源各种行为活动，j 和 k 代表不同的个人。j 的效用不仅受其自身所控制的活动 $X_{1j}, X_{2j}, \cdots, X_{nj}$ 的影响，也受到个体 k 控制下的活动 X_{mk} 所产生的效果 $F(X_{mk})$ 的影响。产生的影响若是正面的，则称之为正外部性，即 A 行为主体的活动使得除 A 以外的行为主体受益，但 A 并没有因此收取报酬。诚然，A 行为主体的活动也可能造成除 A 以外的其他行为主体利益受损，而 A 也没有因此付费，这称之为负外部性。

如图 5-1 所示，市场调控着社会利用资源的方式，科学技术和所需的知识共同决定着生产的内容、方式、消费的主体以及出售的价格，这些因素共同影响人类的福利。在消费偏好的引导下，市场通过科学技术将资源转变成满足人类需要的商品和服务。自然生态系统影响着社会福利，而市场运作还通过许多非市场的方向影响着生态系统。当私人成本和社会成本出现差异时，即私人所承担的成本与整个社会承担的成本不一致；同理，经济行为的私人收益和社会收益存在差别时，外部性出现。比如林农在自己的承包地上种植一片林木，林农可以通过木材销售获得收益，但植树给社会带来的收益远远大于销售木材的价值，因为森林可以吸收二氧化碳、净化空气。现实生活中，人们倾向于选择社会成本大于私人成本的经济行为，却不大愿意选择社会收益大于私人收益的行为。可见，市场之外的影响是无法通过市场调节或控制的。那么就需要找到一种协调人类与自然环境的机制，这一机制就是市场与非市场手段的交替运用。

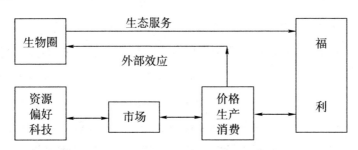

图 5-1 生态服务市场化的外部性

资料来源：杰弗里·希尔. 自然与市场. 中信出版社，2006：27.

如图 5 - 2 所示，市场机制可以有效地配置资源，实现组织生产和分配。但市场的调节作用并不总是有效的，尤其当生态系统提供某些生态产品和服务时，存在着游于市场之外的方式。比如市场无法自发调节林业碳汇功能，就是因为林业碳汇功能的私人成本和社会成本之间存在差异。因此，需要通过税收、补贴以及明晰产权等规制措施加以解决。

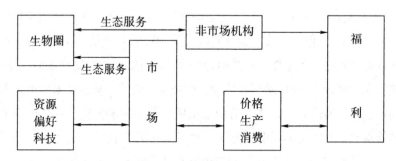

图 5 - 2　生态服务提供的路径

资料来源：杰弗里·希尔. 自然与市场. 中信出版社，2006：36.

生态资源的外部性体现在生产和消费过程中，生产和消费经济活动的外部性间接地影响着生态资源生产函数。生态环境保护所产生的生态效益具有正外部性，比如植树造林所带来的防止水土流失、改善气候等好处被许多人享受到，但享受植树造林带来收益的人并不用为此而支付相应的费用。生态资源开发造成生态环境破坏所形成的外部成本具有负外部性，比如某企业排污导致河流污染，给周边的居民和其他企业带来额外的成本时，该排污企业没有付出排污成本，用于补偿周边乃至下游受影响的居民和其他企业，因而产生了负外部性。生态服务的供给和消费受生态资源稀缺性条件的约束以及生态资源权益冲突的影响，当某个经济主体的经济活动影响他人的效用水平或进入他人的生产函数时，如果没有以补偿的形式为其活动获得或支付等同于他人造成的效益或费用的价值量，那么就会产生生态资源供给或消费的外部性。[①]　只要存在外部性，个人才不用承担自己所从事活动的全部负外部性成本，这类活动就会过多；相反，当个人不能享受正外部性活动的全部收益时，这类活动就会过少；若是生

---

① [美] 威廉·J. 鲍莫尔，华莱士·E. 奥茨. 环境经济理论与政策设计 [M]. 严旭阳，等译. 经济科学出版社，2004：80 - 83.

态环境保护没有得到应有的激励，生态环境破坏没有得到应有的惩罚，生态环境保护领域将难以达到帕累托最优。生态服务在消费和使用上具有非排他性和非竞争性。生态服务的非竞争性意味着某个人消费某项生态资源时并不妨碍别人对该项生态资源的消费，即多为一个人消费该项生态资源的边际成本等于零。实际上，这里的边际成本并非真正为零，而是这种成本没有被认识、测度和实现。理性经济人追求自身利益，每个人都可以享用生态服务，享用者不会主动付费，破坏者也不会主动赔偿。生产者关心的是利润，消费者关心个人消费的效益，谁都不会主动关心个人行为对公共资源的影响。因此，如果没有政府的参与，生态系统的资本化几乎是不可能完成的。①

二、生态市场不确定性

生态市场不确定性受到自然环境和社会环境的共同影响。自然环境影响生态市场主要通过生态资源的自然属性的变化，包括生态资源区位性、时间性、整体性等方面，进而影响生态资源的数量和质量。生态产品和生态保护涉及的周期长，未来不确定性较大。不同生态资源的形成时间差异很大，有些生态资源需要以万年为单位才生成，有些则因日夜而发生周而复始的变化。且大部分生态资源的数量、质量、类型、状态都会随着大自然的变化规律而发生周期性变化。生态资源在空间分布上具有很大的差异性，一种生态资源的内部组成和结构排序因区域差异表现出不同特征。生态资源之间构成相互联系、相互影响、相互制约、相互依存的生态系统。社会环境影响生态市场主要是因人们对生态资源的需求变化，使得人们对生态资源的经济属性有了新的认识，从而影响生态产品的生产和生态保护。如在不同的历史阶段对生态资源稀缺性、价值性的认识存在差异性。生态资源不确定性受到其外部性以及生态产权市场运营风险的影响。不确定性是生态市场的一种成本，超过一定的风险预期，生态市场将难以形成。从厂商经营角度看，经营生态需要为未来收益牺牲当前收益，是否进入生态市场经营将取决于未来收益贴现值，社会特别高的贴现率可能意味着一些生态生产经营领域的投资被拒绝。②

---

① 高志英. 政府在绿色经济发展中的职能定位——基于生态资源资本化的视角 [J]. 中国人口·资源与环境，2012：36－39.

② 廖卫东. 生态领域产权市场的制度研究 [D]. 江西财经大学博士学位论文，2003：32.

生态市场不确定性也包括其信息不对称性。信息不对称性可能导致生态资源交易参与方不能完全分配交易所产生的净利益。若生态资源交易双方在信息上具有不对称性（不对等或不完全），具有信息优势的一方为了实现自身效用最大化，必然会过度攫取交易的潜在收益，直到其追逐的成本与收益相等为止。如排污者对于生产过程中的技术、排污状况及其危害等信息的了解要比受污染者了解的更充分，但受经济利益驱使，排污者往往选择隐瞒排污信息，以减少排污成本；相反，受污染者（周边或下游居民）往往缺乏对该行业污染物的了解，掌握排污信息有限，难以有效挽回受污染损失。生态资源市场信息不对称性还表现在单个的、分散的市场主体掌握生态资源市场信息不足。生态资源增值性的变化是近代以来人们对日益稀缺的生态资源需求不断加大呈现的结果，但优质的生态产品多分布在交通相对闭塞的偏远地区，当地分散的市场主体（特别是农户）难以及时掌握生态产品市场价格变动，致使其在交易过程中处于弱势地位，影响其生态产品生产和生态保护的积极性。政府在弥补信息失灵中的作用并不只是保护消费者和投资者。在许多方面，信息是一种公共物品，多给一个人提供信息不会减少其他人拥有的信息，效率要求信息免费传播，或者，只按信息传递的实际成本收费。私人市场通常不能充分提供信息，如同市场不能充分提供其他公共物品一样。①

三、生态产权制度供给的合法性

生态产权市场的形成源自"自上而下"的强制性制度变迁与"自下而上"的诱致性制度变迁的有机结合。周其仁指出，产权界定从来就不是完全靠民间自发活动就可以解决的。产权界定是稀缺资源的排他性制度安排，没有拥有合法强制力的国家介入，是不可能划分清楚，更不可能得到有效执行。② 在公有产权结构下，市场无法自发推动生态资源产权结构变革。生态资源存在着稀缺性，如果对生态资源的使用不加约束，那么就会产生资源的租值耗散，难以使社会的存在得以延续。布坎南指出，由于政府的出现，产权的安全得到了保障。

---

① ［美］约瑟夫·E. 斯蒂格里茨. 公共部门经济学［M］. 郭庆旺，译. 中国人民大学出版社，2008：71－72.

② 周其仁. 中国是如何一步步重新界定产权的. 中国改革论坛［EB/OL］. http://people. chinareform. org. cn，2016－12－01.

政府在产权的界定、产权形成、产权保护方面具有不可替代的作用。生态资源产权制度界定了人与人之间的权、责、利的共同规则，反映出因生态资源稀缺性而发生的人与人之间的关系，涉及对所有权归属的界定以及产权交易中具体的实施规则。生态资源产权的确立得益于政府政策制度和法律制度的实施具有权威性和强制性，从而规范产权交易中的行为，保护生态资源产权市场，激励生态产品生产和生态保护，促进生态市场发展。中国生态资源公有产权属性，一方面，某种资源的占有、使用、收益、处分等权能是可以分离的，其权能主体可以是单个农户、集体或企业；另一方面，中央政府与地方政府在生态资源资产管理上的委托代理关系，使得生态资源资产的权、责、利发生变化。这种变化根源于政府政策对产权制度有效变迁的影响。

政府推动形成生态产权制度的动力源于制度创新的潜在净收益，推动生态产权制度变革，所带来的收益大于成本，是生态产权市场形成的基础，也是政府推动生态产权制度的内在动力。政府推动形成生态产权制度压力来自公众，特别是公众对健康、绿色等生态需求日益强烈的要求，迫使政府有效解决生态资源供给和需求的问题。政府推动形成生态产权市场有其制度优越性。斯蒂格利茨认为，政府的显著优势在于拥有普遍的社会成员和强制力。通过行政手段推动形成生态产权制度，能够提高制度变革的规模收益、节省改革成本、缩短改革进程。在生态资源产权主体不够明晰，占有、使用、收益等权能分割性不足，未能发挥权能效益的情况下，单个经济主体过高的交易成本不足以支撑形成生态产权市场。在中国生态文明制度改革总体方案顶层设计下，政府推动建立生态产权制度已经形成良好的氛围，也具备一定的基础。

四、生态资源配置的公平性

作为经济人的政府扮演着两种不同的角色：一是作为"公共事物"的管理者，负责产权的界定与保护，法律与规则的制定，市场交易秩序的维护等。二是作为"人民利益"的代表者，作为区域经济的代言人，直接参与到市场竞争中成为"交易者"。① 政府存在的合法性和合理性决定了政府行为选择符合公共利益的要求，将社会福祉最大化视为自身行动和公共政策的出发点和落脚点，

---

① 沈满洪. 水权交易制度研究［D］. 杭州：浙江大学，博士学位论文，2004：63.

并在法律上对于个人权利进行"限制"与对公共权威"赋权"。生态资源的公共性，使得人人享有又无须支付成本，但在其竞争性使用下，变得稀缺。政府在生态产权市场制度安排、规制手段与行动边界，决定着不同市场主体在生态资源开发利用过程中的行为。生态服务被看作集体的或公共的物品，因为每一项生态服务的任何变化都涉及所有的家庭与生产者。对于生态服务的公众利益的判断，可以根据不同用途的资源配置与在不同个体之间进行的产品分配来定义最终状态。在帕累托福利经济学中，每个人是其自身福利的最好鉴定者，社会的福利依赖于每个公民各自的福利，如果任何一个人福利增长的同时其他人的福利没有减少，则社会福利增加。自由市场配置资源提供某些生态服务时存在着市场失灵现象，政府规制目的是要化解生态保护与经济利益的矛盾。从公共生态福祉出发，实现公共环境事务的良好治理，权衡并选择治理的基础价值与原则，以此作为环境行动的前提条件。比如生态公益林的划定与补贴措施涉及对于公共利益这一核心问题的判断，需要在社会的公共利益及其界定问题上作出有效的制度安排。政府购买生态服务能够平衡和协调利益关系，是对产权制度在生态资源上运用的有效补充。

第三节　生态资源资本化政府规制的一般方法

本节沿着从普遍性到特殊性的视角，讨论在现实经济社会中，政府是如何实现对生态资源有效规制。与其他领域相比，生态资源政府规制有其一般性的方法。对生态资源政府规制的具体分类，国内外学者和机构观点有所不同。OECD 在《环境经济手段应用指南》中把经济性规制手段分为环境收费或税收、许可证制度、押金—退款制度等类型①。沈满洪将环境经济手段分为庇古手段和科斯手段两大类，前者包括税收或收费、补贴、押金—退款等带有政府干预的手段，后者包括自愿协商、排污权交易等市场机制发挥作用的手段。② 廖卫东将生态公共规制划分为法律规制、政府规制和道德规制，其中政府规制包括

---

① OECD. 环境经济手段应用指南 [M]. 北京：中国环境科学出版社，1994：65.
② 沈满洪. 环境经济手段研究 [M]. 北京：中国环境科学出版社，2001：83.

价格、进入、品质、技术、标准等行政规制以及税费、补贴、押金、契约等市场型经济规制手段。① 与其他领域相类似，政府生态规制的内容和方法包括禁止、特许、（价格、费率和数量）限制、产品标准、技术生产标准、绩效标准、补贴、信息提供、产权与权利界定等内容和方法。本节讨论基于市场的解决办法、社会化规制手段和行政规制措施在生态资源政府规制中的运用。

一、基于市场的解决办法

基于市场的解决办法通过市场激励来保证生态规制有效性，而市场激励行为的发生，以产权发挥作用为重要内容。产权能够赋予特定的人或组织控制某些资源，从而得到相关权利。基于市场的解决办法包括罚款和税收、治理污染补贴、可交易的许可证等内容。在斯蒂格利茨看来，按照污染排放数量、按比例收费或课税，是最简单的基于市场的解决办法。通过适当的罚款和税收体现个人或企业的真实社会成本和收益，引导企业把污染水平降到合意的水平。若是政府不对污染课税，而是给治理污染的支出提供补贴，当提供的补贴（通过补贴购买治理污染设备）等于治理污染的边际社会收益与企业的边际私人收益之差时，可以达到治理污染支出的有效水平。在可交易的许可证措施中，只要许可证的市场价格高于降低污染的边际成本，企业就愿意出售许可证；只要降低污染的边际成本大于许可证的市场价格，企业就愿意购买许可证。这样，在理论上，每个企业都会将污染降低到一个水平，使减少污染的边际成本等于许可证的市场价格，实现均衡，但许可证交易面临着初始安排规定合理性问题。政府在选择基于市场的解决办法时，也会采用包括价格、财税、金融等经济政策调节手段，以将自然资源的价格扭曲、环境污染的外部成本内化到市场主体的经营行为中，调动各方面在节约资源、治理环境和保护生态等方面的积极性。

二、社会化规制手段

社会化规制领域较为宽泛、手段多样。在生态资源政府规制领域，往往涉及标准政策、信息公开、公众听证、公益诉讼等社会化规制手段。标准政策体

---

① 廖卫东. 生态领域产权市场的制度研究 [D]. 南昌：江西财经大学，博士学位论文，2003：39.

现为环境质量标准、污染物排放标准及环保基础标准和方法标准，如环保部门规定环境中各种有害物质在一定时间和空间内的允许含量，污染物排放标准包括污染物的数量和浓度限制。如根据《京津冀协同发展生态环境保护规划》要求，在空气质量方面，到 2017 年，京津冀地区 PM2.5 年均浓度控制在 73 微克/立方米左右。到 2020 年，京津冀地区 PM2.5 年均浓度控制在 64 微克/立方米左右。北京在全国范围内实施了轻型汽油车和重型柴油车等车型的第 2 阶段到第 4 阶段的排放标准。2013 年 2 月，北京率先实施京 5/V 排放标准，相当于中国国家环境保护部后来制定的国 5 排放标准。信息公开通常是通过强制力量要求公开，政府也扶持和鼓励民间力量进行信息披露。如环保部公开环境质量状况、环境统计和环境调查信息、主要污染物排放总量指标分配及落实情况、排污许可证发放情况、城市环境综合整治定量考核结果等内容。实行公众听证制度，让公众参与生态环境管理，保障公众的知情权、参与权和监督权，考虑到不同人群的心声和利益，充分集中民智，有助于相关部门科学决策。环境公益诉讼，是保护环境的重要武器。比如，中国生物多样性保护与绿色发展基金会诉宁夏瑞泰科技股份有限公司等腾格里沙漠污染系列民事公益诉讼案中，最高人民法院依法提审并审理认为，因环境公共利益具有普惠性和共享性，没有特定的法律直接利害关系人，则有必要鼓励、引导和规范社会组织依法提起环境公益诉讼，以充分发挥环境公益诉讼功能。①

三、行政规制措施

行政规制措施是对规制者所采取的行政命令和指示、行政规章制度和条例等行政规制手段，即对行使生态资源政府规制的机构和个人进行规制，以实现行政规制目标。行政规制措施主要包括进入规制、程序规制、法律规制、制度规制以及激励等。进入规制是对规制者是否具备规制资格的确认，需要根据规制客体的特点，设立规制机构以及限制相应规制个体进入，要求规制个体具备相应的专业知识和素质，如执法人员考取相应的执法执照等。程序规制要求行政规制机构对经济规制和社会规制机构的制定政策的程序进行规范，一般是以

---

① 新华网. 最高人民法院发布环境公益诉讼典型案例 [EB/OL]. http://news. xinhua-net. com/legal/2017 – 03/07/c_ 129503217. htm, 2017 – 03 – 07.

公共政策的程序执行，即政策议题选定、政策问题诊断、政策方案设计、政策方案比较和选择、政策的合法化。① 如先开展国家级生态文明试验区试点，积累经验，再面向全国推广。行政规制的法律手段，是依据法律法规，对行政规制客体进行监督和管理，现行法律体系包括行政诉讼法、行政许可法、行政复议法、公务员法、审计法等，通过法律限制与制衡，实现对规制者的监督。制度规制是通过一定的制度或机制安排，规范规制机构的运作和规制者的行为，如政策绩效评估、公众参与监督政策制定、生态环境损害"一岗双责"和"终身追责"等。不同的制度规制从多方面、多角度评价规制机构和规制者的绩效，规范规制者行为，提高经济和社会规制效率。②

第四节　政府规制与可交易权利的比较

本节通过设定政府为实现生态保护与经济增长目标的评估标准，从静态效率和信息强度等方面比较政府规制与可交易权利，讨论如何完善可交易权利的市场体系，讨论受政策影响的参与者行为及对这些行为进行干预的政策手段。

一、基础假设及标准设定

通常情况下，政府为实现政策目标的选择与具体政策措施的选择是两个不同的问题。实现生态资源资本化涉及生态保护与经济增长，假设存在一个能够同时实现生态保护与经济增长目标的政府机构。个人、企业等经济主体所采取各自不同的生产技术与产品组合的活动影响政府政策目标的实现。假设这些经济主体都是"理性的"。对政府而言，要实现生态保护与经济增长，就必须以某种方式引导至少一部分当事人采取一些违背其自身短期利益的措施，这些短期利益是按照政策出台前的相对价格和约束条件而定义的。这些措施的成本可能既包括实际资源的利用，又包括那些只属于付费者而不属于社会的成本转移。这些假设意味着：当一个经济主体，面临着政府机构的命令时，它会在长期以

① 王满传. 公共政策制定：选择过程与机制［M］. 北京：中国经济出版社，2004：16.
② 王健. 政府经济管理［M］. 北京：经济科学出版社，2009：252－254.

某种方式最大化其现值。政府需要了解当事人在特定时间内的实际行为，这就意味着政府政策制定及实施需要付出成本。这既包括确定当事人在可行的管理规定下的行为等监测问题，也包括事后对违规者的惩处问题。①

根据政府政策实现过程的若干假定，提取相关标准，用于评判政府的政策工具。一是静态效率，政府的效率是通过有效的机制以最小的成本消耗达到既定的目标。所谓静态是指当事人在既定技术条件下、生态资源及其目标不变的情况下，对政府实施命令或刺激做出的反应。二是信息强度，政府机构需要掌握多少数据信息以达到预测功能及运用到讨论的政策实施体系中。其重要性取决于对效率的意愿以及不同当事人对生态资源造成的不同影响的假设。三是监测与执行难度，这是指政府制定和实施管制措施的相对难度。当事人的经济活动的相对隐蔽性及多变性，政府管制措施（方法）可能存在着较大的不确定性。政府反复监测当事人经济活动，导致监管成本上升。四是可激励性，激励性存在于政府政策工具在较长时期内产生的激励行为，具有动态特征。例如鼓励当事人将生态资源与金融创新相结合，采用新的生态技术手段实现生态资源保值、增值。五是面对经济变化的弹性，受偏好、技术以及其他经济活动变化等外生变量影响，调整管制措施，以维持既定目标的难易程度。六是政治考虑，收入分配、伦理道德以及经济稳定相关的政治考虑都会通过管制措施的选择影响政策目标。

二、静态效率

环境政策的常见手段是污染许可证，这是以技术规范或排污限制的形式来实现的。污染许可能够通过行政设立的价格体现，也可以通过市场的过程制定排污价格。可交易的权利被看作是达到选定的周边环境质量目标的现实手段。最简单的可交易许可机制包括一个区域性总排污量的限定以及区域内任何地区都有效的排污权市场，并通过区域价格进行交易。可交易权利的合意性特征依赖于发生的交易，以及这些交易的频繁进行所带来的市场出清价格。蒙哥马利（Montgomery，1972）认为，无论周边环境权利在最初如何分配，都能同分散交

---

① ［美］阿兰·V. 尼斯，詹姆斯·L. 斯威尼. 自然资源与能源经济学手册：第 1 卷［M］. 李晓西，等译. 经济科学出版社，2007：356－358.

易获得成本最低的区域性解决方法。可交易权利实现权利从针对地区的规制来代替针对污染源的规制。这里，阿特金森和蒂腾博格对圣路易斯地区颗粒物控制的研究与斯波福德对费城颗粒物与 SO_2 控制的分析，得出结论：周边环境许可机制的成本只是严格的规制（包括实际执行成本）成本 10% 甚至更少。[①] 如果规制所设定的标准不能成为有效政策的话，那么其监测成本是不可控的，且可能扩大不同污染者之间的信息成本。如果规制倾向于减少某一产能，那么规制的效果可能会削弱竞争；如果规制打击了成长创新型企业，那么规制的效果可能扼杀企业创新性。不当或失效的规制作用于市场，可能导致维持高水平的直接和间接规制的长期执行成本。

三、信息强度

一般而言，对每个当事人制定单独的管制命令才是最有效率的，要找到一整套适用于每个当事人的管制手段，需要大量且准确的信息和预判能力，这可能是一个试错的过程。规制需要获得必要的信息，如果不能获得必要的信息，那么就很难在成本—收益基础上做出决策，政策收益和执行成本也会有差异，这就需要信息成本。在蒙哥马利的观点中，可交易权利的市场里，每个污染源必须同时决定其在任一市场中的最优行为，因为排污率的任何变化都会同时影响它在每个市场里对周边环境权利的需求。若是每个污染源在各自市场中都能够接受污染价格，则这个交易体系可以看作是由一系列竞争性要素市场组成，最终都能够实现最优交易；若是各自市场只有零星的几个主体，则会降低最优分散结果。这样，周边环境质量许可下的多市场分散信息问题就与最优收费体系中的集中化的信息强度形成对偶。规制的形式之一是建立排污标准。在既定的监测技术条件下，监管者能够以低成本获得有关执行成本的信息，那么绩效标准就可能是一种有效工具。然而，确定最优排污标准所需要的信息至少和确定最优排污收费的信息一样多。[②] 由于信息强度的不足，规制所设定的标准可

---

① Scott E. Atkinson and T. H. Tietenberg. *The Empirical Properties of Two Classes of Designs for Transferable Discharge Permit Markets* [J]. Journal of Environmental Economics and Management, 1982（2）：101 – 121.

② ［美］阿兰·V. 尼斯，詹姆斯·L. 斯威尼. 自然资源与能源经济学手册：第 1 卷 [M]. 李晓西，等译. 北京：经济科学出版社，2007：396.

能导致逆向选择和道德风险。当强制污染者与受污染者进行协商而得出解决方案时，则能够成为一定条件下的有效规制政策。这些条件包括：相关成本的完全信息，足够少的监测成本及执行成本。如果所涉及的信息不完全，双方无法达成可接受的方案，那么规制变得不可取。

四、其他评判标准

可交易权利的监测与实施需要在一定技术条件下进行，但这与规制所需要的技术条件是一样的，即可交易权利的监测需要通过达成协议的交易模型转换成有效的许可说明。可交易权利在面临变化时灵活性更强，可交易权利一旦建立，且假设有必要的监测与实施力量，那么无须政府在不断干涉与重新计算的监管下，权利之间的交易也能够维持区域内生态资源总量不减少或变差。例如排污许可的灵活性可以通过自动的、周期性的许可权终止获得。理论上，由许可产生的对技术变化的激励与由收费产生的激励是一致的。在实际操作过程中，收费机制更容易获得货币收入。设定标准的过程意味着要尽可能实现全过程的监测，特别是对容易"逃逸"的排放物的监测，而这要求充足的技术支撑。此外，规制的有效性，要求政策与环境成本、执行成本或者清除成本的外生变化进行调整，这些成本会受到与政策变动相关的管理成本或其他指定成本的影响。作为一种可能比监管方法更经济和更有效的方法，巴纳扎克的分析表明，基于市场的工具可以更有利于生态系统保护，但设计有效的基于市场的工具取决于以下条件：明确的产权、关于信息传播的规制、监测责任和惩罚措施，同时还受到新机制的绩效机构和当地机构的影响。但市场的工具也需要监管的配合。因此，结合传统监管，基于市场的工具可以被看作是保护目标和可持续性的关键步骤。[①]

本章小结

"规制"亦是"管制"，是具有公权力的行政机构对于市场主体的市场行为采

---

① Banaszak, I. et al. *The Role of Market based instruments for biodiversity protection in central and eastern Europe* [J]. Ecological Economics, 2013, 95 (6): 41-50.

取的相应的限制、协调、引导等政策，目的是纠正市场失灵、促进资源配置。政府规制可能通过对市场主体的市场准入、市场运营、市场退出等经济活动进行规制，也可能是通过设定标准、信息公开披露等社会规制以及对规制者的规制来实现。在政府规制主要理论中，政府代表公共利益进行监管，一旦市场出现不公正或低效率，导致公众的利益受到侵害，政府就需要通过制定规则来维护公共利益。

完全的市场行为不足以保障生态资源资本化市场的良性运行，也无法从根源上化解人们追求经济利益和生态保护之间的矛盾。生态资源的公共产品属性，使得生态资源的使用存在"搭便车"现象；生态资源的外部性，使得生态资源资本化过程发生资本溢出效应，挫伤人们对于生态保护和建设的积极性；生态资源生产周期长，生态资本未来收益不确定因素较大，单个的经营主体很难充分了解生态资源供给和需求的市场信息；自发行为难以有效实现生态产权市场的制度供给。因此，需要通过政府规制促进生态资源资本化市场健康发展，实现生态保护和经济效益的统一。

生态资源资本化规制方法主要表现在：一是基于市场的解决办法，通过市场激励来保证生态规制的有效性，市场激励行为的发生，以产权发挥作用为重要内容；二是社会化规制，涉及标准政策、信息公开、公众听证、公益诉讼等具体规制手段；三是行政规制手段，即对行使生态资源政府规制的机构和个人进行规制。

与规制相比，可交易权利能够实质性降低成本。良好的市场治理有赖于行政机制所建立的制度及其执行以及社群机制在市场参与者当中所积累的信任与认同。同理，良好的行政治理难以超脱于以市场协调为基础的激励机制以及社群协调所蕴含的社会资本。在政府管制（规制）领域，传统的治理模式是高度行政化的，即采取命令与控制的施政模式，而管制失灵的根源常常被归结为"行政不作为"。但是，在规制经济学中兴起的新规制治理模式则注重在政府管制中引入市场机制，形成了"通过合同的治理"。①

---

① 顾昕. 治理嵌入性与创新政策的多样性：国家—市场—社会关系的再认识 [J]. 公共行政评论，2017（6）：6-31.

第六章

中国生态资源资本化发展历程

和传统资本进入市场的逻辑不一样，生态资源资本化是由政府先导、民间跟进，再到市场经济主体与政府相结合，形成内生动力。中国生态资源资本化发展历程有其深度和广度，本章从生态资源资本化的制度基础及政府职能作用的发挥梳理中国生态资源资本化的发展历程。一是生态资源产权制度演化；二是生态资源资本化的政府规制现状；三是生态资源资本化的政府规制特点；四是生态资源资本化的发展障碍。

第一节　中国生态资源产权制度的演化

周其仁在《中国是如何一步步重新界定产权的》一文中指出，中国的产权制度变迁可以分为四个方面：一是抽象的"全民"或"集体"所有与具有实际行为能力的个人之间的权利关系。改革开放之前，这种关系较为模糊，特别是个人权利如何在公有制中获得；改革开放后，公有制通过承包合约再把行为的权责重新界定到个人。二是个人承包权的扩展。通过承包而重新界定的个人使用权发生了转让，这种转让伴随着市场经济中价格机制在资源配置中的决定性作用而发生。三是改革开放重新承认了"生产资料"的私人所有权，实质是生产要素在市场上的自由流动。四是通过承包、转让等方式获取的权利都可以在自愿互利前提下放到一个合约里，形成"以私产为基础的公产"。过去的公有制非排斥私产，但股份制经济却以私产为基础，通过一个合约形成"公司"，形成以私产为基础的公产。① 这一论述抓住了产权制度变迁的要点。中国生态资源产权沿着产权制度变迁轨迹，经历了产权完全公有、产权无偿开发利用、产权有偿开发利用、产权可市场化交易四个阶段，如表6-1所示。

表6-1 不同时期生态资源产权制度的特点比较

时期	产权结构	产权主体	市场化程度
产权完全公有阶段	公有制	国家所有	计划经济
产权无偿开发利用阶段	国家所有权	国家所有或集体所有	通过行政划拨而无偿取得使用权
产权有偿开发利用阶段	国家所有权	国家所有或集体所有	政府主导为主，有限制地放开产权开发利用
产权可市场化交易阶段	所有权与使用权分离	单一所有权主体，使用权主体多元化	市场主导为主，产权交易形式多样化

一、产权完全公有阶段

中华人民共和国成立之初，并没有建立起生态资源产权概念，而是对于自然资源国家所有作出规定。中国在推翻生产资料私有制的基础上，建立起自然资源产权公有制。这种架构的形成基本上是仿照苏联的计划经济制度，略有不同的是中国在建立自然资源单一公有产权的同时，还采用国家所有和集体所有的双重所有权结构。1950年6月28日颁布的《土地改革法》第十六条第一款规定："通过没收和征收的方式取得的山林、鱼塘、茶山、桐山、桑田、竹林、果园、芦苇地、荒地及其他可分土地，应按照适当的比例，折合成普通土地统一分配。为利于生产，应尽量先分给原来从事此项生产的农民。"这是法律上初次规定自然资源的国家所有。对于农村的土地，根据1949年前后的土改政策和1950年的《土地改革法》，农民对土改分得的土地享有所有权。但是，随着50年代后期社会主义改造的进行，农村土地逐渐收归集体经济组织所有，土地的

---

① 周其仁. 中国是如何一步步重新界定产权的. 中国改革论坛［EB/OL］. http：//people. chinareform. org. cn，2016-12-01.

集体所有制也得以建立。① 随着公有土地制度的形成，与土地密切相关的自然资源公有制也随之确立。这一时期虽然规定了自然资源产权完全公有，但对于公有产权的形式没有作出规定，产权并不易流通，要通过行政计划安排。政府行政指导成为自然资源产权安排的唯一依据，具体表现为资源行政管理。

二、产权无偿开发利用阶段

从宪法修订上看，自然资源国家所有权制度的具体规定发生了变化。1954年《宪法》第六条第二款规定："矿藏、水流，由法律规定为国有的森林、荒地和其他资源，都属于全民所有。"1975年《宪法》第六条第三款规定："国家可以依照法律规定的条件，对城乡土地和其他生产资料实行征购、征用或者收归国有。"1982年《宪法》将自然资源国家所有权进一步细化，在第九条中规定："矿藏、水流、森林、山岭、草原、荒地、滩涂等自然资源，都属于国家所有，即全民所有；由法律规定属于集体所有的森林和山岭、草原、荒地、滩涂除外。"此后几次的宪法修正案没有对自然资源国家所有权进行修订。20世纪50年代至70年代，中国并没有一部专门的自然资源法律对自然资源进行产权确定。80年代，中国从单列法逐步增加对自然资源产权制度的规定。如1984年的《森林法》、1985年的《草原法》、1986年的《渔业法》、1988年的《水法》等单行法相继规定国家是自然资源的所有权人。1987年开始实施的《民法通则》规定了国家自然资源所有权，进一步表述为"不得买卖、出租、抵押或者以其他方式非法转让"。产权不能交易，意味着产权还是由公共产权垄断，产权配置资源、价格机制无法发挥作用。这一时期自然资源产权制度的特点是：明确了生态资源由国家和集体所有；产权不可交易；政府是产权界分的唯一主体，通过行政划拨而无偿取得自然资源使用权，即政府完全行使自然资源的供给、经营、分配。

三、产权有偿开发利用阶段

随着中国市场经济的建立和发展，自然资源主要以有偿使用的方式逐步进入市场。《城市房地产管理法》（1994）进一步规定了土地使用权交易制度，明

---

① 王彦. 自然资源财产权的制度构建 [M]. 西南财经大学博士学位论文, 2016.

确规定土地使用权出让、转让、出租、抵押制度，并划出了土地使用权交易与划拨的界限。从而使土地开发利用产权成为我国自然资源中最早实现"私权"交易的法律制度安排。20世纪90年代中期，我国地方政府拍卖"五荒"产权的举措接连出台，在政府的管制下自然资源产权的产权交易制度安排成为法律制度限制之外的一种适应性变迁。① 2000年前后，中国对20世纪80年代制定的《森林法》《草原法》《渔业法》进行了修订，重点确立了国有森林、草原和渔业资源的有偿使用制度。如2000年，中国对《渔业法》做了一次较大幅度的修改，补充设置了渔业许可证、限额捕捞、禁渔期等一系列制度；2004年8月28日修订的《渔业法》第11条规定了水面、滩涂的所有权，并规定"单位和个人使用国家规划确定用于养殖业的全民所有的水域、滩涂的，使用者应当向县级以上地方人民政府渔业行政主管部门提出申请，由本级人民政府核发养殖证，许可其使用该水域、滩涂从事养殖生产。"再如2002年修订的《水法》，取消了水资源的集体所有，规定了集体组织对其土地上的水塘或由其修建管理的水库中的水资源享有使用权。若干单项法的修订明确规定了自然资源的行政许可制度和有偿使用制度。这一时期的生态资源是以公共产权的形式存在，并逐步放开权利转让并允许有限制的、有偿的产权开发，但是产权的流动性很低，总体效益依然低下。

四、产权可市场化交易阶段

从《宪法》逐渐强化对自然资源国家所有权的确认，并在《民法通则》《物权法》以及各种单行行政法规中逐渐细化，② 在2003年，党的十六届三中全会就提出"要依法保护各类产权"，"保障所有市场主体的平等法律地位和发展权利"。2004年，《宪法》做出重大修改，增加了"国家尊重和保障人权""公民的合法私有财产不受侵犯"等内容，具有里程碑式的重大意义。2007年10月1日起实施的《物权法》规定国家自然资源所有权，国有财产由国务院代表国家行使所有权。党的十八届三中全会提出完善产权保护制度，保护各种所

---

① 廖卫东. 生态领域产权市场的制度研究 [D]. 南昌：江西财经大学，博士学位论文，2003.

② 孙宪忠. 国家所有权的行使与保护研究 [M]. 北京：中国社会科学出版社，2015：390 -392.

有制经济产权和合法利益；党的十八届四中全会提出健全以公平为核心原则的产权保护制度，加强对各种所有制经济组织和自然人财产权的保护；党的十八届五中全会提出推进产权保护法治化，依法保护各种所有制经济权益。2016 年11 月 27 日，《中共中央国务院关于完善产权保护制度依法保护产权的意见》对外公布，这是我国首次以中央名义出台产权保护的顶层设计。中国不断加大产权保护力度的同时，产权可市场化交易进程也在加快。在产权可市场化交易阶段，生态资源所有权和使用权分离，产权的权能束得到分解，衍生出许多新的产权市场交易形式。在国家所有权下，企业和个人通过承包、租赁、入股等方式流转产权，获得产权收益。这一时期生态资源有偿使用制度得到进一步强化，生态资源产权制度以政府公共产权为主逐步向政府和市场合作的"混合"产权转变。

第二节　生态资源资本化的政府规制现状

现阶段，生态资源资本化的政府规制主要是在生态文明体制改革的"四梁八柱"顶层设计下进行。在《生态文明体制改革总体方案》中，设计了包括自然资源资产产权制度改革、国土空间开发保护制度、空间规划体系改革、资源总量管理和全面节约制度、资源有偿使用和生态补偿制度、环境治理体系、环境治理和生态保护市场体系、生态文明绩效评价考核和责任追究制度等在内的八项制度。本节从政府规制与产权制度改革梳理中国生态资源资本化的政府规制总体状况。

一、政府规制"顶层设计"逐步完善

政府规制的顶层设计主要由产权制度和规制机制组成。产权制度改革是生态文明制度建设的基础性和关键性内容，生态资源产权制度是一个不断完善改革和权利重新界定的过程。

2015 年 4 月 25 日，中共中央、国务院印发《关于加快推进生态文明建设的意见》，该意见主要目标之一是到 2020 年包括自然资源资产产权和用途管制等在内的关键制度建设取得决定性成果。2015 年 9 月 11 日，中共中央政治局审议

通过了《生态文明体制改革总体方案》，该方案以产权制度为突破口，较为系统地就如何建立完整的生态文明制度体系做了顶层设计。首先，重申资源资产的公有属性，提出要创新产权制度，落实所有权。在这一原则下，坚持生态资源产权公有性质，将所有权与使用权分离，丰富资源权能，为创新产权制度奠定基础；进一步将所有者权利和管理者权利分开，区分中央和地方的事权和监管职责，为所有权主体的落实找到方向。其次，认识到资源资产产权制度存在的所有者不到位、所有权边界模糊、收益归属不公平等问题，为下一步构建归属清晰、权责明确、监管有效的产权制度提供方向。再次，提出要构建产权清晰、多元参与、激励约束并重、系统完整的生态文明制度体系，具体包括自然资源资产产权制度、国土空间开发保护制度、空间规划体系、资源总量管理和全面节约制度、资源有偿使用和生态补偿制度、环境治理体系、环境治理和生态保护市场体系、生态文明绩效评价考核和责任追究制度等，这有利于形成以产权制度为基础的完整生态文明制度。最后，提出通过建立统一的确权登记系统、建立权责明确的自然资源产权体系、健全国家自然资源资产管理体制、探索建立分级行使所有权的体制、开展水流和湿地产权确权试点等方面健全自然资源资产产权制度。总体而言，《生态文明体制改革总体方案》体现出以产权制度改革为基础的生态文明制度建设的系统性、整体性和协同性，为今后生态文明制度改革指明方向，也为实现生态资源保值、增值奠定制度基础。

政府规制措施包括经济规则、社会规制、行政规制等内容。党的十八大以来，中国在加强生态资本化规制方面，体现了完善规制机制、落实责任、环保督察等内容。

表 6-2 党的十八大以来中国生态资源资本化的相关政策梳理

主要内容	政策、文件	具体举措
完善规制机制	《自然资源统一确权登记办法（试行）》国土资发（〔2016〕192 号）	自然资源统一确权登记办法
	《建立国家公园体制改革总体方案》	推进"多规合一"、国家公园体制改革试点
	《探索实行耕地轮作休耕制度试点方案》	耕地轮作休耕制度

续表

主要内容	政策、文件	具体举措
完善规制机制	《生态环境损害赔偿制度改革试点方案》	生态环境损害赔偿制度改革试点
	《关于进一步推进排污权有偿使用和交易试点工作的指导意见》	推进用能权、用水权、排污权、碳排放权交易
	《关于构建绿色金融体系的指导意见》	绿色金融制度安排，引导和激励更多社会资本投入绿色产业
	《关于设立统一规范的国家生态文明试验区的意见》	建设国家生态文明试验区，全国有16个省份开展生态省建设
	《自然生态空间用途管制办法（试行）》国土资发（〔2017〕33号）	加强自然生态空间保护，推进自然资源管理体制改革，健全国土空间用途管制制度
	《关于印发编制自然资源资产负债表试点方案的通知》国办发（〔2015〕82号）	探索编制自然资源资产负债表，推动建立健全科学规范的自然资源统计调查制度，摸清自然资源资产的家底及其变动情况
落实责任方面	《生态文明建设目标评价考核办法》	生态文明建设目标评价考核实行党政同责、一岗双责
	《党政领导干部生态环境损害责任追究办法（试行）》	党政领导干部生态环境损害责任追究办法、终身追究制
	《开展领导干部自然资源资产离任审计试点方案》	探索并逐步完善领导干部自然资源资产离任审计制度
	《关于全面推行河长制的意见》	生态保护补偿机制，全面启动"河长制"
环保督察方面	《生态环境监测网络建设方案》国办发（〔2015〕56号）	出台生态环境监测网络建设方案
	《关于省以下环保机构监测监察执法垂直管理制度改革试点工作的指导意见》	推进省以下环保机构监测监察执法垂直管理制度改革

主要内容	政策、文件	具体举措
环保督察方面	《按流域设置环境监管和行政执法机构试点方案》	开展按流域设置环境监管和行政执法机构
	《跨地区环保机构试点方案》	设置跨地区环保机构
	《控制污染物排放许可制实施方案》国办发（〔2016〕81号）	实施污染物排放许可制
环保督察工作机制	中央深化改革小组十四次会议审议通过《环境保护督察方案（试行）》	中央环保督察实现31个省区市全覆盖
法律保障方面	环境保护法、大气污染防治法、水污染防治法、固体废物污染环境法、海洋环境保护法、环境保护税法、核安全法等法律完成制定修订，土壤污染防治法草案已经进入全国人大常委会审议程序	

二、实施统一确权登记和生态资产核算制度

在健全资源资产产权制度的相关举措中，已开展资源资产评估、统一确权登记试点及其核算制度。2015年11月国务院办公厅印发《编制自然资源资产负债表试点方案的通知》（国办发〔2015〕82号），探索编制自然资源资产负债表，先行核算土地资源、林木资源和水资源等具有重要生态功能的自然资源，推动建立健全科学规范的自然资源统计调查制度，摸清自然资源资产的家底及其变动情况，为推进生态文明建设、有效保护和永续利用自然资源提供信息基础、监测预警和决策支持。试点方案具体核算内容，如表6-3所示。该试点方案将在内蒙古自治区呼伦贝尔市、浙江省湖州市、湖南省娄底市、贵州省赤水市、陕西省延安市五个地区开展编制自然资源资产负债表试点，并在2018年年底前编制出自然资源资产负债表。从实际情况看，除试点区域外，部分省份也已根据自身资源及其变化情况开展编制自然资源资产负债表，如福建省于2016年在长乐区、晋江市、永安市、长汀县、霞浦县、南靖县等地进行编制自然资源资产负债表试点工作。在自然资源统一确权登记方面，2016年12月20日，国家相关部门联合印发《自然资源统一确权登记办法（试行）》的通知，该办法坚持资源公有、物权法定和统一确权登记的原则，对水流、森林、山岭、草原、荒地、滩涂以及探明储量的矿产资源等自然资源的所有权统一进行确权登

记。以此界定全部国土空间各类自然资源资产的所有权主体,划清全民所有和集体所有之间的边界,划清全民所有、不同层级政府行使所有权的边界,划清不同集体所有者的边界。并在自然资源登记簿中体现其坐落、空间范围、面积、类型以及数量、质量等自然状况,所有权主体、代表行使主体以及代表行使的权利内容等权属状况,用途管制、生态保护红线、公共管制及特殊保护要求等限制情况。《自然资源统一确权登记试点方案》以土地为基础,确定土地及其承载的各类自然资源所有权及其边界,结合区域代表性、典型性、复制推广和可操作性等因素选择试点区域,如表6-4所示,预计将于2018年6月对试点情况进行评估验收。

表6-3 生态资源资产负债表试点核算内容

资源	核算主要内容
土地资源	耕地、林地、草地等土地利用情况,耕地和草地质量等级分布及变化情况
林木资源	天然林、人工林、其他林木的蓄积量和单位面积蓄积量
水资源	地表水、地下水资源情况,水资源质量等级分布及其变化情况

资料来源:国务院办公厅印发《编制自然资源资产负债表试点方案的通知》(国办发〔2015〕82号)。

表6-4 自然资源统一确权登记试点内容及区域分布

试点区域	试点主要内容
青海三江源等国家公园试点	重点探索以国家公园作为独立的登记单元,开展全要素的自然资源确权登记,并着力解决自然资源跨行政区域登记的问题
甘肃、宁夏	重点探索以湿地作为独立的登记单元,开展湿地统一确权登记
宁夏、甘肃疏勒河流域以及陕西渭河、江苏徐州、湖北宜都	重点探索以水流作为独立的登记单元,开展水流确权登记
福建厦门、黑龙江齐齐哈尔	重点探索在不动产登记制度下的自然资源统一确权登记关联路径和方法

续表

试点区域	试点主要内容
福建、贵州、江西等国家生态文明试验区	重点推进自然资源统一确权登记，为生态文明试验区建设奠定基础，并探索国家所有权和代表行使国家所有权登记的途径和方式
湖南芷江、浏阳、澧县等县（市）	重点探索个别重要的单项自然资源统一确权登记
黑龙江大兴安岭地区和吉林延边	重点探索国务院确定的国有重点林区自然资源统一确权登记

资料来源：《自然资源统一确权登记试点方案》。

三、开展重点领域生态资源产权制度改革

按照生态文明体制改革总体部署，生态资源的产权制度改革朝着总量控制、有偿使用和市场化交易方向发展。生态文明产权制度改革是一个从"不控总量"到"总量控制"，从"无偿使用"到"有偿使用"，从"不可交易"到"鼓励交易"的转变过程。[①] 2017 年 1 月 16 日，国务院发布《关于全民所有自然资源资产有偿使用制度改革的指导意见》（国发〔2016〕82 号），目的是通过明晰产权、丰富权能，特别是完善使用权体系，化解经济社会发展和生态文明建设不相适应矛盾，实现资源开发利用和保护的生态、经济、社会效益相统一。该指导意见针对土地、水、矿产、森林、草原、海域海岛六类国有自然资源资产有偿使用的现状、特点和存在的主要问题，分门别类提出了不同的改革要求和举措。因生态资源稀缺状况、资源配置效率等因素的差异，生态资源产权交易呈现出不同的紧迫性；因资源产权可明晰难度、产权技术可支撑性、资产可评估量化程度等因素的不同，生态资源产权交易可行性有所差异。在诸多类型的生态资源中，水资源和林业资源的产权制度改革起步相对较早。当前，中国在水权交易、林权交易、排污权以及碳排放权等领域取得了一定进展，如表 6 - 5 所示。

---

① 沈满洪. 推进生态文明产权制度改革 [J]. 中共杭州市委党校学报，2015（6）：4 - 10.

表 6-5　生态资源产权制度改革重点领域分布及其主要内容

资源领域	主要内容	试点区域
水资源	出台《水权交易管理暂行办法》，设立水权交易平台开展水权交易，开展水流产权确权试点，加快建立流域上下游横向生态保护补偿机制等	2014 年，在宁夏、江西、湖北、内蒙古、河南、甘肃和广东 7 个省区开展水权试点；2016 年，在江苏、湖北、陕西、甘肃、宁夏等省（自治区）试点水流确权
林业资源	持续推进集体林权制度改革，进一步落实集体所有权、稳定农户承包权、放活林地经营权，健全林权流转和抵押贷款制度	2003 年，福建、江西等省份率先开展集体林权制度改革
排污权	加快建立排污权有偿使用和交易制度	2007 年，批复天津、河北、内蒙古、江苏、浙江、湖南、湖北、河南、山西、陕西、重庆等 11 个试点省市
碳排放权	出台《碳排放权交易管理暂行办法》，将在 2017 年启动全国碳排放交易市场	2011 年，批复北京、上海、天津、湖北、广东、深圳、重庆 7 个试点省市

　　水资源方面，从中国提出建立社会主义市场经济以来，中国不断探索水资源产权制度改革，但始终未能形成一套完整的通过市场方式配置水资源的制度。水资源产权制度改革散落在中国水资源管理的相关政策中，大型水利工程管理体制建设中（如南水北调工程）均能看到水资源产权和配置的相关问题。到了 2014 年，水利部在系统内部印发《水利部关于开展水权试点工作的通知》，在试点省市开展水资源使用权确权登记、水权交易流转和开展水权制度建设，通过市场方式配置水资源，因地制宜的探索地区间、流域间、流域上下游、行业间、用水户间等多种形式的水权交易流转方式。2016 年水利部印发《水权交易管理暂行办法》，该办法按照水资源的所有权和使用权界定类型，对不同形式的水权交易作了规定，有利于完善水权制度、推行水权交易、培育水权交易市场。水资源确权是水权交易的前提，《水流产权确权试点方案》目的是要界定权利人的责权范围和内容。目前，试点单位在水权交易流转的价格形成机制、交易程序、交易规则等方面积累了一定的经验。

林业资源方面，2003 年，福建、江西等省份率先开展以"明晰产权、放活经营权、落实处置权、保障收益权"为主要内容的集体林权制度改革。集体林权制度改革授予林农处置权、收益权，进而盘活了森林资产。2016 年，全国集体林地的森林蓄积近 46 亿立方米，经济价值达到 10 万亿元，分山到户后，相当于户均拥有森林资源资产近 10 万元。全国林下经济产值已达 6000 多亿元，林业产业总产值由 2006 年的 1.07 万亿元增加到 2016 年的 6.4 万亿元，增长了 6 倍。林业带动了 3000 多万农村人口就业，农民纯收入近 20% 来自林业，重点林区林业收入占到农民纯收入的 50% 以上。集体林地年产出率由改革前的每亩 84 元，提高到现在的约 300 元，增长了 3 倍多。林权抵押贷款余额从 2010 年的 300 亿元增长到 2016 年的 850 多亿元，增长近 3 倍，实现了把山林资源变成资产、资产变成资本的目标。①

排污权和碳排放权方面，两者共同特点在于公权力部门（政府）在满足一定条件下，给予企业对环境容量资源或者是污染物排放总量指标的使用权，同时，排污权和碳排放权可以按照一定的市场规则在不同市场主体之间进行交易，实现环境资源的优化配置。其中，排污权有偿使用是排污单位以有偿的方式获得初始排污权，反映出环境容量资源的稀缺性；排污权交易是在总量控制制度下排污单位为落实总量控制目标、降低减排成本或获取减排效益所进行的排放权的交易行为，体现配置资源效率。两者相互衔接共同组成排污权市场。自 2007 年以来，国务院有关部门组织天津、河北、内蒙古等 11 个省（区、市）开展排污权有偿使用和交易试点，取得了一定进展。试点区域对排污权的核定、有偿使用及交易价格设计、初始分配方式方法、有偿取得和出让方式、交易规则和交易管理规定等进行了探索，到 2013 年年底，11 个试点省份排污权有偿使用和交易金额累计将近 40 亿。碳排放权交易是政府根据环境容量及稀缺性理论设定污染物排放上限（总量），并以配额的形式分配或出售给排放者，作为一定量特定排放物的排放权。中国于 2011 年在北京等地启动碳排放交易试点，2013 年 7 省市碳交易试点相继开市，在市场规则体系、交易制度、抵消制度、遵约制度、定价机制等方面取得了一定的探索经验，市场交投日趋活跃，其中 2014 年、2015 年，7 个试点碳市场配额成交量分别约为 2000 万吨和 3000 万吨，二氧

---

① 调研组. 全国集体林权制度改革成就综述 [N]. 经济日报, 2017 - 07 - 10.

化碳年度增幅达到 50%。① 2016 年碳市场试点交易额超 32 亿元。

四、综合运用具体规制措施

综合运用具体规制措施体现在信息公开、市场化政策、特定禁止行为、排污许可以及行政规制等方面。加大信息公开力度，如《环境信息公开办法（试行）》规定，环保部门主动通过政府网站、公报、新闻发布会以及报刊、广播、电视等方式公开政府环境信息，包括环境保护法律、法规、规章、标准和其他规范性文件，主要污染物排放总量指标分配及落实情况，排污许可证发放情况等内容；鼓励企业公开排放污染物种类、数量、浓度和去向。

完善市场化政策方面。通过对水流、森林、山岭、草原、荒地、滩涂等自然生态空间进行统一确权登记，形成归属清晰、权责明确、监督有效的自然资源资产产权制度，有助于落实所有权，界定产权主体。通过建立排污权有偿使用和交易制度，发挥市场机制推进环境保护和污染物减排。政府核定排污单位允许其排放污染物的种类和数量，且以排污许可证的形式予以确认，排污单位以有偿的方式获得初始排污权，在总量控制制度下，排污单位为落实总量控制目标、降低减排成本或获取减排效益，有意愿进行排放权交易，以按照"环境容量是稀缺资源，环境资源占用有价"的理念，形成反映环境资源稀缺程度的价格体系和市场。政府出台支持和鼓励绿色投融资的一系列激励措施，如通过再贷款、专业化担保机制、绿色信贷支持项目财政贴息等措施支持绿色金融发展，发展绿色保险和环境权益交易市场，动员和激励更多社会资本投入绿色产业，同时更有效地抑制污染性投资。通过《生态环境损害赔偿制度改革试点方案》逐步明确生态环境损害赔偿范围、责任主体、索赔主体和损害赔偿解决途径，体现环境资源生态功能价值，促使赔偿义务人对受损的生态环境进行修复，实行生态环境损害的市场化补偿。

禁止特定行为和排污许可方面。通过《探索实行耕地轮作休耕制度试点方案》，探索耕地轮作休耕减轻开发利用强度、减少化肥农药投入，利于农业面源污染修复，缓解生态资源压力。并按照"山水林田湖草是一个生命共同体"的理念，建立覆盖全部国土空间的用途管制制度，对耕地、天然草地、林地、河

---

① 绿金委碳金融工作组. 中国碳金融市场研究［M］. 2016：59.

流、湖泊湿地、海面、滩涂等生态空间实行用途管制，严格控制自然生态空间转为建设用地或不利于生态功能的用途。通过实行《控制污染物排放许可制实施方案》，对企事业单位排污许可证实施管理，加强污染物排放的控制与监管，将控制污染物排放许可制建设成为固定污染源环境管理的核心，逐渐统一到固定污染源，实现从污染预防到污染治理和排放控制的全过程监管，提高管理效能。

探索行政规制新举措方面。探索由党政领导担任河长，有助于落实地方主体责任，协调整合各方力量，促进水资源保护、水域岸线管理、水污染防治、水环境治理等工作。实行生态文明建设目标评价考核办法，实行党政同责、一岗双责，采取评价与考核相结合的方式，引导地方各级党委和政府形成正确的政绩观，自觉推进生态文明建设。要求对各级党政领导干部造成资源环境生态严重破坏的要记录在案，实行终身追责，不得转任重要职务或提拔使用，已经调离的也要问责，对履职不力、监管不严、失职渎职的，要依纪依法追究有关人员的监管责任，使生态环境领域的政策规定落到实处。结合领导干部自然资源资产离任审计、领导干部环境保护责任离任审计、环境保护督察等结果，实现综合考核，使之成为推进生态文明建设的重要约束和导向，推动中央决策部署落实和各项政策措施落地。目前，中央环保督察已实现了 31 个省（区、市）全覆盖。

此外，政府通过实施《建立国家公园体制改革总体方案》，保护具有国家代表性的大面积自然生态系统，提升生态系统服务功能，为公众提供亲近自然、体验自然、了解自然以及作为国民福利的游憩机会。通过国家生态文明建设试验区，整合资源集中开展试点试验，健全制度体系，突破体制机制瓶颈，发挥地方的主动性、积极性和创造性，加强顶层设计与地方实践相结合，开展改革创新试验。通过法律法规完善生态资源政府规制，《环境保护法》《大气污染防治法》《水污染防治法》《固体废弃物污染环境法》《海洋环境保护法》《环境保护税法》《核安全法》等法律完成制定修订，土壤污染防治法草案已经进入全国人大常委会审议程序。

第三节　生态资源资本化的政府规制特征

政府规制覆盖生态资源资本化多层次、多环节的领域，涉及企业、个人以及政府单位等多个利益相关体，单一的规制手段难以实现有效规制。从当前中国推进生态文明建设的体制机制上看，中国采取包括经济规制、社会规制以及行政规制等在内的多种规制手段，对生态资源资本化进行政府规制。即政府、市场和社会多元主体共同参与，行政、经济和社会管理等多元手段共同应用，强制措施、自愿行动与合作协商相结合。遵循生态系统内在规律，依法设定相关标准，对利益相关者形成约束，并强化对规制者问责。在多种类型规制中，突出体现"市场在资源配置中起决定性作用，更好地发挥政府作用"。政府发挥市场经济的激励和引导作用，特别是政府在制定价格、财税、金融等经济政策时，发挥经济政策激励效应，引导各类主体积极投身生态文明建设，促进生态资源资本化，培育壮大绿色发展新动能。

一、突出约束机制

政府规制的约束机制首先体现在能耗、水耗、污染物排放、环境质量等标准的提高上。《国家标准化体系建设发展规划（2016—2020 年）》中提出推进森林、海洋、土地、能源、矿产资源保护标准化体系建设，加强能效能耗、碳排放、节能环保产业、循环经济以及大气、水、土壤污染防治标准研制，以服务绿色发展。在《"十三五"生态环境保护规划》中，首先要求到 2020 年地级及以上城市空气质量优良天数比率要大于 80%（2015 年为 76%），地表水质量达到或好于Ⅲ类水体比例大于 70%（2015 年为 66%），重要江河湖泊水功能区水质达标率大于 80%（2015 年为 70.8%），受污染耕地安全利用率达到 90% 左右（2015 年为 70.6%）。森林覆盖率、森林蓄积量等反应生态状况的标准均比 2015 年有所提高，如表 6 - 6 所示。其次体现在生态红线的硬约束。2017 年年初，中办、国办出台了《关于划定并严守生态保护红线的若干意见》，对具有特殊重要生态功能的生态空间，包括具有重要水源涵养、生物多样性维护、水土保持、防风固沙、海岸生态稳定等功能的生态功能重要区域，以及水土流失、土地沙化、石漠化、盐渍化等生态环境敏感脆弱区域，划定生态保护红线，将各类开发活动限制在资源环境承载能力之内，并分阶段、分步骤划定和严守生态保护红线的实现目标，如表6-7所示。

表6-6 "十三五"生态环境质量主要指标

	指　　　标	2015年	2020年	属性
空气质量	地级及以上城市空气质量优良天数比率（%）	76.7	>80	约束性
	细颗粒物未达标的地级及以上城市浓度下降（%）	—	—	约束性
	地级及以上城市重度及以上污染天数比例下降（%）	—	—	预期性
水环境质量	地表水质量达到或好于Ⅲ类水体比例（%）	66	>70	约束性
	地表水质量劣Ⅴ类水体比例（%）	9.7	<5	约束性
	重要江河湖泊水功能区水质达标率（%）	70.8	>80	预期性
	地下水质量极差比例（%）	15.74	15左右	预期性
	近岸海域水质优良（一、二类）比例（%）	70.5	70左右	预期性
土壤环境质量	受污染耕地安全利用率（%）	70.6	90左右	约束性
	污染地块安全利用率（%）	—	90以上	约束性
生态状况	森林覆盖率（%）	21.66	23.04	约束性
	森林蓄积量（亿立方米）	151	165	约束性
	湿地保有量（亿亩）	—	≥8	预期性
	草原综合植被盖度（%）	54	56	预期性
	重点生态功能区所属县域生态环境状况指数	60.4	>60.4	预期性

资料来源：《"十三五"生态环境保护规划》。

表6-7 中国划定并严守生态保护红线的总体目标

时　　间	实　现　目　标
2017年年底前	京津冀区域、长江经济带沿线各省（直辖市）划定生态保护红线
2018年年底前	其他省（自治区、直辖市）划定生态保护红线
2020年年底前	全面完成全国生态保护红线划定，勘界定标，基本建立生态保护红线制度，国土生态空间得到优化和有效保护，生态功能保持稳定，国家生态安全格局更加完善

时 间	实 现 目 标
2030 年	生态保护红线布局进一步优化，生态保护红线制度有效实施，生态功能显著提升，国家生态安全得到全面保障

资料来源：中共中央办公厅、国务院办公厅《关于划定并严守生态保护红线的若干意见》。

二、建立健全激励机制

实现生态资源保值、增值，需要发挥市场机制的激励和引导作用。特别是将生态资源的价格扭曲、环境污染的外部成本，内化到市场主体的经营行为中，调动各方面节约资源、治理环境、保护生态的积极性。中国正在构建用能权、用水权、排污权、碳排放权"四权"交易市场，将产权交易市场作为激励节能减排的一项市场化机制安排。目前，宁夏、江西、湖北、内蒙古、河南、甘肃和广东 7 个省区开展水权试点，在水资源使用权确权登记基础上，因地制宜探索地区间、流域间、流域上下游、行业间、用水户间等多种形式的水权交易流转方式和水权制度建设已取得阶段性成果；天津、河北、内蒙古等 11 个省（区、市）开展排污权有偿使用和交易试点正在推进，试点涉及排污总量控制、排污许可等污染源管理、排污权定价、分配、核定等内容；北京等 7 个省市碳排放权交易试点积累了不少有益经验，有关部门正在研究扩大交易范围。以林业资源的激励机制为例，由于存在信息不对称，规制双方都存在逆向选择和道德风险问题，政府该如何采取激励手段，提高激励强度，达到以较小的成本获得规制信息和提高效率。森林具有涵养水源等重要生态功能，但在重点生态空间的森林资源与林农经济利益发生矛盾时，如何实现政府对林农生态行为的激励规制，如何衡量生态建设的过程管理与结果管理，以规避信息不对称带来的风险成本和激励成本等问题仍需进一步研究。林农的营林活动包括追求经济效益的经济行为和追求生态效益的环境行为，两者又是紧密相连的，作为产权主体的林农有权选择什么时候砍伐林木获取经济利益。产权主体偏好决定营林活动的经济价值取向，在短期内，单个经济主体无法在市场上变现生态服务价值，森林的生态效益不会成为理性产权主体的选择。内化生态保护于林农追求经济利益的过程中，政府通过一定的规制手段实现林农经济利益和生态保护的激励机制相结合，实现社会总福利的最大化，兼顾营林活动的生态效益和社会效益。在林农偏好营林经济活动的情况下，需要加强国家公权力对森林生态价值的介入力度。政府实施生态保护补偿机制，目的是通过让生态损害者赔偿、受益者付费、保护者得到合理补偿，以协调利益相关者利益，保护生态环境。

三、强化问责机制

生态资源的特性决定了"更好地发挥政府作用"的重要性。政府规制的重点之一就是通过问责机制迫使各级政府充分履行职责。一是完善政绩考核。《生态文明建设目标考核办法》实行党政同责、一岗双责，在资源环境生态领域有关专项考核的基础上综合开展，采取评价和考核相结合的方式，同时对生态文明建设成绩突出的地区、单位和个人，给予表彰奖励。不唯 GDP 论英雄，把资源消耗、环境损害、生态效益等指标，纳入经济社会发展综合评价体系，提高对生态环境指标赋予的分值和权重，强化领导干部对生态环境的重视。二是强化督察问责。中国实行省以下环保机构监测监察执法垂直管理制度改革方案以解决现行以块为主的地方环保管理体制存在的突出问题，协调环保部门统一监督管理与属地主体责任、相关部门分工负责的关系，强化地方政府履职尽责。中国提出遵循生态系统整体性、系统性及其内在规律，按流域设置环境监管和行政执法机构，实现了流域环境保护统一规划、标准、环评、监测和执法，提高环境保护整体成效。此外，《环境保护督察方案（试行）》，提出建立环保督察工作机制，严格落实环境保护主体责任等有力措施。目前，中央环保督察实现 31 个省区市全覆盖，环保监察成为环境保护工作的常态。据统计，从 2016 年 1 月中央环保督察在河北省开展试点以来，一共受理了群众举报案件 13.5 万件，除去一部分重复案件，经过合并后，向地方交办 10.4 万件，到目前为止已经有 10.2 万件得到办结，中央环保督察已完成对全国 31 省份的全覆盖，问责人数超过 1.7 万（截至 2017 年 9 月）。① 因祁连山生态环境问题，中央对甘肃省 3 名副省级官员、8 名负有主要领导责任的责任人进行严肃问责，甘肃省委省政府对其他负有领导责任的 7 名现任或时任主要负责同志进行严肃问责。

---

① 中央环保督察威力大：2016 年到 2017 年两年内完成了对全国 31 省份的全覆盖 [J]. 中国经济周刊，2017 - 11 - 06.

第四节   生态资源资本化发展障碍

党的十八大以来,我国生态文明建设成效显著。政府促进生态资源资本化、推动形成绿色发展新动能取得一定的成绩。但也应清醒看到,中国发展与人口资源环境之间的矛盾依然突出,优质生态产品供给能力难以满足广大人民群众日益增长的需要,生态环境保护形势依然十分严峻。在对生态资源资本化进行有效规制过程中,还存在着许多短板和制度漏洞,突出表现在市场机制的作用发挥还不够,有待于进一步建立以产权制度为基础的激励机制,完善管理和监察机制。

一、产权主体界定不明

权利与责任是统一的整体,两者相互依存、不可分割。中国自然资源坚持公有性质,体现为国家所有和集体所有,但并没有进一步明确谁来行使所有权,表现出产权主体虚置、归属不清、权责不明等问题。具体体现在:一是产权边界模糊,没有明确各类资源用途、各类产权主体权利和责任,由此导致生态资源收益分配不公等矛盾;二是产权主体合理性问题,国家所有和集体所有两个产权主体的法律地位、经济利益安排地位等有着显著差异,表现为国家主体地位的优越性和优先权,以及集体主体地位的从属性和滞后性;三是中央和地方政府代理关系未理顺,虽然原则上规定所有权由国务院代理,但没有明确中央、地方政府以及部门等主体的权利和责任,没有规定生态资源所有权如何代理,以及代理之后的利益关系如何分配等问题,忽略了按照公正、公平、公开原则和严格法律程序设立产权和分配收入的社会正义要求。

生态产权市场发挥作用机制不完善突出表现在生态资源确权上。当前,自然资源资产产权制度改革还处于试点阶段,确权难度很大。特别是生态资源随着时间、空间的变化呈现出时空交替性、产权动态性,这些问题增加了确权难度。以水流为例,宪法规定水流是全民所有,但在丰水期、枯水期,水流如何确权到沿岸群众是个难题。对于开展全要素的自然资源确权登记的区域,全要素所涵盖的类型、边界、面积、数量和质量,确权难度较大。此外,当前的市场交易程序不够完善。在初始产权分配之余，如何开展有效的市场交易，近期和远期的一级市场、二级市场如何建立和协调，如何实现使用权的出让、转让、出租、担保、入股等权能的市场化运作，这些问题关系到生态资源市场化运作效率。目前各地交易市场不活跃，二级市场发展较为缓慢，甚至有些企业因为排污权交易试点的预期不明朗而不愿意出售排污权。以碳排放交易为例，近年来，中国在多个省市开展碳排放交易试点，于2017年12月启动全国碳排放交易市场，但当前全国碳排放权交易体系的法律基础、数据收集、配额分配、创建和完善全国注册登记系统和交易平台等工作有待于进一步完善，碳期货等衍生品交易尚处于起步阶段。

二、权能交易不规范

产权是一组权能束的集合。在一定技术条件下，生态资源产权的占有、使用、收益、处置等权利能够成为可变现资产和金融工具。生态资源产权具有可分割、可分离、可交易属性，但当前存在着使用权权利体系不完整问题。一方面，未能认识到生态资源的价值，部分资源缺乏"赋权"，未能实现有偿使用；国有农用地等部分全民所有自然资源使用权权利基础缺失，不利于充分体现资源价值，也不利于保护产权主体财产权益。另一方面，产权权能不完整，往往存在处置权或受益权的缺失、错位或受到（不同程度的）侵害等问题，如农村集体产权主体的资源处置权的残缺以及受益权的受损；生态资源利益分配以资源实际控制权为核心，离实际核心越近的相关者，所得到的利益就越多。不能接近资源实际控制权核心的，则往往被排除在外。诚如出现开发商获利丰厚，但承担资源开发利用所带来的负外部性（环境污染）却转嫁给了当地居民。此外，使用权权利体系不完整还体现在初始产权分配上，行政干预对于初始产权分配的合理性问题值得推敲，如在涉及资源和环境总量指标设置、分解或"配额"等初始产权分配问题上，以何种标准更合理分配初始产权，使得这些指标或配额转变为产权（排污权、碳交易权等）时更为公平。

受体制、机制、技术等因素影响，生态资源产权交易价格形成机制、交易程序、交易规则等方面存在着不规范，由此影响到产权交易的顺畅性，进而影响到生态资源产权交易的规模、效率和效果。一是生态资源价值评估和定价问题。在产权界定不清、市场规则不明的情况下，人为规定生态资源有偿使用及其收费标准或者市场化价格，这就忽略了市场主体、市场客体、市场交易过程及其价格形成之间的客观经济联系，忽略了产权制度改革与自然资源市场、环境资源市场、价格、税费等制度改革之间的客观经济联系，容易造成制度的碎片化，破坏市场体系的正常运行。二是产权交易过程不规范。受限于生态资源产权交易技术，当前生态资源产权交易的资源种类比较有限，交易程序较为粗糙。各类生态资源之间、单个资源在不同时间和空间维度的变化，要求具备一定水平的生态资源产权交易技术。如产权计量技术污染物的排放量、温室气体的排放量的统计，产权监控技术对于企业履行初始产权配额的监控，产权定价技术对于森林的生态价值和碳汇价值的度量等。三是缺乏全国统一的资源交易体系和交易信息平台。各类生态资源交易市场分散设立，有些属于重复建设，交易运行不规范、缺乏公开性和透明度，这就忽视了生态资源产权交易的特性，降低产权配置资源效率，也容易出现交易服务、管理和监督职责不清，监管缺位、越位和错位现象。

三、有偿使用制度不健全

中国已出台《关于全民所有自然资源资产有偿使用制度改革的指导意见》（以下简称《意见》），针对土地、水、矿产、森林、草原、海域海岛等六类国有自然资源资产有偿使用的现状、特点和存在的主要问题，《意见》分门别类提出了不同的改革要求和举措，但中国资源有偿使用进展不平衡的现状很难在短期内改变，既包括资源有偿使用的范围，也包括资源有偿使用和交易试点中出现的诸如规范性不足、定价依据及其时限差异性问题。当前，国有建设用地、矿产、水、海域海岛已出台相应的改革举措，水资源、国有森林资源和国有草原资源有偿使用的具体实施方案尚未出台，形成全民所有自然资源资产有偿使用制度"双轨"制，不利于国家所有者权益的保护。真正发挥生态补偿"让生态损害者赔偿、受益者付费、保护者得到合理补偿"的作用，才能协调好相关利益者利益关系，保护生态环境。当前，生态补偿的范围仍然偏小，一些具有生态功能的资源和区域未实行有效的补偿制度；生态标准过于单一且偏低，有些地方生态补偿"一刀切"现象比较严重，如以南北区划补偿退耕还林、以生态公益林补偿忽视具有重要生态功能的区位；保护者和受益者良性互动的机制尚不完善，如流域生态补偿中，只考虑水质水量影响，忽视水资源动态变化及其价值，一定程度上影响了生态环境保护行动的成效。跨省生态补偿机制的技术定量、补偿方法存在一定障碍，缺乏普适的兼备科学性与可操作性的核算方法体系，对产生长效惠益的政策补偿、实物补偿等补偿形式考虑不足，尚未形成成熟有效的生态补偿资金的使用监督评估机制。总体上，还没有完全建立起反映市场供求和资源稀缺程度、体现生态价值、代际补偿的资源有偿使用制度和生态补偿制度。

四、监督与管理机制尚未厘清

如何实现"市场在资源配置中起决定性作用，更好地发挥政府作用"，是生态资源资本化过程中的核心命题。《生态文明体制改革总体方案》提出："坚持正确改革方向，健全市场机制，更好发挥政府的主导和监管作用。"但在生态文明体制改革"落地"层面，政府和市场关系仍未理顺，如生态资源保值、增值与政府监管混为一谈、生态资源资产价值评估制度不完善、全国性的交易信息平台还没有建立，环评、排污许可、污染排放标准、总量控制与配额、排污费和环境税等制度不健全影响着市场激励机制作用的发挥，绿色发展、循环发展、低碳发展的利益导向机制的形成有待合理区分政府和市场的界限边界，进一步理顺政府和市场关系。

生态资源产权监督管理机制是实施生态资源产权制度的保障，也是发挥政府作为"有形之手"管理生态资源资产的重要体现。产权监督管理机制不完善体现在：一是将生态资源资产管理与生态资源资产监管混为一谈，前者试图以行政手段实现生态资源保值、增值，后者则是对生态资源市场失灵实施政府规制，这就容易忽略产权在界定社会主体权利、分配社会收益与社会成本方面的功能作用。二是尚未厘清产权监督管理类型，还没有建立起公益性生态资产和经营性生态资产的分类差别化管理，也还没有建立起与资源资产代理和资产运营相对应的监督管理体系。"一刀切"的监管模式不利于生态资源保护，不利于实现生态资源保值、增值，更无法实现生态资源保护和经济效益的统一。三是中央和地方政府产权监督管理职责不清，中央和地方政府对生态资源管理目标和绩效存在差异，财权、事权、收益权不匹配，事前、事中、事后监督管理常不到位，也没有形成综合监管机制，这就容易出现产权监管盲区，影响生态资源产权交易的实现。四是产权监督管理架构不合理，造成监督管理效率低。生态资源产权监督管理机构散落在各个部门，多头管理造成资源浪费、信息不通，甚至相互扯皮问题，降低了监管效率。

生态资源规制不仅是环境保护部门的事，还涉及产业结构调整等多个要素，需要多个部门之间协调管理。当前，行政监管还没有完全同生态系统的自然性结合起来，存在多头监管和"碎片化"监管问题，区域性、流域性的管理体制缺失，省级以下的基层环保部门管理机制也需要相应改革。在生态保护和环境治理的管理体制中，相关部门职责交叉的问题还没有得到根本解决，自然资源产权的管理机制整合难度较大。这就容易导致综合协调效果不佳，出现重复建设、资源浪费、信息不畅、互相扯皮等问题。如《生态环境监测网络建设方案》确定的部门间环境监测数据互联共享等工作，因部门协调等因素进展较慢。由于缺乏跨部门协作的长效机制等原因，由"某部门牵头、会同其他部门实施"的机制，往往因"其他部门"责任不到位而实施不力。环保机构监测监察执法垂直管理制度改革与新环保法强调的"地方政府对本辖区的环境质量负责"存在一定冲突；按流域设置环境监管和行政执法机构与河长制，以及现行的流域机构的关系尚未理顺。总体来看，因体制分割导致的制度碎片化问题依旧突出，行政效率仍有待改善。① 目前中国在一些大江大河流域设有专门管理委员会，但由于其权责有限，无法承担跨部门、跨省域流域问题的综合协调，未能对流域真正进行统一有效的管理。另外，管理机制不统一体现在中央与地方关系未理顺。中央与地方政府管理目标与绩效的差异性，导致委托代理机制失灵；中央和地方政府的财权、事权不匹配，中央审批事项多，事中、事后监督管理常不到位；同时，各级政府的资源收益分配并不合理，资源所在地政府往往承担更多事权。② 例如，中国的南水北调工程，旨在促进中国水资源形成"四横三纵、南北调配、东西互济"的总体格局，但南水北调工程建设、运营管理涉及多家单位，既有中央相关部门，也有省市级管理部门，同时还涉及企业法人性质的经营公司。在部委层面，国家发改委负责南水北调后续工程建设项目的审批、水价制定等；国务院国资委履行中央出资人代表职责；国调办作为南水北

---

① 解振华在 2017 年环境保护治理体系与治理能力研讨会上的致辞，发言稿由解振华和中科院科技战略咨询研究院副院长王毅共同完成。

② 李维明，谷树忠. 自然资源资产管理体制改革之管见 [N]. 中国经济时报，2016-02-19 (14).

调最高决策机构建委会的办事机构，负责南水北调后续工程建设管理，及工程竣工验收前的行政管理工作等；国务院水行政主管部门负责南水北调工程水量调度计划、防汛调度等行业行政管理工作；环保部负责南水北调工程有关的水污染防治、重要断面的水质监测等工作；国务院其他有关部门在各自职责范围内，负责对南水北调工程实行行政管理和监督检查。此外，生态资源规制机构统一行使职责只是解决生态资源内部各要素的协调，还需要建立起生态环境与经济发展之间相互协调的议事机制。

本章小结

中国生态资源资本化发展历程实质上是产权制度与政府规制在生态资源领域发挥作用的过程，是对经济发展过程中如何认识政府与市场关系这一主题的深化。中国生态资源产权界定是从全民或集体所有到具体经济主体的个人之间的权利关系，也是对于包括使用权等在内的权能的交易，这种交易伴随着市场经济中价格机制配置生态资源而发生。中国生态资源产权制度演化是在坚持产权公有基础上的权利重新界定的过程。

生态资源产权制度是政府运用市场化政策管制生态资源的有效措施，包含于广义政府规制范畴。当前，中国生态资源资本化的政府规制体现在落实《生态文明体制改革总体方案》的过程。在顶层设计上，逐渐完善生态资源产权制度改革、完善规制机制、落实责任、环保督察以及相应机制。实施确权登记试点和生态资产核算制度，开展重点领域生态资源产权制度改革，综合运用信息公开、特定禁止行为、排污许可以及行政规制等具体规制措施。中国生态资源资本化的政府规制呈现出三个主要特征：一是提高能耗、水耗、污染物排放、环境质量等标准，突出约束机制；二是发挥市场机制的激励和引导作用，特别是发展权能交易市场，实现经济效益和生态保护的统一；三是通过完善政绩考核、强化督察问责等督促各级政府充分履行职责，更好地发挥政府作用。

在对生态资源资本化进行有效规制过程中，还存在着许多短板和制度漏洞，体现在阻碍市场配置资源的决定性作用和政府更好发挥作用的体制机制中。第一，尚未建立起支撑市场配置生态资源的产权制度基础。生态资源用途、国家所有与集体所有的具体指向、中央与地方产权代理关系等关系到生态资源产权界定的内容仍有待于进一步明晰。在生态技术假定的前提下，如何丰富生态资源的使用权、收益权等权能，规范产权交易，关系到产权市场作用机制的发挥。第二，尚未建立起配合于产权制度发挥作用的有效政府规制。反映市场供求和资源稀缺程度、体现生态价值、代际补偿的资源有偿使用制度和生态补偿制度有待于进一步完善。尚未健全产权监督管理机制，将生态资源资产管理与生态资源资产监管混为一谈，还没有建立起公益性生态资产和经营性生态资产的分类差别化管理，缺乏与资源资产代理和资产运营相对应的监督管理体系。行政监管还没有完全同生态系统的自然性结合起来，存在多头监管、碎片化监管问题。

第七章

生态资源资本化的实证分析
——以福建林业资源为例

生态资源种类多样、资本化形式丰富。不同类型的生态资源资本化具有自身的资源特征和表现形式，政府规制所采取的政策、制度安排也不同。林业资源的生态林产品价值、生态服务价值等有形和无形的生态资本及其增值性较早得到开发和认可，林业资源的产权制度改革在诸多可再生生态资源的产权制度改革中起步较早、基础较好，在诸多类型的生态资源资本化中具有一定的代表性。本书以位于中国南方重点集体林区（也是最早开展集体林权制度改革试点省份之一）的福建省为案例，概括福建省林业资源实现资本化情况；梳理福建省集体林权制度改革变迁历程，从中解析林业资源资本化的前提条件（即产权界定）；分析林业碳汇经营如何实现林业资源资本化、产生怎样的经济效益和生态效益，以回答林业资源的有价性及资本增值性；在此基础上，探究政府如何有效规制，以实现产权主体经济利益与生态保护的统一。

第一节　福建林业资源资本化发展概况

福建林业资源有其独特的自然条件和社会基础，创造出的经济价值和生态价值为当地经济发展奠定了良好的基础。福建较早探索林业资源从资源、资产到资本的转化，利用资本化盘活森林资源，并产生广泛的经济、生态和社会效益。

一、林业发展概况

福建省是全国南方重点集体林区，也是中国南方地区重要的生态屏障，素有"八山一水一分田"之称。福建省林业发展体现在：一是自然条件优越。福建省位于东经 115°50′~120°43′、北纬 23°33′~28°19′，地处亚热带，年平均气温 17℃~21℃，年平均降雨量 1400~2000 毫米，林木生长的自然条件优越。全省地貌以丘陵低山为主，地势大体由西北向东南逐渐降低。全省林地面积 926.82 万公顷（1.39 亿亩）、占土地总面积 76.28%。二是森林资源丰富。中华人民共和国成立后，福建省是南方重点集体林区，在南方 48 个重点林业县中，占有 28 个（分布在南平、三明、龙岩等地）。现有省级以上生态公益林 286.2 万公顷、占全省林地面积的 30.9%；林业自然保护区 89 处（其中国家级 15 处、省级 21 处，市县级 53 处）、保护小区 3300 多处，保护面积 1260 万亩、占陆域面积的 6.8%；森林公园 177 个（其中国家级森林公园 30 个、省级 127 个）；创建国家森林城市 4 个、省级森林城市（县城）34 个。根据全国第八次森林资源清查通报，福建省森林面积 801.27 万公顷，森林覆盖率 65.95%、居全国首位；森林蓄积 60796.15 万立方米（其中天然林蓄积 35942.92 万立方米，人工林蓄积 24853.23 万立方米）。三是林业产业较发达。截至 2016 年 12 月底，全省现有人工林面积 5665 万亩，竹林面积 1601 万亩（其中毛竹 1504 万亩）、居全国首位，木（竹）材、笋、油茶、花卉、人造板、木质活性炭、木制家具等主要林产品产量均居全国前列。现有省级以上林业产业化龙头企业 154 家、境内外上市林业企业 29 家。2016 年全省林业产业总产值达 4611 亿元，同比增长 7.8%。重点林区涉林收入已成为当地农民脱贫致富的重要途径之一。①

表 7-1　福建省第八次森林资源清查部分数据

森林资源指标	数值	全国排名
林业用地面积（万 hm²）	906.67	11
森林覆盖率（%）	65.95	1
活立木蓄积量（亿 m³）	4.96	7
林分蓄积量（亿 m³）	4.44	7
人工林分面积（万 hm²）	234.07	4
人工林分蓄积量（亿 m³）	1.80	1

---

① 福建省林业厅 [EB/OL]. http://www.fjforestry.gov.cn/Index.aspx? NodeID = 96，2017-11-12.

续表

森林资源指标	数值	全国排名
天然林分面积（万 hm^2）	329.80	9
天然林分蓄积量（亿 m^3）	2.63	
竹林面积（万 hm^2）	88.53	1
经济林面积（万 hm^2）	112.60	9
林分单位面积蓄积量（m^3/667 m^2）	5.24	10

资料来源：第八次森林资源清查。

二、林业资源的价值构成

按照林业资源不同的表现形式和功能，可以将林业资源的价值构成划分为不同类型。有些学者（如孔繁文等，1994；郭中伟等，1998；李金昌，1999；高云峰等，2005）认为森林资源价值可分为使用价值和非使用价值两大部分，使用价值包括直接使用价值和间接使用价值，非使用价值包括存在价值、遗产价值和选择价值。也有学者（如黄兴文，1999；王健民，2001；潘耀忠，2004；高吉喜，2007；博文静等，2017）以森林生态资产价值界定林业资源价值，将其划分为直接价值和间接价值两部分。联合国《绿色发展报告》（以下简称《报告》）指出，森林生态系统中的公共产品具有可观的经济价值，估计可达数万亿美元，森林维持着超过50%的陆地物种的生存，不仅可以通过碳储存调节全球气候，还可以保护流域生态，而且森林工业产品也极具价值，是可再生、可回收和可生物降解的资源。《报告》中对于林业资源价值的论述包括直接的经济价值和生态服务。无论何种类型的划分，都离不开林业资源产品的经济价值和生态服务价值以及由此演化的价值形态。林木价值、林下产品价值、森林生态系统服务价值等得到普遍认可，其中森林生态系统服务价值包括涵养水源、积累营养物质、净化大气环境、生物多样性保护、森林游憩、保育土壤、固碳释氧、防灾减灾等。据福建省测算，2016 年，全省森林生态服务价值为 8014.01亿元。其中涵养水源价值 3378.70 亿元，保育土壤价值 716.23 亿元，固碳释氧价值 1228.76 亿元，净化大气价值 500.80 亿元，积累营养物质价值 111.88 亿元，生物多样性保护价值 1946.18 亿元，森林游憩价值 116.16 亿元，森林防护价值 15. 30 亿元。① 全省林业产业总产值为 4611 亿元，同比增长 7.8%，第一产业包括营造林、木材采运、经济林产品等第一产业的产值达 816 亿元，木材加工和制造等第二产业产值达 3568 亿元，林业生产服务、林业旅游和休闲服务等第三产业产值达 227 亿元。②

三、林业资源资本化实现方式

林业资源资本化意味着把森林作为一个资产类别来管理和投资，实现资源、资产到资本的转化，利用资本化盘活森林资源，并产生广泛的经济、生态和社会效益。林业资源经过市场化运作后转化为资本，既包括林业资源产品市场化，如林木产品、林下经济以及森林景观旅游等，也包括林业经营权的出租、抵押、转让、入股等市场化配置机制，包括林权抵押贷款、森林保险以及林权作价出资认证，目的都是为了增加林业资源的可交易性和价值增值。"十二五"期间，福建省累计发放各类林业贷款 948.19 亿元，其中林业贴息贷款 64.5 亿元、林权证抵押贷款 103 亿元，森林综合保险年参保面积超过 1 亿亩，成立全国首家省级林木收储中心，组建林权收储担保机构 30 家。在林权抵押贷款方面，福建省针对林业经营周期长、风险大等特点，推出贷款期限为 15～30 年、综合融资成本控制在月息 6‰ 以下的林权按揭贷款新产品，同时推出具有第三方支付功能的"林权支贷宝"新产品和"银行 + 村合作基金 + 林农""福林贷"等普惠制金融模式，满足林农和林业经营主体的资金需求。通过建立林业金融服务中心，强化林业金融服务，加强与金融机构合作，靠前服务，简化手续，方便林农贷款融资。通过建立资源评估、森林保险、林权监管、收购处置、收储兜底"五位一体"的林业金融风险防控机制，分散化解金融风险，提高金融机构放贷积极性。全省 125 家丙级以上林业调查规划设计机构均可开展非国有森林资源抵押贷款项目评估，促进了林业资源资本化。

---

① 福建省森林生态服务价值超 8000 亿元 [EB/OL]. (2016 – 09 – 14) [2017 – 11 – 18]. http: //news. xinhuanet. com/fortune/2016 – 09/14/c_ 1119565221. htm.

② 2016 年林业统计年报 [EB/OL]. (2017 – 02 – 23) [2017 – 06 – 18]. http: //www. fj-forestry. gov. cn/.

第二节 集体林权制度改革

林业资源资本化是指将林地林木使用权等有形和由林地林木所产生的林业空间景观等无形林业资源及其未来收入通过入股、股份合作和抵押贷款等方式，变成能够流通的金融资本的过程，从而盘活森林资源。林业资源资本化过程中，涉及占有权、收益权、处分权等多个权利的变更，需要有明晰完整的产权界定。《森林法》规定："森林资源属于国家所有，由法律规定属于集体所有的除外。"其中，集体林地是国家重要的土地资源，是林业重要的生产要素。因为存在着不确定性和外部性，集体林权资产在通过交易、入股、抵押等资本化形式变成资本的过程中，交易双方会由于各自的权利界线模糊导致双方收益分配的不确定或对另一方造成损害；或者由于不确定性的存在导致本应归确定所有者得到的财产收益被其他人无偿占有，从而产生权利损失。[①] 因此，只有明晰产权，准确划分产权边界，在坚持集体林地所有权不变的前提下，通过均股、均利等其他方式落实产权，把集体林地经营权和林木所有权落实到农户，确立农民的经营主体地位，林业资源资本化才具有可实施性。

一、集体林权制度的四次变动

林权是森林、林木、林地权属的简称，包括森林、林木和林地所有权、使用权（经营权）、处置权及收益权。中国的林权改革主要是指集体林在林地集体所有的前提下把林地使用权、林木所有权、处置权、收益权、转让权承包给林农的过程，从而达到产权明晰、经营效率提高的目的。中华人民共和国成立后，福建省集体林权制度变革与全国的情况大致相同，经历过四次变动：

一是土改时期的分山到户。随着 1950 年 6 月《土地改革法》的正式实施，在全省广大农村，通过土地改革，将大部分土地和耕地分给农民所有，林木也随山地归个人所有。1950 年 2 月，省人民政府公布《福建省山林保护管理暂行办法》，着手建立护林组织机构，处理山林权，明确森林资源管理保护责任。

---

① 张蔼冰. 集体林权资本化研究 [D]. 泰安：山东农业大学，博士学位论文，2012：42.

1951年9月，省人民政府制定和发布《福建省土地改革中山林处理办法》（以下简称《办法》）。根据《办法》的精神，全省开展山林所有制改革，废除封建剥削的山林占有制，实行农民的山林所有制。据建阳、南平、永安、龙岩四个专区的不完全统计，山林改革中没收、征收山林590.5万亩，其中，分配给农民的477.2万亩，收归国有的112.2万亩。

二是农业合作化时期的山林入社。土改时期的山林改革工作开展不平衡，全省有近20个县的山林没有进行分配，有些地方工作较粗糙，存在许多山林遗留问题。从1953年开始，互助组—初级社—高级社逐步把农民个人所有的山林变成了个人和集体共同所有，紧接着开展"林木入社"工作。到1957年冬，全省开展林木入社的有8300个合作社（占有林合作社的2/3），实现了山林由社员个人私有转化为集体所有的过渡。

三是人民公社时期的山林统一经营。1958年，农村实行人民公社化时，把以生产队为主的集体山林，平调收归为大队、公社集体所有，打乱了山林所有权界限，有些地方社员林木折价款也被取消。至1958年成立人民公社时，原合作社的山林全部划归公社所有。在以后的二十几年里，除一小部分国有林外，其余大部分山林由集体所有，统一经营。1961年之后，福建省贯彻中共中央《关于确定林权、保护山林和发展林业的若干政策规定（试行草案)》，把处理山林权作为发展林业生产的根本问题，连续几个冬春开展处理山林权工作，但进展缓慢。全省仅有30%左右的有林大队，山林权问题进行了处理。1966年"文化大革命"开始，林权处理工作停顿，山林权所有制被进一步搞乱。山林权属长期不稳定，是引起森林乱砍滥伐、山林纠纷不断发生的主要原因之一。

四是改革开放初期的林业"三定"（划定自留山、稳定山权林权、确定林业生产责任制）。1981年以后，福建省根据中共中央、国务院《关于保护森林发展林业若干问题的决定》，全省开展了以"稳定山权林权、划定自留山和落实林业生产责任制"为主要内容的林业"三定"工作，至1983年"三定"结束，全省森林资源所有权的归属得到进一步的确认：林地所有权中，国有约占10%，集体约占90%；林木所有权中，国有约占8.1%，集体约占90%，国有和集体合作约占0.12%，未定权属约占1.78%。集体林中，划定自留山1105.6万亩，7000多万亩集体林初步落实了生产责任制，同时还颁发了林权证书，初步界定了森林资源资产主体，为集体林业的发展奠定了基础。

这四次变动，既有经验，也有教训。林木产权不明晰、经营机制不灵活、利益分配不合理等问题突出，林农作为集体林业经营的主体地位没有得到有效落实，加上林业税费负担过重，林农没有太多处置权，林农从改革中获得的实惠不多等因素，导致林农造林育林积极性不高，盗砍滥伐屡禁不止，森林火灾扑救困难，林业管理难度日益加大，林政管理人员越增越多，管理成本越来越高，这些都在很大程度上制约了集体林业的快速发展。

二、新一轮的集体林权制度改革

20 世纪 90 年代中后期以来，福建省对周期短、见效快的经济林、竹林普遍实行了家庭承包经营，落实了林业生产责任制，极大地调动了林农的耕山积极性，取得了良好的效果。2003 年 4 月省政府出台了《福建省人民政府关于推进集体林权制度改革的意见》，从政策上为全面启动集体林权制度改革奠定了基础。2005 年福建省委省政府出台《中共福建省委办公厅省人民政府办公厅关于加大力度全面推进集体林权制度改革的通知》，在巩固、完善和新的拓展上再行部署，继续扎实深入推进集体林权制度改革。2006 年福建省委省政府继续出台《中共福建省委福建省人民政府关于深化集体林权制度改革的意见》，就深化集体林权制度改革，提出"稳定一大政策、突出三项改革、完善六个体系"的意见。2013 年福建省政府出台《福建省人民政府关于进一步深化集体林权制度改革的若干意见》，旨在深化集体林权制度改革，加快林业发展，增加农民收入，推进生态省建设。2017 年 5 月，习近平总书记对福建集体林权制度改革作出重要批示，充分肯定了福建集体林权制度改革取得的成绩，对继续深化集体林权制度改革提出明确要求。被誉为"全国林改第一县"武平县地处福建省龙岩市，是全国集体林权制度改革的策源地，武平县集体林权制度改革事记诠释了福建省集体林权制度改革变迁路径，如表 7-2 所示。

表 7-2 武平县集体林权制度改革大事记

序号	时间	事件
1	2001 年 4 月	武平县研究部署开展林权登记换发证试点工作

序号	时间	事件
2	2001 年 6 月	确定万安乡捷文村为集体林地、林木产权制度改革工作试点村，正式拉开武平林改序幕
3	2001 年 10 月	捷文村首次提出"分山到户"，捷文村村民委员会制定出台《深化林地、林木产权改革实施方案》
4	2001 年 12 月	万安乡捷文村村民李桂林领到全国第一本新版林权证
5	2002 年 4 月	武平县在总结各乡（镇）试点村经验的基础上，制定出台《关于深化集体林地、林木产权改革的意见》（武委发〔2002〕2 号），部署推进林改工作。同日，下发《关于成立武平县集体林地、林木产权改革领导小组的通知》（武委〔2002〕13 号）
6	2002 年 6 月	时任福建省省长的习近平在武平调研，对武平集体林权制度改革工作给予充分肯定和支持，并作出"林改的方向是对的，要脚踏实地向前推进，让老百姓真正受益""集体林权制度改革要像家庭联产承包责任制那样从山下转向山上"的重要指示
7	2002 年 7 月	武平县召开全县集体林权制度改革工作会议，贯彻落实习近平省长调研指示精神，全面推进集体林权制度改革
8	2002 年 8 月	全省集体林权制度改革工作研讨会在武平召开
9	2002 年 10 月	县政府印发《关于进一步做好林地、林木产权制度改革的通知》（武政文〔2002〕246 号）
10	2003 年 4 月	省政府出台《关于推进集体林权制度改革的意见》（闽政〔2003〕8 号），吸收借鉴了武平县提出的"明晰产权、放活经营权、落实处置权、保障收益权"和"县直接领导，乡镇组织实施，村具体操作，部门搞好服务"的工作机制，把武平林改经验上升为全省林改举措
11	2003 年 5 月	省委、省政府在福州召开全省集体林权制度改革工作动员大会，时任武平县委书记严金静在会上作《深化集体林权制度改革，进一步解放和发展林业生产力》的交流发言
12	2004 年 6 月	武平县委常委（扩大）会议研究"关于集体林权制度改革及相关配套改革问题"，同意开展林权抵押贷款试点工作，筹建县林地、林木权属登记中心

续表

序号	时间	事件
13	2004 年 12 月	武平县林业产权登记管理中心挂牌成立
14	2005 年 10 月	武平县第一阶段集体林权制度改革工作全面结束，比全省提早一年完成集体林权登记面积 206.6 万亩，发放林权证 1.14 万本，林权发证率达 82%
15	2008 年 6 月	中共中央国务院出台《关于全面推进集体林权制度改革的意见》（中发〔2008〕10 号），把武平县最早提出的"明晰产权、放活经营权、落实处置权、保障收益权"和"县直接领导，乡镇组织实施，村具体操作，部门搞好服务"的工作机制吸纳进文件，武平围绕"四权"探索林改的经验上升为国家林改举措
16	2013 年 5 月	武平县出台《关于进一步深化集体林权制度改革的若干意见》（武委发〔2013〕7 号）和《武平县林权抵押贷款实施办法》（武政文〔2013〕250 号）文件。武平县成立森林资源资产评估中心、林权收储担保中心和林权流转交易中心，并由县财政投入专项资金 1500 万元，设立林权抵押贷款担保资本金
17	2015 年 10 月	出台《武平县农村林权抵押贷款村级担保合作社管理办法（试行）的通知》（武政办〔2015〕159 号）和《武平县重点生态区位商品林赎买试点工作方案的通知》（武政办〔2015〕160 号）
18	2016 年 3 月	出台《武平县农村林权抵押贷款村级担保合作社发展扶持资金实施办法》（武政办〔2016〕35 号）
19	2017 年 3 月	出台《武平县人民政府关于武平县林权抵押贷款实施办法的补充通知》（武政文〔2017〕86 号）
20	2017 年 7 月	出台《中共武平县委武平县人民政府关于全面深化集体林权制度改革加快国家生态文明示范县建设的意见》（武委〔2017〕114 号）、《中共武平县委武平县人民政府关于深化林业金融体制改革的若干意见》（武委〔2017〕113 号）
21	2017 年 7 月	全国深化集体林权制度改革现场经验交流会在武平县召开

资料来源：2017 年全国深化集体林权制度改革现场经验交流会现场资料。

新一轮的集体林权制度改革的主要内容包括：一是明晰产权。以均山到户为主，以均股、均利为补充，将林地使用权、林木所有权和经营权落实到户、联户或其他经营主体。二是进行林权登记，发放统一的林权证。在勘验"四至"（东、南、西、北界限）的基础上，核发全国统一式样的林权证，做到图表册一致、人地证相符。三是放活经营权。对商品林，农民可依法自主决定经营方向和经营模式，如采伐、租让等；对公益林，在不破坏生态功能的前提下，可依法合理利用其林地资源，如发展林下种养、林下产品采集加工和森林景观利用等林下经济。四是落实处置权。在集体林地所有权性质、林地用途不变的前提下，形成规范有序的林木所有权、林地使用权流转机制，允许林木所有权和林地使用权出租、入股、抵押和转让。福建省多个地方成立林权登记管理中心、森林资源资产评估中心、木竹交易中心、林业科技与法律服务中心等。五是保障收益权。承包经营的收益，除按国家规定和合同约定交纳的费用外，都归农户和经营者所有。

三、集体林权制度改革成效

（一）捷文村：全国林改策源地的变化

捷文村是全国最早探索林地、林木产权制度改革确权发证的村，全村共 164 户 632 人，耕地面积 680 亩，林地面积 2.6 万亩，其中生态公益林面积 2060 亩，是武平县重点林区村。2001 年以前，由于林业"三定"、完善落实林业生产责任制等改革没有触及产权问题，集体林产权不明、经营主体不清等矛盾没有根本解决，严重挫伤林农积极性，林业发展存在乱砍滥伐难制止、林火扑救难动员、造林育林难投入、林业产业难发展、农民望着青山难收益的"五难"问题，捷文村曾出现因乱砍滥伐 7 人被判刑、3 人被行政处罚的事件。针对这一现状，村两委向镇党委、政府主动请缨，开展集体山林确权发证试点。在当时没有先例和政策不明朗的情况下，捷文村两委在充分尊重群众意愿的基础上，借鉴家庭联产承包责任制改革经验，做出"山要平均分，山要群众自己分"的决定，把集体山林均山到户。全村共发放林权证 352 本、539 宗、26762 亩，林权发证率 100%，林权到户率 100%。2002 年 6 月，时任福建省省长的习近平同志到武平县调研，充分肯定武平县集体林权制度改革，作出了"集体林权制度改革要像家庭联产承包责任制那样，从山下转向山上""林改的方向是对的，要脚踏实地向前推进，让老百姓真正受益"等重要指示，为武平林改指明方向，由此中国集体林权制度改革在福建拉开序幕，后来成为全国标杆。分山到户后，又出现林业分散经营、投入不足等问题，捷文村持续探索，鼓励规模经营推动林地流转，通过率先组建林业专业合作社及引导开展林地托管、租赁、联营、大户合作等方式流转山林1.4万亩，在全省率先开展林权直接抵押贷款，实现无须公职人员担保或担保公司担保，林权证像房产证一样直接从银行抵押贷款。在全省尚未部署重点生态区位商品林赎买时，该村率先将饮用水源区山林划为县级生态公益林，以租赁形式进行赎买。此外，利用良好的森林生态资源，该村大力发展林下养蜂、花卉、中草药等林下经济。明晰产权以来，捷文村一改过去贫困、落后、林业案件多发面貌，未发生一起森林火灾、涉林矛盾纠纷、盗伐林木案件。森林覆盖率由林改前78%提高到84.2%，增长6.2%；林木蓄积量由10.3万立方米提高到19.3万立方米，增长87.4%；农民人均纯收入从2001年1600多元增加到2016年的13510元，其中林业收入占45%。

　　2002年发端于武平的集体林权制度改革将集体林地使用权和林木确权到户，建立起"山有其主、主有其权、权有其责、责有其利"的集体林业经营新机制。福建省大胆改革创新，在全国实现了五个"率先"：一是率先推开了触及产权的集体林权制度改革。武平县在总结捷文村等改革试点经验的基础上，于2002年4月出台了《关于深化集体林地林木产权改革的意见》。捷文村村民李桂林获得了林改后的第一本林权证。2003年，福建省人民政府出台《关于推进集体林权制度改革的意见》，以"明晰产权、放活经营权、落实处置权、保障收益权"为主要内容的集体林权制度改革在福建省全面推开。二是率先探索林权融资。2004年6月，福建省永安市发放了首笔林权证贷款，首开林权抵押贷款的先河。从此，福建省持续推进林业金融创新，盘活了沉睡的森林资产，实现了资源变资产变资本。三是率先成立了林权收储担保机构。政府对林权抵押贷款进行担保的林权收储担保机构给予担保额1.6%的风险补贴，出现还款问题时由收储公司还贷，抵押林权按合同流转给收储公司处置，解决了银行的担心和林权所有者的烦心；成立了省级林权收储机构——福人林木收储有限公司，推动全省成立林权收储机构37家，为林权抵押贷款提供担保、收储服务，基本做到重点集体林区全覆盖，实现了银行放贷放心、林农贷款省心。截至2016年12月底，全省累计发放林权抵押贷款165亿元，其中通过收储机构担保的有19.8亿元。四是率先开展重点生态区位商品林赎买等改革试点。福建率先在武平、武夷山、永安等14个县（市、区）推进江河两岸、水源地、"三沿一环"等重点生态区位商品林赎买等改革试点，政府采取赎买、租赁、合作等多种方式收储权利人的林权，已完成赎买、租赁等 10.3 万亩，实现了重点区位森林资源国有化保护，破解了生态保护与林农利益矛盾，维护了林农合法权益。五是率先开展设施花卉种植保险试点，全面实施森林综合保险。目前，全省森林综合保险承保面积 9000 万亩，参保率 75%。2016 年年初，福建省遭受强霜冻灾害，极端低温导致森林大面积受灾，保险机构理赔 1.65 亿元，最大限度地挽回了林农的经济损失。①

（二）福建省集体林权制度改革成效

据福建省林业厅资料显示，新一轮林改前（2003 年前），福建省森林属权的格局是，在 1.35 亿亩林地所有权中，国有占 10%，集体占 90%；在林木所有权中，国有林占 8.1%，集体林占 90%，国有和集体共有林占 0.12%，未定权属林占 1.78%。在集体林中，给农民划的自留山仅 1105.6 万亩，集体林的主要经营模式是落实生产责任制到农户，具体的经营收益由村集体决定，农民对林地的支配权利很弱，名义上林权是所有者，但实际上却没有多大的发言权，致使大部分农民无山可耕。2003 年 4 月以来，福建林改在保持林地集体所有和用途不变的前提下，将林地使用权、林木所有权和经营权落实到户，发放林木、林地权属的唯一法律凭证——林权证，建立规范有序的林权流转机制，引导林业生产要素合理流动和森林资源优化配置。一是从法律上确立了林权到户，确保私有林的合法性；二是使林地使用权和林木所有权流转变成农民自主自愿的有偿行为，农民对于林地的所有权、收益权、经营权得到法律上严格保护，村集体统一管理模式逐步退出了历史舞台。

福建省新一轮的集体林权制度改革成效体现在：一是提高林农收入。林改分山到户增加了林农财产性收入，同时赋予了林农大量的生产资料。福建山多林多，森林资源丰富，通过林改推进森林资源资本化，大力推动林产加工和油茶、花卉苗木、竹业、林下经济、森林旅游等产业快速发展，实现了广大林农创业致富奔小康。林农涉林收入占总收入的比重普遍超过 25%，一些重点林区的林农从林业发展中获得的收入已占其家庭收入一半以上。武平县捷文村人均收入由林改前的 1600 多元提高到了 13510 元，林业收入占 45%，8 户建档立卡

---

① 国家林业局调研组. 福建省集体林权制度改革调研报告，2017 - 05.

贫困户 2016 年全部脱贫。二是山林产权归属更加明晰，有利于提高林农造林积极性。林改破解了一系列制约林业发展的体制机制问题，让广大林农真正成为山林的"主人"，充分调动林农造林、育林、护林积极性，福建省林改以来年均造林 200 万亩，覆盖率从 63.1% 提高到了 65.93%，继续保持全国首位。活立木总蓄积量从 4.97 亿立方米提高到 6.67 亿立方米，净增 1.7 亿立方米。武平县林改前每年造林约两万亩，且主要为林业部门造林，林改后平均每年造林 4.5 万亩，增加了两倍多，且 90% 以上是林农和各类新型经营主体造林。森林蓄积量由 2001 年的 901 万立方米，增长到 2016 年的 2100 多万立方米。三是森林资源得到有效保护，促进林业生态经济效益的提高。森林资源大幅增长，森林覆盖率不断提高，进一步优化了生态系统，福建省连续 37 年成为全国唯一一个水、空气、生态环境全优的省份。2016 年全省 9 个设区市及平潭综合实验区的环境空气质量均好于国家二级标准，空气质量达标天数比例平均为 98.2%，全省 12 条主要河流总体水质保持优；与城乡绿化美化相结合，创建了 4 个国家森林城市、34 个省级森林县城，城市绿地率达 39%；建成了 300 多个美丽乡村示范村，建成保护区、保护小区 3000 多处，生态环境不断优化美化，实现了绿水青山。

第三节　林业碳汇经营项目探索

　　林业碳汇是通过实施造林再造林和森林管理、减少毁林等活动，吸收大气中的温室气体并与碳排放权交易结合的过程、活动或机制。[①] 林业碳汇经营是发挥福建林业生态优势，加快林业碳汇交易模式和碳金融产品创新，建设具有福建特色的碳排放权交易市场的重要探索。2017 年 5 月，福建省人民政府印发福建省林业碳汇交易试点方案，该方案在 20 个县（市、区）、林场开展林业碳汇交易试点，每个试点开发生成 1 个以上林业碳汇项目，全省完成试点面积 50 万亩以上、新增碳汇量 100 万吨以上。借助各试点林木权属清晰、森林资源集中连片的优势，发展林业碳汇项目。力图以点带面发展林业碳汇，推进林业碳

---

　　① 参见《联合国气候变化框架公约》及后续补充条约《京都议定书》。

汇交易,"十三五"期间,全省将实施林业碳汇林面积200万亩,年新增碳汇量100万吨以上。

一、案例:将乐县森林经营的碳汇项目

该项目位于福建省三明市将乐县,东临顺昌,西接泰宁,南连明溪,北毗邵武,东南与沙县接壤;地理边界为森林经营区划的小班或森林抚育作业设计的小班边界,地理坐标为北纬26°26′35″~27°03′09″,东经117°06′14″~117°39′43″。将乐县森林经营总面积为68.24万亩,森林覆盖率为82.89%,林地利用率为89.67%。已连续三年获得国家深呼吸小城第一名;该县地带性植被属中国东部温润森林区亚热带常绿阔叶林,森林植被保存较为完整,植被类型复杂多样,垂直分布明显。该项目经营范围包括安仁乡、古镛镇、余坊乡等乡镇地区的林场。为提高森林生长量,增强森林的固碳和生态优化功能,项目活动分布于12个乡镇林场、210个林班、693个小班,总面积为4252.07公顷,主要采取复壮和林分抚育采伐的方式。项目开始日期为2006年7月20日,按计入期20年,到2026年预计产生碳汇量共334619吨二氧化碳当量,年均减排量为16731吨。项目所涉碳库包括地上生物量和地下生物量,不考虑枯死木、枯落物、土壤有机碳和木产品的碳储量变化。在森林经营过程中,由于木本植物被生物质燃烧可引起显著的CH_4、N_2O排放,因此CH_4、N_2O作为温室气体排放源。2006年5月,该项目向县林业局递交了2006—2015年森林经营方案,并于2006年6月18日获得县林业局批复。

表7-3 项目范围内林班情况[①]

乡镇名称	项目涉及林场面积 (公顷)	项目涉及林班数 (个)	项目涉及小班数 (个)
安仁乡	204.72	15	43
白莲镇	291.96	9	38

---

① 林班是指在林场的范围内,为便于森林资源统计和经营管理,将林地划分为许多面积大小比较一致的基本单位,是林场内具有永久性经营管理的土地区划单位。小班是在作业区内把立地条件、林分因子、采伐方式、经营措施相同和集材系统一致的林地划分为一个小班。

续表

乡镇名称	项目涉及林场面积（公顷）	项目涉及林班数（个）	项目涉及小班数（个）
大源乡	348.89	27	67
高唐镇	1315.48	31	161
古镛镇	117.39	7	25
光明乡	387.4	18	53
黄潭镇	344.6	24	72
漠源乡	178.81	7	24
南口乡	186.89	10	26
万安镇	323.06	22	68
万全乡	109.54	15	31
余坊乡	443.33	25	85
合计	4252.07	210	693

二、林业碳汇经营项目碳汇量测算

（一）选定的方法学及其适用性

项目采用国家发改委备案的温室气体自愿减排交易方法学 AR - CM - 003 - V01 森林经营碳汇项目方法学。① 该方法学在项目中的适用性判断，如表 7 - 4 所示。

---

① 该方法学以《联合国气候变化框架公约》（UNFCCC）有关清洁发展机制（CDM）下造林再造林项目活动的最新方法学为主体框架，在参考和借鉴 CDM 造林再造林项目有关方法学工具、方式和程序，政府间气候变化专门委员会（IPCC）《国家温室气体清单编制指南》和《土地利用、土地利用变化与林业优良做法指南》、国际自愿减排市场造林再造林项目方法学和有关方法的基础上，结合中国碳汇林业做法和经验，经有关领域的专家学者及利益相关方反复研讨后编制而成，以保证本方法学既遵循国际规则又符合中国林业实际，注重方法学的科学性、合理性和可操作性。

表7－4　AR－CM－003－V01森林经营碳汇项目方法学适用性判断

序号	方法学规定的适用条件	项目情况	适应性（是/否）
1	实施项目活动的土地为符合国家规定的乔木林地，即郁闭度≥0.20，连续分布面积≥0.0667公顷，树高≥2米的乔木林	项目涉及树种为杉木和马尾松，树高不低于2米，郁闭度不低于0.2，最小小班面积为0.15公顷，符合上述要求	是
2	方法学不适用于竹林和灌木林	项目所有小班均为乔木林地	是
3	在项目活动开始时，拟实施项目活动的林地属人工幼、中龄林。项目参与方须基于国家森林资源连续清查技术规定、森林资源规划设计调查技术规程中的林组划分标准，并考虑立地条件和树种，来确定是否符合该条件	根据将乐县林业局出具的证明文件可以说明，本项目范围内所有小班林分起源均为人工林。所有小班林龄均符合国家森林资源连续清查技术规定中的龄级划分标注	是
4	项目活动符合国家和地方政府颁布的有关森林经营的法律、法规和政策措施以及相关的技术标准或规程	项目是基于国家和地方政府颁布的有关森林经营的法律、法规和政策措施以及相关的技术标准或规程设计	是
5	项目地土壤为矿质土壤	根据将乐县林业局出具的证明文件，本项目土壤为红壤和黄壤，属矿质土壤	是
6	项目活动不涉及全面清林和炼山等有控制火烧	本项目活动没有全面清林，无炼山措施	是
7	除为改善林分卫生状况而开展的森林经营活动外，不移除枯死木和地表枯落物	为改善林分卫生状况，在部分小班将伐除枯死木，但伐除的枯死木将全部遗留在林地	是
8	项目活动对土壤的扰动符合下列所有条件：符合水土保持的实践，如沿等高线进行整地；对土壤的扰动面积不超过地表面积的10%；对土壤的扰动每20年不超过一次	根据将乐县林业局批复的2006—2015年森林经营方案中对土壤扰动和水土保持的工作要求实施，不涉及对土壤的扰动	是

（二）基线碳汇量

基线碳汇量是在没有本项目的情况下，项目边界内所有碳库中碳储量的变化之和。根据所采用的方法学，本项目只考虑基线林木生物量，不考虑基线土壤有机质碳库、林下灌木、枯死木、枯落物和木质林产品碳库的储蓄量变化。基于保守性原则，本项目活动事前不考虑基线情景下火灾引起的生物质燃烧造成的温室气体排放，由于考虑火灾会使基线碳库量变小，项目碳汇量变大，故在此处不纳入基线情景。

用公式表示为

$$\Delta C_{BSL,t} = \Delta C_{TREE\_BSL,t} \qquad ①$$

其中，$\Delta C_{BSL,t}$表示第 t 年的基线碳汇量。$\Delta C_{TREE\_BSL,t}$表示第 t 年项目边界内基线林木生物质碳储量的年变化量；$tCO_2 - e. \ a^{-1}$。

基线情景下各碳层林木生物质碳储量的变化采用"碳储量变化法"进行估算。对于项目开始后第 t 年时的基线林木生物质碳储量变化量，通过估算其前后两次监测或核查时间（$t1$ 和 $t2$，且 $t1 \leqslant t \leqslant t2$）时的基线林木生物质碳储量，再计算两次监测或核查间隔期（$T = t2 - t1$）内的碳储量年均变化量来获得。

用公式表示为

$$\Delta C_{TREE\_BSL,t} = \Sigma_{i=1} \ (\Delta C_{TREE\_BSL,i,t2} - \Delta C_{TREE\_BSL,i,t2}) \ / \ (t2 - t1) \qquad ②$$

其中，$\Delta C_{TREE\_BSL,i,t}$表示第 t 年时，项目边界内基线第 i 碳层林木生物量的碳储量；i 表示 $1, 2, 3$……基线第 i 碳层。

步骤一：采用方法学的方法 IV（缺省值法）的公式计算各基线碳层在计入期各年份的基线林木蓄积量（体积）。

$$V_{TREE\_BSL,i,j,t} = V_{TREE\_BSL,i,j,t=0} + t * \Delta V_{TREE\_BSL,i,j} - V_{TREE\_BSL-H,i,j,t} \qquad ③$$

其中，$V_{TREE-BSL,i,j,t}$表示第 t 年项目边界内基线第 i 碳层树种 j 的平均单位面积蓄积量；$V_{TREE\_BSL,i,j,t=0}$表示项目开始（$t=0$）时，项目边界内基线第 i 碳层树种 j 的平均单位面积蓄积量；$\Delta V_{TREE\_BSL,i,j}$表示基线第 i 碳层树种 j 的林分平均单位面积年蓄积生长量；$V_{TREE\_BSL-H,i,j,t}$表示自项目开始至第 t 年时，项目边界内基线第 i 碳层树种 j 的林分平均采伐蓄积量；

步骤二：计算各基线碳层在计入期各年份的基线林木生物量（重量）。

$$B_{TREE\_BSL,i,j,t} = f_{AB,j} \ (V_{TREE\_BSL,i,j,t}) \ * \ (1 + R_j) \ * A_{TREE\_BSL,i} \qquad ④$$

其中，$B_{TREE\_BSL,i,j,t}$表示第 t 年项目边界内基线第 i 碳层树种 j 的林木生物量；

$f_{AB,j}$（V）树种 j 的林分平均单位面积地上生物量（$B_{AB,j}$）与林分平均单位面积蓄积量（Vj）之间的相关方程，通常可以采用幂函数 $B_{AB,j} = a * V_j^b$，其中 a、b 为参数；$V_{TREE\_BSL,i,j,t}$ 表示第 t 年项目边界内基线第 i 碳层树种 j 的林分平均蓄积量；R_j 表示树种 j 的林木地下生物量/地上生物量；$A_{TREE\_BSL,i}$ 表示项目边界内基线第 i 碳层的面积。

步骤三：计算各基线碳层在计入期各年份的基线林木碳储量及其变化。即

$$C_{TREE\_BSL,t} = 44/12 \sum_{j=1} \left(B_{TREE\_BSL,i,j,t} * CF_j \right) \qquad ⑤$$

其中，$C_{TREE\_BSL,t}$ 表示第 t 年项目边界内基线第 i 碳层林木生物量的碳储量；$B_{TREE\_BSL,i,j,t}$ 表示第 t 年项目边界内基线第 i 碳层树种 j 的林木生物量；CF_j 表示树种 j 的生物量含碳率；44/12 表示 CO_2 与 C 的分子量比。

该项目基线碳储量及其变化量计算结果如下：

表 7-5　基线碳汇量

年度	碳储量（吨）	年度	碳储量（吨）
2006.07.20—2007.07.19	57913	2016.07.20—2017.07.19	43241
2007.07.20—2008.07.19	50819	2017.07.20—2018.07.19	41574
2008.07.20—2009.07.19	60331	2018.07.20—2019.07.19	40453
2009.07.20—2010.07.19	52311	2019.07.20—2020.07.19	40375
2010.07.20—2011.07.19	49703	2020.07.20—2021.07.19	40354
2011.07.20—2012.07.19	50451	2021.07.20—2022.07.19	39065
2012.07.20—2013.07.19	45728	2022.07.20—2023.07.19	38496
2013.07.20—2014.07.19	44614	2023.07.20—2024.07.19	37449
2014.07.20—2015.07.19	45438	2024.07.20—2025.07.19	37248
2015.07.20—2016.07.19	44954	2025.07.20—2026.07.19	34740
合计（吨）			895256

（三）项目碳汇量

项目活动的碳汇量，等于拟议的项目活动边界内各碳库中碳储量变化之和，减去项目边界内产生的温室气体排放的增加量，即

$$\Delta C_{ACTUAL,t} = \Delta C_{P,t} - GHG_{E,t} \qquad ⑥$$

其中，$\Delta C_{\text{ACTUAL},t}$ 表示第 t 年项目碳汇量；$\Delta C_{P,t}$ 表示第 t 年项目边界内所选碳库的碳储量变化量；$GHG_{E,t}$ 表示第 t 年项目活动引起的温室气体排放。计算项目边界内所选碳库中碳储量的年变化量：

$$\Delta C_{P,t} = \Delta C_{\text{TREE\_PROJ},t} \qquad ⑦$$

其中，$\Delta C_{\text{TREE\_PROJ},t}$ 表示第 t 年项目情景下林木生物质碳储量变化量。

本项目抚育方式主要是复壮和林分抚育采伐，进行事前计算各项目碳层在计入期各年份的林木生物质碳储量及其变化：

$$C_{\text{TREE\_PROJ},t} = \Sigma_{j=1}\left[f_{AB,j}\left(V_{\text{TREE\_BSL},i,j,t}\right) \ast \left(1+R_j\right) \ast CF_j\right] \ast A_{i,t} \ast (44/12)$$

$$⑧$$

项目情景下林木生物质碳储量的变化，应针对不同的项目碳层分别进行计算，即

$$\Delta C_{\text{TREE\_PRO},t} = \Sigma_i\left(C_{\text{TREE\_PROJ},t2} - C_{\text{TREE\_PROJ},t1}\right)/(t2-t1) \qquad ⑨$$

根据方法学的适用条件，本项目禁止进行炼山整地、火烧清林等燃烧生物质的人为火烧活动。因此项目边界内的温室气体排放的增加量，只考虑森林火灾引起地上生物量和死有机物燃烧造成的温室气体排放。由于森林火灾在项目事前无法预估，因此在事前估算阶段不对项目边界内温室气体排放量的增加量进行估算，设为 0，即

$$GHG_{E,t} = 0 \qquad ⑩$$

项目碳汇量是项目边界内的碳储量变化减去项目边界内的温室气体排放。由于项目引起的温室气体排放量为 0，因此项目碳汇量等于碳储量变化，计算结果如下：

表 7 − 6　项目情景碳储量变化

年度	碳储量（吨）	年度	碳储量（吨）
2006. 07. 20—2007. 07. 19	41065	2016. 07. 20—2017. 07. 19	69441
2007. 07. 20—2008. 07. 19	73210	2017. 07. 20—2018. 07. 19	511148
2008. 07. 20—2009. 07. 19	96657	2018. 07. 20—2019. 07. 19	48812
2009. 07. 20—2010. 07. 19	89824	2019. 07. 20—2020. 07. 19	48081
2010. 07. 20—2011. 07. 19	85108	2020. 07. 20—2021. 07. 19	47290

续表

年度	碳储量（吨）	年度	碳储量（吨）
2011. 07. 20—2012. 07. 19	89070	2021. 07. 20—2022. 07. 19	35911
2012. 07. 20—2013. 07. 19	85522	2022. 07. 20—2023. 07. 19	35229
2013. 07. 20—2014. 07. 19	79456	2023. 07. 20—2024. 07. 19	34912
2014. 07. 20—2015. 07. 19	76886	2024. 07. 20—2025. 07. 19	34641
2015. 07. 20—2016. 07. 19	73232	2025. 07. 20—2026. 07. 19	34381
合计（吨）			1229875

根据方法学的适用条件，不考虑农业活动的转移、燃油工具的化石燃料燃烧、施用肥料导致的温室气体排放等，采用该方法学的森林经营碳汇项目活动无潜在泄漏，视为0。即

$$LK_t = 0$$

拟议项目活动所产生的减排量，等于项目碳汇量减去基线碳汇量，再减去泄漏，即

$$\Delta C_{NET,t} = \Delta C_{ACTUAL,t} - \Delta C_{BSL,t} - LK_t$$

计算结果如下：

表7-7　事前预估的项目减排量

年份	基准碳汇量（tCO$_2$e）	项目碳汇量（tCO$_2$e）	泄漏（tCO$_2$e）	项目减排量（tCO$_2$e）	项目减排量累计值（tCO$_2$e）
2006. 07. 20—2007. 07. 19	57913	41065		-16849	-16849
2007. 07. 20—2008. 07. 19	50819	73210		22391	5543
2008. 07. 20—2009. 07. 19	60331	96657		36326	41869
2009. 07. 20—2010. 07. 19	52311	89824		37513	79381
2010. 07. 20—2011. 07. 19	49703	85108		35406	114787
2011. 07. 20—2012. 07. 19	50451	89070	0	38619	153407
2012. 07. 20—2013. 07. 19	45728	85522		39793	193200
2013. 07. 20—2014. 07. 19	44614	79456		34842	228042
2014. 07. 20—2015. 07. 19	45438	76886		31447	259490
2015. 07. 20—2016. 07. 19	44954	73232		28278	287768
2016. 07. 20—2017. 07. 19	43241	69441		26200	313968

续表

年份	基准碳汇量（tCO$_2$e）	项目碳汇量（tCO$_2$e）	泄漏（tCO$_2$e）	项目减排量（tCO$_2$e）	项目减排量累计值（tCO$_2$e）
2017.07.20—2018.07.19	41574	511148		9574	323542
2018.07.20—2019.07.19	40453	48812		8359	331902
2019.07.20—2020.07.19	40375	48081		7707	339608
2020.07.20—2021.07.19	40354	47290		6936	346544
2021.07.20—2022.07.19	39065	35911	0	−3154	343390
2022.07.20—2023.07.19	38496	35229		−3267	340123
2023.07.20—2024.07.19	37449	34912		−2538	337586
2024.07.20—2025.07.19	37248	34641		−2607	334979
2025.07.20—2026.07.19	34740	34381		−360	334619
合计	805256	1229875	0	334619	334619
计入期年数	20				
计入期内平均值	44763	61494	0	16731	334619

经测算，该项目到 2026 年预计产生碳汇量共 334619 吨二氧化碳当量，年均减排量为 16731 吨。

三、林业碳汇经营项目效益

该项目范围内 4252.07 公顷林地的土地所有权均为当地各村委会所有，林地和林木使用权、森林或林木所有权归国有林场所有。由于这些土地都是法定林业用地，项目地块亦不存在土地权属的争议。同时，该项目之前没有参与其他温室气体交易标准和机制。因此，该项目所涉及的林地、林木产权权属清晰。在清晰产权结构下，该项目的实施，把森林资源优势转变为森林资产，将推动福建省林业产业的发展，调整经济结构，转变经济增长方式，分流安置富余人员，实施再就业工程；实施森林分类经营，调整森林经营方向，推动林业生态建设，促进由以木材生产为主向以生态建设为主转变的林区转型发展；坚持以人为本的理念，遏制生态环境的恶化、保护生物多样性、促进项目林区社会经济的可持续发展；构建比较完善的林业生态体系和比较发达的林业产业体系，为国民经济和林区社会可持续发展做出贡献。

一是体现在经济效益方面。福建碳配额（FJEA）、国家核证自愿减排量

（CCER）和福建林业碳汇（FFCER）是福建省碳市场的三大产品，其中福建林业碳汇（FFCER）是基于福建省丰富的森林资源做出的创新性探索。福建碳市场于 2016 年 12 月 22 日启动，福建林业碳汇产品首发上市，在首日交易的福建林业碳汇挂牌成交 26 万吨，成交金额约 488 万元。根据规定，重点排放单位可通过购买林业碳汇抵消其 10% 的碳排放量。顺昌县国有林场、德化县林业局率先领到产品上线证书。顺昌县国有林场共有 7 万亩林地经核准列入碳汇林，期限为 2006 年 11 月 1 日至 2026 年 10 月 31 日，即这 20 年内产生的碳汇可计入碳减排交易。这次挂牌上线的第一个 10 年的 15.5 万吨减排量首日全部成交，成交金额为 288.3 万元。顺昌国有林场在 20 年项目计入期内，预计二氧化碳减排量为 31 万吨，年均减排量 1.55 万吨，可期待销售收入达 600 余万元。德化首批参与林业碳汇项目开发的森林资源面积 6.46 万亩，分布在石龙溪采育场、大张溪林场、南埕林果场等 12 个县办公司和林场经营较好的 780 个小班，项目的计入期为 20 年。预计在计入期内，将产生减排量 22.8 万吨二氧化碳当量，可增加收入 550 多万元。按此计算，将乐县该项目到 2026 年预计产生碳汇量共 33 万吨二氧化碳当量，年均减排量为 1.6 万吨，预计可销售收入在 600 万元以上。

二是体现在生态效益方面。拟议森林经营碳汇项目促进森林生长，提高森林生物量、碳储量及生态服务功能，减缓气候变化，同时还将带来额外的生态效益：碳库碳源方面，森林培育作为生态效益的重要组成部分，对降低大气温室效应，改善全区域生态环境起到重大作用。水土保持方面，森林面积蓄积的增加能减少地表流量和径流速度，使得地表水和地下水资源不断增加，增加林地土壤的蓄水量对缓解全区域河流洪涝灾害及改进水资源有效补给起到不可忽视作用。净化大气方面，森林净化大气包括降解分解物和阻滞粉尘等功能，能有效改善空气污染情况。生物多样性方面，项目主要树种为杉木、马尾松和阔叶树。在以复壮和森林抚育采伐为主的森林经营活动中，森林蓄积增加，生物多样性随之增加。

四、林业碳汇经营项目的产权分析

（一）明晰林业碳汇的产权界定

产权制度强调产权的明确界定是市场交易的前提。林业碳汇产权是所有权人对所获得的林业碳汇的占有、使用、收益和处分等权利，从而也决定林业碳汇产权的排他性、稀缺性、可交易性、可分解性等属性。林业碳汇产权所有者阻止其他主体无偿地进入自己产权的领域，以行使对林业碳汇的占有、使用、收益和处分等权能。但林业碳汇的蓄积以森林为物质基础，附加在林木之上的无形产品，外部性显著，需要完整的产权界定才能达成林业碳汇交易。林业碳汇是附着在林木上的一种生态产品，林业碳汇产权与林木的产权具有相对一致性。即林木所有权归属哪个主体，该林木所产生的林业碳汇所有权同属于该主体。① 林改后分林到户使得林农拥有林木使用权、经营权、收益权，林农有权选择林地或林木的流转方式，因而在现实中，可能出现林地、林木不属于同一主体。因此，林地、林木、林业碳汇是否属于同一主体，需要分清林地、林木产权主体以及流转情况。案例中，将乐县林业碳汇经营项目属于有林地上的森林经营项目，土地所有权均为当地各村委会所有（即村集体所有），林地和林木使用权、森林或林木所有权归国有林场所有，该经营期所产生的林业碳汇所有权归属该国有林场。国有林场前期完成了对该项目的林地、林木所有权的流转，林业碳汇计量、监测、核证和注册登记等事宜，对于该林业碳汇的占有权。按照《福建省碳排放权抵消管理办法》，购买林业碳汇可用于抵消强制减排企业10%的碳排放量，体现林业碳汇所提供的温室气体排放空间进行使用的权利，即林业碳汇使用权。这就避免了林业碳汇产权主体虚置、产权归属不明晰问题。

（二）优化林业碳汇产权配置

科斯定理指出，在交易费用为零的情况下，只要产权明晰，无论初始产权如何分配，最终都可以通过市场交易实现资源的最优配置。在交易费用大于零的情况下，不同的初始产权分配也会导致资源配置效率的差异。林业碳汇交易建立在明确林业碳汇经营所在项目的产权归属，对林业所产生的碳汇量进行初始分配，同时允许产权交易，由此促进社会成本的最小化。根据福建省政策规定，2013—2015 年中任意一年综合能源消费总量达 1 万吨标准煤以上（含）的企业法人或独立核算的单位纳入碳排放权市场交易。② 由于各企业的边际减排

①　陆霁. 林业碳汇产权界定与配置研究［D］. 北京：北京林业大学，博士学位论文，2014：33.

②　福建省碳排放权交易市场建设实施方案对碳排放权交易实施范围作出明确规定，其中包括 2016 年，该省行政区域内电力、石化、化工、建材、钢铁、有色、造纸、航空、陶瓷 9 个工业行业 2013 年至 2015 年中任意一年综合能源消费总量达 1 万吨标准煤以上（含）的企业法人或独立核算的单位。

成本不同，只要企业通过购买林业碳汇抵消碳排放量带来的净收益高于交易费用，企业就愿意进行林业碳汇交易，直至任意两个企业的边际减排成本相同，社会总减排成本达到最低。产权配置效率受到交易成本的影响，而交易成本与产权主体行使产权的能力密切相关。这种能力既包括通过林业碳汇产权的交易获得经济收益能力，也包括获取资源开发林业碳汇项目的能力。该项目到2026年预计产生碳汇量共33万吨二氧化碳当量，年均减排量为1.6万吨，由此产生的经济效益，提高水土保持、生物多样性等生态效益以及对带动就业、营造生态保护社会风气等效益。这就为该项目的发展奠定效益基础，有利于提高林业碳汇配置效率。另外，林业碳汇的交易成本除了包括普通商品质量验证和价格博弈的费用外，还有基线确认、计量、核证、申请等费用，并不包括森林经营等生产活动所产生的成本。按照现行相关政策规定，林业碳汇项目开发业主必须是企业法人，由于国有林场属于事业法人，不具有开发林业碳汇的要求，需要委托其他企业作为项目业主方，这就加大了国有林场作为林业碳汇所有权主体在进行林业碳汇交易时的委托代理费用，挫伤国有林场主林业碳汇经营积极性。

（三）发展林业碳汇交易市场

通过产权明晰基础上的林业碳汇交易，是生态资源和环境产品市场化的表现。林业碳汇交易有利于消除外部性并通过市场配置资源，提高资源的整体价值。林业碳汇市场建立在碳排放交易机制总量基础上，通常所理解的"配额"属于碳排放无偿分配。碳排放配额作为一种环境容量，因其稀缺性使其具备商品属性，可用于交易。作为温室气体减排的林业碳汇交易市场，最初是因企业以抵减排放量为主要目的而产生。林业碳汇交易初级市场具有与林木、林地产权相关联、交易周期长等特点，在项目周期内需要进行碳汇量的确定、计量和监测，需要政府相关部门的配合。林业碳汇作为一种有价值的信用资产，政府制定企业碳排放上限或基线标准，企业可通过市场行为进行补给或者转让。这是由政府主管部门进行碳排放配额的初始分配所形成的市场。在满足碳减排基本需求之余，企业出于获得利润或实现更灵活的减排策略为目的而衍生出的碳期货等交易需求品构成林业碳汇交易的二级市场。据悉，福建省开发林业碳汇经营项目，加快碳金融创新，设立低碳产业基金，开发碳抵押融资、碳授信、碳中和等产品，探索碳配额中远期交易，研究融资回购、场外掉期、场外期权等业务。① 有关创新碳市场交易产品体系的做法为发展林业碳汇交易市场奠定有利基础。碳金融衍生品市场是近年来一个新兴的金融市场。碳金融市场产品一般可以分为交易工具、融资工具和支持工具三大类。理论上，碳期货、碳期权、碳远期、碳掉期、碳指数交易产品、碳资产证券化、碳基金、碳债券等都可以作为碳金融市场交易工具；碳质押、碳回购、碳托管等方式能够帮助碳金融市场融资；碳保险、碳指数则可以作为相应的支持工具。② 发展林业碳汇交易市场，通过林业碳汇盘活森林资产，实现资源、资产到资本"三位一体"转化，实现"绿水青山就是金山银山"。

第四节 重点生态区位商品林收储改革

重点生态区位商品林收储改革目的是破解林权改革后出现的生态保护与林农利益"新矛盾"。福建省通过产权界定以及有效规制，采取赎买、租赁、置换、合作经营等方式将重点生态区位内商品林逐步调整为生态公益林。

一、重点生态区位商品林收储改革的提出

（一）林改后生态保护与林农利益的"新矛盾"

福建省实施新一轮"分林到户"的集体林权制度改革后，山林产权归属更加明晰，林农造林积极性随之提高，林改后福建省经济林面积增幅明显。很多林木位于重要水源地源头、重要交通干线两侧或者江河两岸，发挥着重要生态保护作用。提倡生态保护，不让林农砍伐势必造成林农利益的损失；维护林农对林木使用经营权，允许林农砍伐自主所造之林，会造成生态破坏。据测算，目前福建省约有977万亩的商品林未纳入生态公益林管理。出于生态保护需要，2010年起，福建省对一些位于交通主干线、城市周边一重山、水源地等重要生态区位的商品林实行限伐政策，使林权所有者的"处置权、收益权"受到一定影响，林农要求采伐利用与保护补偿的问题日益显现。如何破解林改后生态保护与林农利益之间

---

① 本报记者. 福建碳市场交出漂亮成绩单 [N]. 福建日报, 2017 - 07 - 22 (2).

② 张文明. 自然资本、环境规制与碳金融实践 [J]. 福建论坛（人文社会科学版）, 2017 (6)：33 - 38.

的矛盾，成为福建省建设国家生态文明试验区不得不面对的一道难题。

2016 年，福建省确定武夷山市、永安市、沙县、武平县、东山县、永泰县、柘荣县 7 个县（市）为首批省级试点县（市），试点将重点生态区位内禁止采伐的商品林通过赎买、置换等方式调整为生态公益林，将重点生态区位外零星分散的生态公益林调整为商品林，促进重点生态区位的生态公益林集中连片、森林生态服务功能增强和林农收入稳步增长。2017 年 1 月，福建省政府出台《福建省重点生态区位商品林赎买等改革试点方案》，综合使用赎买、租赁、置换、改造提升等方式，在"十三五"期间实施重点生态区位商品林赎买等改革试点面积 20 万亩，其中赎买省级试点实施面积 14.2 万亩，赎买重点为矛盾最突出的人工商品林中的成过熟林。在 2016 年 7 个县（市）为首批省级试点县（市）基础上，增加建阳区、顺昌县、新罗区、诏安县、永春县、闽清县、福安市 7 个县（市、区）进行改革试点。分解 2016—2020 年度各地级市重点生态区位商品林改革试点任务，如表 7-8 所示，进一步明确重点生态公益林区位条件。对于重点生态区位内的商品林，改革后实行集中统一管护，改善和提升其生态功能，以实现"生态得保护，林农得实惠"双赢为最终目标，着力破解生态保护与林农利益之间的矛盾。

表 7-8 2016—2020 年度重点生态区位商品林赎买等改革试点任务分解表（单位：万亩）

行政区划	改革方式					
	赎买	租赁	置换	改造提升	其他	合计
全　省	14.2	3.6	0.5	0.7	1.0	20.0
福州市	2.5	—	—	—	—	2.5
莆田市	0.5	—	—	—	—	0.5
三明市	4.0	—	—	0.5	—	4.5
泉州市	0.3	0.7	—	0.1	0.2	1.3
漳州市	1.2	0.8	—	—	—	2.0
南平市	3.5	0.1	—	0.1	0.8	4.5
龙岩市	0.7	2.0	—	—	—	2.7
宁德市	1.5	—	0.5	—	—	2.0

资料来源：《福建省人民政府办公厅关于印发福建省重点生态区位商品林赎买等改革试点方案的通知》闽政办〔2017〕9 号。

（二）重点生态区位商品林界定及区划条件

重点生态区位商品林是指位于重点生态区位范围内，符合国家级和省级生态公益林区划条件，暂未按有关规定和程序界定为生态公益林的森林和林地。国家（省）级生态公益林则是经由县级人民政府根据国家（省）有关规定、程序区划界定，经国务院（省）林业主管部门核查认定并享受中央（省级）财政森林生态效益补偿的生态公益林。即重点生态区位商品林发挥着该区位的生态效益，但尚未得到国家或者省级财政森林生态效益补偿。

表7-9　福建省各地级市国家级、省级生态公益林和重点区位商品林
面积分布（单位：万亩）

行政区划	国家级公益林	省级公益林	区位内商品林
全　省	2228.68	2060.99	977.37
福州市	241.12	231.49	95.63
厦门市	2.53	44.14	22.05
莆田市	61.89	67.64	58.84
三明市	623.40	106.74	195.44
泉州市	39.82	355.98	74.10
漳州市	148.48	305.20	94.72
南平市	607.53	225.58	139.93
龙岩市	286.31	417.62	171.27
宁德市	213.46	297.43	124.97
平潭综合实验区	4.13	9.17	0.44

资料来源：《福建省林业厅关于公布国家级、省级生态公益林和重点区位商品林区划界定范围的公告》闽林〔2012〕10号。

福建省在界定重点生态区位商品林的划分条件时，列出包括沿海防护林、江河源头、江河两岸、重要交通干线两侧林地、环城一重山、省级以上自然保护区、自然遗产地、重要水库周边一重山、海西一重山、省级以上森林公园、水源保护区（省级）、重要湿地（省级）、保护小区（县级）、军事禁区等在内的14个类型，如表7-10所示。其中，列出了江河源头、江河两岸的具体河流，重要水库周边和海西一重山的具体范围，国家级和省级自然保护区、森林公园的具体名称，如表7-10所示。这为破解省内重点生态区位商品林的生态保护

与林农利益矛盾奠定了基础。

表7-10 重点生态区位区划条件一览表

序号	名称	区 位 划 分 条 件
1	沿海防护林（含基干林带、红树林）	沿海基干林带：沙岸地段，从海水涨潮的最高限起，向岸上延伸200米；泥岸地段，从适宜种植红树林或能植树的滩涂起，或从海水涨潮的最高限起向陆地延伸100米
		对沿海基干林带划定范围内无法造林的，将临海第一层林缘向内200米范围内的林地划为沿海基干林带管理
		沿海防护林：基干林带内缘起至少800米范围内的林地
		红树林
2	江河源头	闽江（含金溪）自源头起向上以分水岭为界，向下延伸20公里、汇水区内江河两侧最大20公里以内的林地
		汀江、九龙江、晋江、敖江、龙江、木兰溪、交溪河流干流及闽江一级支流自源头起向上以分水岭为界，向下延伸10公里、汇水区内江河两侧最大10公里以内的林地
		闽江流域河长100公里以上的二级支流、敖江、汀江、九龙江、晋江、龙江河长在100公里以上的一级支流自源头起向上以分水岭为界，向下延伸5公里、汇水区内江河两侧最大5公里以内的林地
3	江河两岸	闽江（含金溪）及其河长在300公里以上的一级支流两岸，干堤以外2公里以内从林缘起，为平地的向外延伸2公里、为山地的向外延伸至第一重山脊的林地
		汀江、九龙江、晋江、敖江、龙江、木兰溪、交溪干流及其河长在100公里以上的一级支流、闽江流域一级支流大樟溪、尤溪、古田溪及河长100公里以上的二级支流，河岸或干堤以外1公里以内从林缘起，为平地的向外延伸1公里、为山地的向外延伸至第一重山脊的林地
4	重要交通干线两侧林地	国铁、国道、高速公路两旁100米以内从林缘起，为平地的需向外延伸100米，为山地的需向外延伸至第一重山脊的林地
5	环城一重山	省会城市、设区市所在地、县（市）建成区环城市周边一重山的林地

续表

序号	名称	区 位 划 分 条 件
6	省级以上自然保护区	国家级自然保护区。具体包括：武夷山、梅花山、龙栖山、虎伯寮、天宝岩、梁野山、漳江口、戴云山、黄楮林、君子峰、闽江源自然保护区
		省级自然保护区。具体包括：延平茫荡山、邵武将石、建瓯万木林、松溪白马山、三明格氏栲、沙县罗卜岩、泰宁峨嵋峰、宁化牙梳山、尤溪九阜山、大田大仙峰、清流莲花山、长汀圭龙山、龙海九龙江口红树林、永春牛姆林、安溪云中山、泉州湾河口湿地、莆田老鹰尖、永泰藤山、长乐闽江河口湿地、福安瓜溪桫椤、屏南鸳鸯猕猴、仙游木兰溪源自然保护区
7	自然遗产地	武夷山世界遗产地
		泰宁世界遗产地
		国务院批准的自然与人文遗产地和具有特殊保护意义地区的森林、林木和林地
8	重要水库周边一重山	库容6亿立方米以上的水库周围2公里以内从林缘起，为平地的需要向外延伸2公里、为山地的需要向外延伸至第一重山脊的林地
		库容1亿立方米以上、6亿立方米以下的大型水库周围1公里以内从林缘起，为平地的需要向外延伸1公里、为山地的需要向外延伸至第一重山脊的林地
9	海西一重山	台湾海峡西岸第一重山脊临海山体的林地
10	省级以上森林公园	国家级森林公园。具体包括：福州、长泰天柱山、泰宁猫儿山、平潭海岛、福清灵石山、福州旗山等28个国家级森林公园
		省级森林公园。具体包括：厦门天竺山、连城冠豸山、霞浦杨梅岭、三明金丝湾、闽清白云山、德化洞寨山等128个省级森林公园
11	水源保护区	省政府批准划定的饮用水水源保护区的林地
12	重要湿地	省级以上人民政府发布认定的重要湿地
13	军事禁区	国防军事禁区内林地
14	保护小区	县级人民政府批准划定的保护小区内林地

资料来源：《福建省林业厅关于公布国家级、省级生态公益林和重点区位商品林区划界定范围的公告》闽林〔2012〕10号。

二、案例：南平市重点生态区位商品林收储改革探索

（一）区位分布

南平市位于福建省北部，是闽江源头、"双世遗"武夷山所在之地、福建省面积最大的设区市，素有"南方临海""中国竹乡"之誉。森林覆盖率77.35%，居全省第二；活立木蓄积量16564万立方米，居全省第一。全市林业用地面积3257.5万亩，其中有林地面积3091.2万亩，约占全省1/4；全市用材林面积1503.9万亩；竹林面积609.4万亩，其中毛竹林面积585.8万亩；经济林面积251.2万亩。全市现有生态公益林面积833.8万亩，其中国家级601.8万亩、省级232万亩。南平市在集体林权制度改革初时已出现均山到户，长期以来林农为追求经济利益普遍营造杉木纯林，以沿路、沿江、环城一重山为主的重点生态区位商品林普遍存在针叶纯林面积大、质量不高等问题，具有一定的生态脆弱性。同时，限伐政策使得林权所有者权益受影响，生态保护和林农利益矛盾突出。全市重点生态区位商品林面积167.7万亩，其中人工商品林面积123.1万亩，天然商品林面积44.6万亩，如表7-11所示。

表7-11　南平市重点生态区位商品林面积分布（单位：万亩）

行政区划	合计	区位内天然林	区位内人工林				经济林	竹林	其他
			林分						
			小计	其中集体、个人中龄林	其中集体、个人近成过熟龄林	小计			
南平市	167.69	44.61	123.07	18.12	32.36	87.26	23.68	4.95	6.93
延平区	25.77	3.72	22.05	3.93	7.51	16.83	1.85	1.76	1.61
建阳区	16.02	3.00	13.02	2.29	3.46	10.29	1.81	0.63	0.29
邵武市	10.22	2.30	7.92	1.18	1.32	6.67	0.80	0.15	0.30
武夷山市	39.09	20.03	19.06	1.24	5.85	12.37	5.57	0.37	0.50
建瓯市	16.60	2.51	14.08	1.27	3.49	7.05	5.49	0.58	0.96
顺昌县	26.58	6.18	20.40	5.71	4.25	16.86	1.57	0.39	1.58
浦城县	7.21	0.98	6.23	0.76	2.19	4.72	0.95	0.17	0.39
光泽县	10.65	1.53	9.12	1.08	1.78	6.78	1.22	0.41	0.71

续表

行政区划	合计	区位内天然林	区位内人工林					经济林	竹林	其他
			小计	林分						
				其中集体、个人中龄林	其中集体、个人近成过熟龄林	小计				
松溪县	6.85	1.16	5.69	0.41	1.38	3.70		1.53	0.19	0.27
政和县	8.70	3.20	5.50	0.25	1.23	1.99		2.89	0.30	0.31

资料来源：南平市林业局。

（二）目标设定

南平市依托各县（区）所属的国有经济实体建立了县级林业收储机构（如政和县森鑫林木收储中心），在赎买的基础上探索租赁、置换、入股、改造提升和补助等多种形式的改革措施，优先赎买高铁、高速公路及303快速通道、轻轨沿线200米范围内的一重山商品林。通过赎买林分实现重点生态区位商品林的国有化，对赎买后的重点生态区位内商品林采取抚育间伐、补植套种乡土珍贵阔叶树种等营林措施，逐步培育成以乡土阔叶林为优势树种的复合型林分，提高区位内针阔混交林比例，增加林木蓄积，增强森林生态功能，提升森林景观水平，实现"生态得保护、林农得利益、木材储备得保障"的多赢局面。2017年福建省在南平市重点生态区位商品林赎买等改革试点的面积达4.5万亩，其中赎买3.5万亩；全市拟下达重点生态区位商品林赎买等改革试点面积8.36万亩，其中赎买2.49万亩，租赁等5.87万亩，计划5年内赎买及改造提升重点生态区位商品林95.09万亩，如表7－12所示。

表7－12　南平市重点生态区位商品林赎买及改造提升面积计划（单位：万亩）

实施范围	林分		年度					合计
			2017	2018	2019	2020	2021	
南平市	区位天然林		4.90	4.91	5.02	14.89	14.89	95.09
	区位人工林	中龄林	1.96	1.96	2.18	6.01	6.01	
		近成过熟林	10.77	10.77	10.82	0	0	

续表

实施范围	林分		年度					合计
			2017	2018	2019	2020	2021	
延平区	区位天然林		0.41	0.41	0.42	1.24	1.24	15.16
	区位人工林	中龄林	0.40	0.40	0.53	1.30	1.30	
		近成过熟林	2.5	2.51	2.50	0	0	
建阳区	区位天然林		0.30	0.30	0.40	1.00	1.00	8.75
	区位人工林	中龄林	0.25	0.25	0.27	0.76	0.76	
		近成过熟林	1.15	1.15	1.16	0	0	
邵武市	区位天然林		0.26	0.25	0.25	0.77	0.77	4.80
	区位人工林	中龄林	0.13	0.13	0.14	0.39	0.39	
		近成过熟林	0.44	0.44	0.44	0	0	
武夷山市	区位天然林		2.22	2.22	2.23	6.68	6.68	27.12
	区位人工林	中龄林	0.14	0.14	0.14	0.41	0.41	
		近成过熟林	1.95	1.95	1.95	0	0	
建瓯市	区位天然林		0.28	0.28	0.27	0.84	0.84	7.27
	区位人工林	中龄林	0.14	0.14	0.15	0.42	0.42	
		近成过熟林	1.16	1.16	1.17	0	0	
顺昌县	区位天然林		0.69	0.69	0.68	2.06	2.06	16.14
	区位人工林	中龄林	0.63	0.63	0.65	1.90	1.90	
		近成过熟林	1.41	1.41	1.43	0	0	
浦城县	区位天然林		0.10	0.11	0.11	0.33	0.33	3.93
	区位人工林	中龄林	0.08	0.08	0.10	0.25	0.25	
		近成过熟林	0.73	0.73	0.73	0	0	
光泽县	区位天然林		0.17	0.17	0.17	0.51	0.51	4.39
	区位人工林	中龄林	0.12	0.12	0.12	0.36	0.36	
		近成过熟林	0.60	0.59	0.59	0	0	
松溪县	区位天然林		0.12	0.13	0.13	0.39	0.39	2.95
	区位人工林	中龄林	0.04	0.04	0.05	0.14	0.14	
		近成过熟林	0.46	0.46	0.46	0	0	

续表

实施范围	林分		年度					合计
			2017	2018	2019	2020	2021	
政和县	区位天然林		0.35	0.35	0.36	1.07	1.07	4.58
	区位人工林	中龄林	0.03	0.03	0.03	0.08	0.08	
		近成过熟林	0.37	0.37	0.39	0	0	

资料来源：南平市林业局。

（三）资金筹措

全市重点生态区位商品林赎买及改造提升资金投入按每亩投入 1.6 万元测算，其中赎买和改造提升分别投入 8000 元/亩。从 2017 年到 2021 年，拟分别投入 28.21 亿元、28.22 亿元、28.83 亿元、33.44 亿元、33.44 亿元，共需要投入 152.14 亿元，如表 7-13 所示。

表 7-13 南平市重点生态区位商品林赎买及改造提升投资测算表（单位：亿元）

实施范围	林分		年度					合计
			2017	2018	2019	2020	2021	
南平市	区位天然林		7.84	7.86	8.04	23.82	23.82	152.14
	区位人工林	中龄林	3.14	3.14	3.48	9.62	9.62	
		近成过熟林	17.24	17.24	17.32	0	0	
延平区	区位天然林		0.66	0.66	0.68	1.98	1.09	24.26
	区位人工林	中龄林	0.64	0.64	0.84	2.08	2.08	
		近成过熟林	4.00	4.02	4.00	0	0	
建阳区	区位天然林		0.48	0.48	0.64	1.60	1.60	14.00
	区位人工林	中龄林	0.40	0.40	0.44	1.22	1.22	
		近成过熟林	1.84	1.84	1.86	0	0	
邵武市	区位天然林		0.42	0.40	0.40	1.24	1.24	7.68
	区位人工林	中龄林	0.20	0.20	0.22	0.62	0.62	
		近成过熟林	0.70	0.70	0.70	0	0	

续表

实施范围	林分		年度					合计
			2017	2018	2019	2020	2021	
武夷山市	区位天然林		3.56	3.56	3.56	10.68	10.68	43.39
	区位人工林	中龄林	0.22	0.22	0.22	0.66	0.66	
		近成过熟林	3.12	3.12	3.12	0	0	
建瓯市	区位天然林		0.44	0.44	0.44	1.34	1.34	11.63
	区位人工林	中龄林	0.22	0.22	0.24	0.68	0.68	
		近成过熟林	1.86	1.86	1.88	0	0	
顺昌县	区位天然林		1.10	1.10	1.08	3.30	3.30	25.82
	区位人工林	中龄林	1.00	1.00	1.04	3.04	3.04	
		近成过熟林	2.26	2.26	2.28	0	0	
浦城县	区位天然林		0.16	0.18	0.18	0.52	0.52	6.29
	区位人工林	中龄林	0.12	0.12	0.16	0.40	0.40	
		近成过熟林	1.16	1.16	1.16	0	0	
光泽县	区位天然林		0.28	0.28	0.28	0.82	0.82	7.02
	区位人工林	中龄林	0.20	0.20	0.20	0.58	0.58	
		近成过熟林	0.96	0.94	0.94	0	0	
松溪县	区位天然林		0.20	0.20	0.20	0.62	0.62	4.72
	区位人工林	中龄林	0.06	0.06	0.08	0.22	0.22	
		近成过熟林	0.74	0.74	0.74	0	0	
政和县	区位天然林		0.56	0.56	0.58	1.72	1.72	7.33
	区位人工林	中龄林	0.04	0.04	0.04	0.12	0.12	
		近成过熟林	0.60	0.60	0.62	0	0	

资料来源：南平市林业局。

重点生态区位商品林赎买等改革试点工作需要的资金量较大，因此改革资金以政府财政投入为主。2017年省级财政林业专项资金中，安排给南平市重点生态区位商品林赎买等改革试点1450万元，如表7-14所示。赎买以及改造提升的资金缺口通过政府基金收入、银行贷款等方式筹集。如延平区重点区位商品林赎买3万亩，生态林赎买1万亩，天然林赎买1万亩，一般商品林赎买1万亩。总投资 3.9 亿元，其中向农发行南平市分行贷款 3 亿元，延平区国有林场自筹 0.9 亿元，贷款期限 20 年，宽限期 3 年，贷款利率按 5 年基准利率 4.9% 计算。建阳区重点生态区位商品林赎买项目获得建阳区农业发展银行贷款授信 3 亿元，期限 15 年，宽限期 3 年，年利率 5.15%。政和县建立重点生态区位商品林赎买基金，积极争取中央、省、市收储资金支持 1000 万元，自筹收储基金 1000 万元。此外，重点生态区位商品林赎买及改造提升项目纳入南平市国家储备林森林质量精准提升工程，该工程作为国家林业局重点推荐工程，已获得国家开发银行政策性贷款和贴息补助。项目建设采用政府和社会资本合作模式，总规模约 468.97 万亩，项目总投资额约 215.33 亿元，其中现有林"赎买 + 改培"80.71 万亩、重点生态区位内 69.37 万亩、重点生态区位外 11.34 万亩；合作期 38 年，其中项目整体建设期 8 年，运营期 30 年。① 试图通过专项财政投入、政府基金、银行贷款、政府和社会资本合作等方式，多层次、多渠道、多形式筹集资金，以确保改革工作有序开展。

表 7 - 14 2017 年省级重点生态区位商品林赎买等改革试点面积和资金安排

（单位：万元、亩）

单位	补助金额	省级赎买等试点面积			备注
		赎买	租赁等	合计	
延平区	524.75	4500	11000	15500	
邵武市	143.00	1000	8000	9000	
建瓯市	119.25	1000	3000	4000	
顺昌县	124.00	1000	4000	5000	2017 年度省级试点补助赎买按每亩 1050 元补助，租赁等每年每亩共补助 47.5 元
浦城县	124.00	1000	4000	5000	
光泽县	181.25	1500	5000	6500	
松溪县	114.50	1000	2000	3000	
政和县	129.25	1000	3000	4000	
合计	1450.00	12000	40000	52000	

资料来源：南平市财政局、林业局。

---

① 详见福建省南平市建设生态文明试验区——国家储备林质量精准提升工程 PPP 项目资格预审公告。

三、政府规制实现过程分析

(一) 产权界定提供微观激励

"分林到户"的集体林权制度改革后,林农对于所属林地、林木拥有充分的权利。重点生态区位商品林收储发生在政府与林农(个体或集体)之间,是在自愿公开基础上进行的交易行为。在政府购买生态服务过程中,最难操作的是政府购买标准的问题,政府采用远高于成本价格的方案按年逐步支付;[1] 不同层级政府对于森林生态服务需求程度不同,不同地域、不同林分质量的森林生态服务购买出价不同;[2] 也可以以市场价格为基准,以高于成本价及接近或等于到期市场价格的标准出价。[3] 商品林的机会成本和生态林补偿值差异性影响着林农对重点生态区位商品林收储意愿。部分林农出于对商品林的未来收益的预期判断,折算出政府应该支付的重点生态区位商品林赎买价格。部分林农希望政府支付的价格能够等同于造林成本与林地、林木现实市价的加总。也有一些林农理解并支持国家生态保护,希望重点生态区位商品林收储价格不低于当前国家对生态公益林的补偿标准。重点生态区位商品林的具体区位、权属、起源、树种等因素可能影响交易价格的商定,政府优先收储位于世遗地、国家公园、保护区、水源地、森林公园及基干林带等重要生态区位林木,同时,起源为人工且采伐受限的成、过熟林,优势树种为杉木、马尾松,个人所有、合作投资造林等非集体权属的林木优先赎买。但对于优先收储的林木与非优先收储的林木,政府对两者价格并没有给出差异性交易价和补贴价,这容易损伤林农积极性,影响林农交易意愿。重点生态区位商品林收储方式的不同,也会影响交易价格和补贴价格的达成,省政府规定赎买具体价格由各县(市、区)政府根据实际情况确定,一般是经林权所有者同意后,按林木资产评估价格转让或双方达成协议价格转让。福建省永安市确定赎买价格的做法是:对林木,由协会委托森林资产评估机构进行赎买价格评估,按林分树龄的不同,采取不同的

---

① 蒋天文. 政府生态购买:一个解决生态环境的经济方案 [J]. 财政研究, 2002 (9): 41 – 44.

② 谷振宾, 王立群. 中国森林生态效益补偿制度研究 [J]. 西北林学院学报, 2007 (2): 160 – 163.

③ 朱洪革. 基于自然资本投资观的林业长线及短线投资分析 [J]. 林业经济问题, 2007 (2): 112 – 116.

评估方法。幼龄林采用重置成本法，中龄林、近熟林采用收获现值法，成熟林、过熟林采用市场价倒算法。对林地，采取参照生态公益林 2014 年补助标准每年 17 元/亩，扣除公共管理工资和管护人员工资，按每年 13.4 元/亩支付林地使用费。

（二）产权界定促成交易实现

重点生态区位商品林遵循优先赎买原则，在赎买的基础上，综合使用租赁、置换、改造提升、入股、合作经营等多种改革方式，将重点生态区位内商品林逐步调整为生态公益林，将重点生态区位外现有的零星分散的生态公益林调为商品林，进一步优化生态公益林布局。各类改革方式呈现出不同的特征，如表 7-15 所示。在各类改革方式中，不同程度涉及林权所有者的处置权、收益权。赎买按双方约定的价格一次性将林木所有权、经营权和林地使用权收归国有，林地所有权仍归村集体所有，即国家享有除该林地所有权外的其他权利。林地使用权随林木所有权转移问题，这是关系到"皮"与"毛"的依存问题。调研发现，在赎买中出现业主林木所有权愿意转让，但林地所有权是村集体所有，业主在造林时承包的林地使用权年限基本上已到期，林木转让后，村集体在林地使用权随林木转移时，经常设阻，不愿将林地使用权一并随林木转移，或协商转让时漫天要价，不合情理，严重阻碍了赎买进展。

从租赁的角度上看，在租赁期间林地、林木所有权不变，参照天然林和生态公益林管理，但租赁价格的不确定性影响所有权人的收益权。置换之后的林地、林木所有权相应变化，但置换的林地质量、林木成分、交通等影响权利人的权益，需要通过一定的补偿措施促进林地、林木所有权者达成置换意愿。改造提升是由政府与林权所有者或村集体签订合作协议，共同经营改造重点生态区位内的林地、林木。对重点生态区位中的人工成过熟林的林分进行改造，适当放宽部分地区皆伐单片面积限制，采伐收入归林权所有者；营造乡土阔叶树种或混交林，丰富林业成分，林业部门给予适当补贴。完成改造后，林木所有权、林地使用权归还给村集体，逐步纳入生态公益林管理。按照现行政策规定，重点生态区位商品林在完成赎买、置换、租赁、改造提升等方式改革后，纳入生态公益林管理，公益林的限伐或禁伐范围，导致林农丧失了木材采伐收益权，其实质是政府对由于"管制性征收"造成财产权人的"特别牺牲"而实施的补偿。①

表7-15 重点生态区位商品林改革主要方式比较

方式	具体做法	权属变化
赎买	在对重点生态区位内商品林进行调查评估的前提下,与林权所有者通过公开竞价或充分协商一致后进行赎买	林木所有权、经营权和林地使用权收归国有,林地所有权仍归村集体所有
租赁	政府通过租赁的形式取得重点生态区位内商品林地和林木的使用权,并给予林权所有者适当经济补偿	租赁期间林地、林木所有权不变
置换	将重点生态区位内的商品林与重点生态区位外现有零星分散生态公益林进行等面积置换	相互置换的林地、林木所有权相应变化
合作经营	由政府与林权所有者、村集体签订合作协议,共同经营改造重点生态区位内的林地、林木	完成改造后,林木所有权、林地使用权归还村集体,逐步纳入生态公益林管理

（三）有效规制是资金投入的关键

政府财政投入是重点生态区位商品林赎买等改革措施得以进行的重要条件。但政府财政直接用于赎买、租赁的投入能力有限。在保障财政专项资金持续有效投入的同时,需要发挥林业金融创新作用。建立以财政资金为主、受益者合理负担、广泛吸引社会资金参与的多元化资金筹集机制。通过建立重点生态区位商品林收储基金推动重点生态区位商品林赎买等项目的股权融资,吸引社会资本进入（如南平市采取PPP模式建设国家储备林质量精准提升工程）。在重点生态区位商品林赎买等改革筹措资金上探索林权收储担保机制的运用,降低金融机构的风险顾虑。综合运用贴息、担保、再贷款支持重点生态区位商品林赎买等改革。与直接公益林补贴相比,贴息可以使财政以少量的资金撬动更多的社会资金投资重点生态区位商品林赎买等改革,动员更广大的社会力量参与,

① 黄东. 论管制性征收与生态公益林补偿 [J]. 林业经济, 2009 (6): 21-25.

实现更大的林业生态效益；同时，也有助于降低财政管理风险。

（四）有效规制取决于交易成本的高低

提高生态公益林的管理水平，建立重点生态区位商品林长效管理机制，对于发挥公益林的生态、经济和社会效益，促进生态资产保值增值具有重要影响。重点生态区位商品林的后续经营管理水平决定着重点生态区位商品林赎买等改革举措能否形成真正可推广、可复制的经验。重点生态区位内的商品林赎买后，林木所有权和林地使用权发生变化，管护主体随之变化，国有林场或者是其他国有森林经营单位成为管护责任主体；租赁、置换及改造提升后的重点生态区位商品林逐步纳入生态公益林管理，由乡镇聘请护林员划片区进行统一集中管护。福建某地的做法是引导成立森林资源保护的金盾森林资源管护有限公司，下设森林资源巡防大队和森林消防大队。针对已赎买的3.2万亩重点生态区位林，统一拨交给森林资源巡防大队管护，每一片赎买林自拨交即日起三年内由巡防大队无偿管护，三年后按照本市当年生态公益林管护费标准收费，形成森林资源规模化、专业化、市场化的管护。管护需要投入，给财政带来不少压力。即使对生态公益林要进行局部调整，把从重点生态区位赎买的商品林及时调整为生态公益林，享受森林生态效益补偿，也只是缓解县级财政管护投入压力，并没有从根本上改变财政投入管护成本的本质。

通过建立现代林业产权制度推进集体林权制度改革，目的是解放和发展林业生产力，促进生态建设和农民增收。重点生态区位商品林赎买等改革在集体林权制度改革背景下，破解生态保护与林农经济收益之间的矛盾，赎买等改革后的重点生态区位商品林的管护，不是回到集体林权制度改革之前的模式，政府作为公权力的代表，运用规制手段协调林业生态价值与经济社会发展。政府不应成为生态服务直接的生产者，在产权明晰基础上，创新管护机制、科学经营管理赎买等改革后的重点生态区位商品林。如稳定与林地、林木所有权者的关系，增加林农收益。根据林分状况，制定适宜的经营管理措施，改善和提升其生态功能和景观功能，保障森林生态服务质量。提高林业科学经营管理水平，降低管护财政压力；在不改变生态用途前提下，利用市场机制有效释放其巨大潜力，实现生态效益和经济效益的统一。

本章小结

　　林业资源在生态资源资本化的实践中具有一定的代表性。福建是全国南方重点集体林区，也是最早开展集体林权制度改革试点的省份之一。其丰富的林业资源创造出包括林产品经济价值、生态服务价值在内的综合效益，促进当地经济社会发展。福建省较早将森林作为资产投资管理，实现资源、资产到资本的转化，利用资本化盘活森林资源，包括林业资源产品市场化、林权权能交易（出租、抵押、转让、入股等市场化配置），林权抵押贷款、森林保险以及林权作价出资认证，促进林业资源的可交易性和价值增值。

　　明晰产权是林业资源资本化的前提。中华人民共和国成立后，福建省集体林权制度改革经历了土改时期的分山到户、农业合作化时期的山林入社、人民公社时期的山林统一经营、改革开放初期的林业"三定"（划定自留山、稳定山权林权、确定林业生产责任制）等过程，但没有从根本上触及产权，存在林木产权不明晰、经营机制不灵活、利益分配不合理等突出问题。新一轮的集体林权制度改革涉及明晰产权、确权登记、放活经营权、落实处置权、保障收益权等内容，在提供林农收入、明晰山林产权归属以及森林资源保护等方面取得显著成效。

　　林业碳汇经营是实现林业资源资本化的方式之一，也是发挥福建林业生态优势，加快林业碳汇交易模式和碳金融产品创新，建设具有福建特色的碳排放权交易市场的重要探索。项目期内的碳汇量是林业碳汇经营项目设计的关键，遵循森林经营碳汇项目方法学适用性判断。从而计算出林业碳汇经营项目的生态效益、经济效益。林业碳汇产权是所有权人对所获得的林业碳汇的占有、使用、收益和处分等权利，从而也决定林业碳汇产权的排他性、稀缺性、可交易性、可分解性等属性。产权的明确界定是林业碳汇经营的前提，也是发展林业碳汇交易市场的基础。

　　重点生态区位商品林收储改革是福建省破解集体林权制度改革后出现的生态保护与林农利益"新矛盾"的探索。集体林权制度改革后，位于重要水源地源头、重要交通干线两侧或者江河两岸等商品林已确权到户，出现新一轮林农利益与生态保护之间的矛盾。福建省划定重点生态区位商品林范围，采取赎买、租赁、置换、改造提升、合作经营等方式将重点生态区位内商品林逐步调整为生态公益林。产权界定以及有效规制综合作用于重点生态区位商品林赎买等改革过程。其中，产权界定提供微观激励，是促成交易的前提；有效规制是资金投入的关键，但有效规制取决于交易成本的高低。

第八章

促进生态资源资本化的对策建议

基于生态资源资本化理论框架和理论解释，本章在中国生态资源资本化的实践探索基础上，提出若干针对性对策建议。一是推进生态资源产权制度改革，在做好生态资源统一确权登记的同时，进一步明确生态资源国家所有属性和合理用途，明晰生态资源产权，丰富生态资源使用权权能；二是完善生态资源资产价值量化评估机制，扩展传统意义上的资源核算内容和价值，明确生态资产核算路径，探索科学的生态资源价值核算方法，为生态资源交易提供必要的技术支撑；三是优化生态资源资产管理制度，厘清生态资源市场配置与政府规则关系，对公益性和经营性资产分类管理，实现生态资源所有者与监管者的分离，健全生态资源资产所有权委托代理机制，完善生态资源资产性收益分配和效益评估机制；四是通过搭建生态资源交易统一平台、探索生态资源资本化的金融创新方式，健全生态资源资本化的市场环境建设。

第一节　推进生态资源产权制度改革

市场经济下的产权制度促进生态资源作为一种资产在区域内、区域间自由流动和优化配置。生态资源产权足够明晰，是生态资源资本化的前提。只有明晰生态资源产权，使得生态资源产权得以确认、经营管理，才可能将生态资源作为资产进行资本化经营，实现生态资源保值增值；才能形成自觉保护和节约资源的内生动力，才能有效维护所有者的权益。本书认为实行生态资源公有制并不会阻碍生态资源所有权有效实现形式的推进，而是建立起了个体私益与社会公共利益之间的平衡机制，即推进生态资源产权制度改革。在生态资源国家所有的基础上，进一步明确生态资源国有资产属性和合理用途，做好统一确权登记，丰富生态资源使用权权能，推动建立归属清晰、权责明确、监管有效的产权制度。

一、做好生态资源统一确权登记

党的十八届三中全会提出要"对自然生态空间进行统一确权登记，形成归属清晰、权责明确、监管有效的自然资源资产产权制度"。统一确权登记可以有效避免生态资源登记的重叠和遗漏现象，有利于厘清当事人之间的权利界限，提高登记的准确性和权威性，避免权属纠纷，是生态资源资产交易制度形成的基础。首先，应对所有权内部类型边界进行界定，主要是划清国家所有与集体所有的界限。对水流、森林、山岭、草原、荒地、滩涂等所有自然生态空间统一进行确权登记，划清全民所有、不同层级政府行使所有权的边界，划清不同集体所有者的边界，分别通过立法和完善生态资源所有权确权登记制度对其所有权的边界进行界定。其次，在完成不动产统一登记的基础上，逐步把部门对各种自然资源资产核定产权的职能整合到登记部门，并在下一步改革中明确不动产登记部门的独立地位。环境资源资产的产权也应当在产权界定和核查条件具备时纳入不动产登记体系。构建自然资源统一确权登记制度体系，实现统一确权登记与不动产登记的有机融合。最后，正确处理政府与市场的关系，逐步对生态资源所有权与使用权实行全面登记，同时建立登记信息已发公开查询系统，实现登记机构、依据、簿册和信息平台"四统一"。

当前，应根据《自然资源统一确权登记办法（试行）》的规定，对试点区域的试点内容进行评估验收，总结存在的问题和不足，尽快将成熟的经验上升为制度。着重对国家公园、自然保护区、湿地和水流等生态空间确权试点的经验进行总结，以扩展到其他重要生态空间；总结福建、贵州、江西等国家生态文明试验区的不动产登记制度体系，形成可供复制的经验。评估各试点区域的试点内容、方式方法等开展情况，着重对各试点区域的统一确权登记的完成质量进行评估。考查确权登记一般程序的合法性、合理性，完善统一确权登记的类型、程序、通告和公告、登记审核和登记簿等内容，以更适用于确权登记实践工作的开展。同时，对在统一确权登记试点过程中，有关部委横向之间，中央与试点区域纵向之间的信息沟通、组织协作机制进行测评，自然资源登记信息的管理和应用，以完善统一确权登记试点保障工作。

二、明确生态资源的国有资产属性和合理用途

生态资源资产归属关系到产权主体的权利和责任，从而影响生态资源资产能否合理利用及增值或贬值。我国虽在法律上规定了生态资源国家所有权地位，但权益分配却转变为部门、地方所有，生态资源资产定位不清。推行生态资源产权制度改革，应在保证国家所有权完整与统一前提下进行，明确生态资源的国家所有或集体所有属性，并将其纳入国有资产管理体系。按照全国功能区划定位，以用途管制为核心，通过法律、规划、考核等制度的综合运用，对生活空间、生产空间、生态空间等用途或功能进行监管，无论产权主体归属哪一方，都要按照用途管制规则进行开发，不能随意改变用途。一方面，根据不同类型生态保护要求，制定差别化产业准入环境标准，引导生态资源有序开发，促进经济再生产与生态再生产同步；另一方面，只要符合用途管制要求和保护生态环境等公共利益需要，资源监管者不得干预资产所有者依法行使其权利。严格控制自然生态空间转为建设用地或不利于生态功能的用途，确保全国自然生态空间面积不减少、生态功能不降低，逐步提高生态服务保障能力。

当前，应根据《自然生态空间用途管制办法（试行）》的规定，以国家为所有权主体，对国土生态功能用途进行管制，以提供生态产品或生态服务。将自然生态空间用途管制同国家生态文明试验区、统一确权登记试点、生态环境损害赔偿制度等结合起来，以点带面探索自然生态空间用途管制方法，考查自然生态空间用途管制办法（试行）在管制定位、管制模式、管制依据、管制方式等内容在具体实施中的可行性，形成可复制、可推广的自然生态空间用途管控经验，为在全国建立自然生态空间用途管制制度提供实践基础。在自然生态空间用途管制试点的同时，建立资源环境承载力监测预警机制。通过动态监测和预警机制，管制不同主体功能区域内国土资源的开发利用与保护情况，探索利用承载力指标进行国土空间用途管制的途径与方式，探索生态转移支付、生态补偿等方式妥善处理限制开发区、禁止开发区的划定与当地经济发展之间的矛盾，化解生态资源保护与生态资源使用权主体之间可能的矛盾。

三、丰富生态资源使用权权能

产权权利是由所有权、使用权、处分权、收益权等权利组成的权利束。推

动所有权与使用权等权能的分离，是健全生态资源资产产权权能，促进生态资源资产化改革的必然结果；能够更好地适应经济社会发展多元化需求，扩大生态产品的有效和优质供给，发挥生态资源资产多用途属性作用。只有权能丰富完善了，才能实现资源产权交易的顺畅进行，提高产权转移的规模、效率和效果。在坚持全民所有制前提下，以强化资源处分或处置权、保障资源收益或受益权为核心，丰富生态资源使用权权能，创新生态资源资产所有权实现方式。完善生态资源资产使用权体系，提高生态资源资产利用效率，丰富生态资源资产使用权权利类型。在明确使用权的基础上，研究不同类型生态资源资产的使用权期限，尽可能细化使用权，细化转让权、入股权、租赁权、抵押权、处分权、收益权等各项权能、权责、权利，破除集体产权主体的资源处置权的残缺或易位，以及受益权的缺失或受到侵害等弊端。

当前，应以明晰产权、丰富权能为基础，加快建立健全全民所有自然资源资产有偿使用制度。重点把握土地、水、矿产、森林、草原、海域海岛六类国有自然资源资产有偿使用制度改革各自侧重的任务，制定或衔接各类资源资产有偿使用的具体实施方案。按照《关于全民所有自然资源资产有偿使用制度改革的指导意见》的部署，明晰国有农用地使用权及其使用方式、供应方式、范围、期限、条件和程序，通过有偿方式取得的国有建设用地、农用地使用权，可以转让、出租、作价出资（入股）、担保等；通过全国水权交易平台开展水权交易，对区域水权交易、取水权交易、灌溉用水户水权交易等交易形式以公开交易或协议转让方式进行交易；通过租赁、特许经营等方式发展森林碳汇、森林旅游、林下经济，扩大森林使用权权能；进一步落实草原承包经营权；完善海域使用权出让、转让、抵押、出租、作价出资（入股）等权能，推进经营性用岛招标、拍卖、挂牌等市场化方式出让。通过丰富生态资源使用权权能，为维护所有者权益提供有力支撑，为生态资源产权交易流转奠定坚实基础。

四、完善生态补偿制度

生态资源既能为消费者提供生态产品，产生经济价值；又能够提供维持生态循环、促进生态平衡等生态价值和社会价值，也会因生态资源公共性，使得生态资源遭遇破坏而无须担责，后者是政府有效的规制举措，以保护生态资源的外部经济性。生态补偿寻求生态资源的最优配置，促进生态产权的分配和运营，特别是在化解生态保护和经济利益矛盾方面发挥着重要作用。完善生态补偿制度，需要以明晰产权为基础，生态补偿涉及生态资源使用权的让渡、受益权分配以及补偿标准、范围、规模的认定等内容，唯有明晰生态补偿利益相关方的生态产权归属，才能将后续工作的执行和纠错成本降低。同时，生态补偿制度是产权制度促进生态资源资本化的有力补充，综合考虑补偿客体的生态服务价值、生态保护成本、发展机会成本等因素，形成损害者赔偿、受益者付费、保护者和受损者获补偿机制，平衡相关利益方利益，实现生态利益的分配正义和生态责任的公平承担。完善生态补偿制度，需要在顶层设计上明确生态补偿的实施细则，并以法律条文方式颁布实施，包括生态补偿原则、标准、权利义务等内容；需要拓展生态补偿范围和层次，形成涵盖水、土、林、草、海、荒漠、湿地等全方位的补偿机制；需要以市场供求关系对生态补偿进行定价，利用市场的力量衡量生态补偿客体的自然资本、生态服务功能价值、保护与恢复成本等综合核算，避免扭曲生态资源的真实价值；需要在加大财政支持力度的同时，鼓励、引导社会资本参与生态补偿，建立多元化投融资渠道；需要逐渐扩展完善排污权、水权、碳汇交易等市场化补偿机制，充分发挥市场对于生态资源配置的决定性作用。

第二节　完善生态资源价值量化核算机制

生态资源价值量化核算是生态资本能够正常参与市场经济条件下的各种经济活动的重要环节，已往有关生态资源价值核算存在的主要问题是缺少共同衡量尺度和社会广泛认同的定价方法。本节从核算内容、核算路径以及核算方式等入手，为完善生态资源价值量化核算机制提出一种新的思路和解决方案，促进生态资源资本化。

一、拓展生态资源价值核算内容

在自然资源资产负债表试点方案中，先行核算具有重要生态功能的土地、林木和水资源，具体包括耕地、林地、草地等土地利用情况，天然林、人工林、其他林木的蓄积量和单位面积蓄积量，地表水、地下水资源情况，耕地质量、草地质量、水资源质量等级分布及其变化情况。我国自然资源资产负债表内容上还不是全面的，空间上也还不是全覆盖的，不能完整反映生态资源资产"家底"，也无法完全反映资源耗减、环境损害和生态破坏等负债情况。

应借助试点经验，尽快出台面向全国各类生态资源资产价值核算方案。建议在土地、林木和水资源等核算的基础上，至少要增加空气和与生物资源价值核算。虽然空气价值度量难度很大，但却具有其他资源无法替代的生态功能，生物资源的生态功能也不容忽视。可以通过以某种生态资源资产价值作为换算单位，计算出其他生态资源资产价值，加总形成地区生态资源资产价值；具体涉及单位生态资源资产中有益元素含量和地区生态资源类型分布。同时，要深化生态资源价值核算的内容，既包括生态资源实物层面存量及其变动情况，也包括生态资源价值层面的存量及其变动情况，核算其直接价值，兼顾适度间接价值；瞄准其经济价值，兼顾生态价值和社会价值。

二、探索科学的生态资源价值核算方法

生态资源种类繁多，生态资源资产价值评估方法各异，较为常见的有成本法（通过对该资源生产或维护的成本评估其价值，如历史成本法、重置成本法、旅行成本法）、收益法（通过对该生态资源所产生或预期产生的收益评估其价值，如收益贴现法、收益分成法、收益倍数法）、市场法（以市场价格来评价其价值，如现货市场交易价格法、期货市场交易价格法）、意愿法（以消费者的支付意愿衡量其价值，如支付意愿法、调查意愿法）。当前，国际上还没有适用于任何地区任何资源的评估方法。建议分类核算各类生态资源价值，找到某种生态资源价值核算的科学方法，如比较流行的水资源红线调控法与过程核算法、林业碳汇价值法和旅游付费法等，先确定单项生态资源科学核算方法，再找到各类生态资源价值的换算方法。建议对有历史成本价值的生态资源资产，以计提折旧核算净值；对短期内不可变现的生态资源资产，可由国家统一设定实物量转换其价值。一旦确定某种方法作为该生态资源资产价值核算方法，应该由国家有关部门下发统一规范的核算制度，说明各项资源核算内容、基础数据、核算方法和相关标准。建议通过互联网、遥感卫星等现代信息技术手段，提高生态资产遥感测量的精度，提高数据来源的可靠性。采取统一的遥感监测技术手段，实现生态资源实时动态监测，建立全国性生态资源联网信息平台，统一

不同部门生态资源资产统计口径，提高生态资源资产价值核算准确度。

三、明确生态资产核算路径

目前，自然资源资产负债表是按照"先实物再价值、先存量再流量、先分类再综合"的原则编制。各试点区域也在探索具体的加总方式。浙江省湖州市自然资产负债表由1张总表、6张主表、72张辅表和大量底表构成。河北省承德市是先由统计局设计核算总表，协调各职能部门进行分类并核算后再加总，在加总过程中通过辅助表消除资源损益重合部分，对于没有覆盖的资源环境损益，通过扩展表来填补。生态资源资产核算路径与自然资源资产负债表核算路径有许多共同之处，需要实行清单管理，逐年统计，定量核算其产出和效益，跟踪生态资源资产价值变化。但生态资源资产核算尤其需要做好前期调查，统一核算路径。建议整合此前散落于不同政府部门管理机构的生态资源基础数据，厘清有关部门职能交叉重叠的内容，确保生态资源资产核算之前的数据真实性、准确性，并协调有关部门形成统一核算路径，确保生态资源资产核算信息及时、匹配与共享。如水利部的水资源统计、国家林业局的林业资源统计、环保部有关资源质量和生态功能的统计等都应该在其统计基础上，按照统一核算路径框架整合各类专业统计。考虑生态资源资产价值核算过程与国民经济核算中资产负债及其变化表保持一致（即"期末存量＝期初存量＋期内增加－期内减少"基本平衡关系），与环境经济核算国际标准（SEEA—2012中心框架）给出的环境资产核算相衔接，为后续地区生态资源资产价值汇总奠定基础。

第三节　优化生态资源资产管理

生态资源资本化需要发挥市场配置生态资源的决定性作用，更好地发挥政府作用，特别是要优化政府对生态资源资产的管理。本书认为应对生态资源资产权实行差别化管理，将其分为公益性生态资源资产和经营性生态资源资产；分离生态资源行政管理和资产管理职能，建立相对独立于行政管理部门的资源资产管理体系和管理规则体系；厘清中央政府和地方政府分级行使所有权的资源清单和空间范围，健全生态资源资产所有权委托代理机制；完善生态资源资产性收益分配和效益评估机制，促进生态资源经济效益、生态效益和社会效益的统一。

一、公益性和经营性资产分类管理

生态资源类型多样、性质和特点差异较大。根据生态资源不同类型，明确其目的和功能定位，对生态资源资产产权实行差别化管理、多元化经营。对于公共性很强、外部性明显的生态资源，按照公益性生态资源资产管理，实行使用权和经营权的结合；按照公共目的和原则，由公共事业部门或政府部门授权统一管理。比如，国家公园（森林公园、地质公园）、国家自然保护区、风景名胜区以及生态公益林等具有非常重要且外部性明显的生态区域，应划为公益性资产。公益性生态资产以提供公共生态产品和服务为主，重点考量其生态效益和社会效益，实现资源保护和可持续利用目标。对于公共性、外部性相对较弱的生态资源，这类生态资源同时具有排他性、竞争性强的特点，按照经营性生态资源资产管理，实行使用权和经营权的分离；按照市场目的和原则，可以建立独立于行政管理部门的资产管理机构或运营公司，类似于国有收益性资产经营，也可以发挥民企等市场主体参与生态资源经营的积极性。比如经营性建设用地和农业生产用地、经济林木等生态产品、碳汇期权经营等权属的市场化交易，应划分为经营性生态资产。经营性生态资产以市场规则运营，重点考量其保值增值能力，实现经济效益。

生态资源公益性和经营性分类管理应综合考虑与生态空间用途管制、生态保护红线等相关规划的衔接。目前，国家探索自然生态空间用途管制办法，福建、江西和贵州等地开展国家生态文明试验区建设，国家和地方主体功能区规划及相关空间规划和区划基本确立了不同区域的功能和用途。探索生态空间用途管制基础上的权能交易，如林地生态空间用途管制前提下的林业碳汇经营。明确耕地、天然草地、林地、河流、湖泊湿地、海面、滩涂等生态空间用途管制及划定的生态保护红线，考虑通过提高生态补偿和转移支付额度等模式化解生态资源权属与地区经济发展之间的矛盾。

二、所有者与监管者的分离

当前，全民所有的自然资源的权益主体指向性并不明确，如何行使资源所有者、使用者和管理者的权利和责任，无从谈起。将生态资源所有者和监管者混在一起，容易出现两种情况：只有权利激励、没有责任约束，只有责任约束、没有权利激励；前者容易导致权力腐败，后者容易导致资源配置低效。因此，必须将生态资源资产管理所有者与监管者分离。这体现《生态文明体制改革总体方案》中关于"健全国家自然资源资产管理体制"的要求，也是在贯彻落实党的十九大提出的"统一行使全民所有自然资源资产所有者职责"的要求。将目前分散在各部门的产权监管职责逐步统一到一个部门，统一行使所有权的机构。实现对生态资源资产的公益性管理或者经营性管理，具体管理方式可以选择委托管理、合同管理、直接管理等形式。目前，可及时总结三江源国有自然资源资产管理体制试点工作经验，对其试点过程中将国土资源、水利、农牧、林业等部门涉及三江源国家公园试点区、三江源国家级自然保护区范围内各类全民所有自然资源资产所有者职责划入三江源国有自然资源资产管理局的做法及时归纳为制度性建设，形成可复制、可推广的管理模式。

设立国有生态资源资产管理统一监管机构，体现了山水林田湖草"生命共同体"生态系统的综合性和监管的综合性，可以克服以往多头监管和碎片化监管问题。建立统一行使监管职责的体制，分步骤将有关部门的职责剥离到统一监管部门。考虑在全国统一监管机构基础上，按照国土功能区划下设立监管机构，统一负责各区域生态资源资产的登记管理与监督执法。由监管机构根据资源社会经济属性、自身特点与性质对一定国土空间里自然资源采取生活空间、生产空间、生态空间等用途监管。监管机构还需履行好对经营性生态资源资产监管权利和义务，监管好经营性生态资源资产的保值增值的实现程度、经营性行为的规范性以及收益再分配方案。

三、健全生态资源资产所有权委托代理制度

在国家统一行使生态资源资产所有权管理的基础上，探索中央、地方分级代理行使资产所有权，建立配套的委托代理制度。可按生态、经济、国防等方面的重要程度和区域分布特点，对生态资源资产实行分级代理，厘清中央政府和地方政府形式所有权的资源清单和空间范围。其中，中央政府职责范围主要覆盖重点国有林区、大江大河大湖和跨境河流、生态功能重要的湿地草原、海域滩涂、珍稀野生动植物种和部分国家公园等直接行使所有权，授权各级地方

政府代为行使所有权，需要明确规定由哪级政府行使所有权，合理分配国家和各级地方政府之间的利益。不同层级的政府在行使资源产权权利的同时要先确定其拥有资源产权的权利范围，可以考虑在中央和省市区两级行政单位之间进行划分，由两级政府部门行使所有权，由相应的国有资产管理部门代理行使所有权。在此基础上，规定所有权转让的法律程序，使得经营性生态资源资产进入交易市场。参照《建立国家公园总体体制方案》，统筹考虑生态系统功能重要程度、生态系统效应外溢性、是否跨省级行政区和管理效率等因素，国家公园内全民所有自然资源资产所有权由中央政府和省级政府分级行使。其中，部分国家公园的全民所有自然资源资产所有权由中央政府直接行使，其他的委托省级政府代理行使。条件成熟时，逐步过渡到国家公园内全民所有自然资源资产所有权由中央政府直接行使。对所有权委托代理进行权利划分，在资源管理上谁是产权所有者谁就有相应的权责，进而明确规定各类生态资源资产具体的代理或托管机构。

四、完善生态资源资产性收益分配和效益评估机制

不同地区、不同类型生态资源和区域社会发展各有特点，需要研究制定生态资源资产收益差异化的分配制度。对于能够直接将所有权和使用权分离的生态资源，可以根据生态资源特性和区域经济社会发展阶段特征，直接让渡生态资源资产经营权。如林地所有权与林木经营权的分离，林地属于集体所有，但确权到户后，林农可以在林地上经营林木。按照权、责、利相一致原则，合理确定生态资源资产收益分配关系，探索调整生态资源所有者、使用者与经营者增值收益分配机制。对于不能或是不容易由个体直接生产经营以实现经济效益的生态资源，由国家统一经营或国家授权经营，并将区域内生态资源资产按比例划定，折股量化给区域内的生态资源集体产权所有者。积极探索财政资金发展公益性生态资源资产模式，将投入公益性生态资源资产管理的财政资金与生态补偿资金结合起来，建立生态资源资产开发利用补偿基金，建立多元长效投入机制，鼓励社会资金参与公益性生态资源资产管理。经营性生态资源资产的管理，还需要根据地区经济社会发展程度划定中央与地方的分配比重。扩展现行自然资源有偿使用制度的资源范围，全面推行生态资源有偿使用制度。根据生态资源环境价值和存在价值的年际变化情况，建立生态资源资产产出效益的

评估机制，健全资源开发的生态环境保护责任追究和赔偿制度，以《生态环境损害赔偿制度改革方案》的实施为契机，明确政府作为公权力代表，代行生态环境所有权以及损害赔偿权利人，受损害的个体也可以通过公益诉讼等渠道捍卫环境权益。以明晰产权为基础，界定生态环境损害的权利主体，逐步建立生态环境损害的修复和赔偿制度，以确保资源开发经济效益、生态效益和社会效益的统一。

第四节　健全生态资源资本化的市场环境建设

　　生态资源资本化是生态资源变成生态资产、生态资产变成生态资本的过程。生态资源经过市场交易和金融创新，实现保值增值。生态资源资本化需要发挥市场对资源配置的决定性作用。政府能否更好发挥作用，也要看是否有利于市场在资源配置中起决定性作用。健全生态资源资本化的市场环境建设，需要按照公开、公平、公正和竞争择优的要求，统一生态资源市场交易的条件、方式和程序，将其纳入统一的全国生态资源交易平台上，鼓励竞争性出让，规范协议出让，丰富生态资源使用权权能交易方式，支持探索生态资源资本化多样性的金融创新。

一、整合建立统一的生态资源交易平台

　　原则上任何可交易的生态资源资产都应当按照统一交易规则，在公开市场上进行交易。生态资源资本化的一级市场上，应当在统一的交易平台上挂牌出让；二级市场上，也应当要求在统一的交易平台上进行交易，以便于市场监管；逐步通过统一的交易平台，建立相应的市场价格形成机制，原则上能够形成市场价格的，不宜再建立政府定价机制。生态资源交易市场总体上仍处于发展初期，土地交易所、林权交易所、水权交易所、环境权交易所等资产交易平台分散设立、重复建设，监管缺位、越位和错位等现象不同程度存在。生态资源产权或者资产交易具有统一性，不应因行政部门分设所谓的一些具有垄断性、政府直接提供的产品或者服务，而是应当按照公正公开的程序，让市场发挥配置资源的决定性作用，制定或者核定价格和收费标准。《国务院关于全民所有自然

资源资产有偿使用制度改革的指导意见》指出，推动将全民所有自然资源资产有偿使用逐步纳入统一的公共资源交易平台，完善全民所有自然资源资产价格评估方法和管理制度，构建完善价格形成机制，建立健全有偿使用信息公开和服务制度，确保国家所有者权益得到充分有效维护。整合建立统一的生态资源交易平台，连接各地各部门分散建设的交易系统、消除信息壁垒，统一发布全国生态资源交易的政策法规和市场信息，强化生态资源市场交易动态监管，有利于防止生态资源交易碎片化，提高行政监管和公共服务水平，降低交易成本，提高生态资源市场交易公平和效率。

当前，我国生态资源市场交易起步晚、难度系数大、交易种类有限，资本化水平较低。整合建立统一的生态资源交易平台，可以先选择若干种能够较快实现与金融市场相结合的资源，先行在若干省份或区域试点，再形成全国性的交易体系，进而将其纳入全国统一的生态资源交易平台。先行发展生态资源的一级市场，待到条件成熟时，再延伸到生态资源的二级乃至更高层级资本市场。总结从碳排放权交易试点到全国碳排放权交易体系的形成过程，从碳排放监测、报告、核查制度，考量无形生态资源资产生态服务的监测、核算；从重点碳排放单位的配额管理制度，考量如何实现政府生态规制以促进市场配置资源的决定性作用；从碳排放市场交易的相关制度，考量全国统一的生态资源交易平台的数据报送、注册登记、交易和结算等规则制定，明晰全国统一的生态资源交易平台建设的"路线图"。

二、探索生态资源资本化的金融创新方式

生态资源资本化的金融创新，要将生态资源产权制度与要素市场化配置结合起来，有效发挥生态资源价值和资本潜能，建立健全生态资源和资本等要素合理有效流动的体制机制。通过生态资源资本化将生态资源纳入金融的资源配置范围，发挥金融的跨期、跨区配置功能，为生态资源预期价值定价，将生态资源未来预期价值与生态资源现价相衔接，实现生态资源的跨期配置功能，进而扩大对生态资源的市场投资，提高生态产品和生态服务的有效供给。生态资源资本化的金融创新，需要把握政府政策与金融工具的设计以降低生态资源的外部性，使得保护生态资源的成本和生态资源资本化的收益显性化，引导金融要素向生态资源资本化市场配置，实现生态资源保值增值。通过发展新的金融工具和服务手段，解决生态资源资本化过程中面临的信息不对称、生态产品和服务供需不均衡、产品和分析工具缺失等问题，帮助市场主体对于生态资源价值预期的实现，激活生态市场活力。

探索生态资源资本化的金融创新方式，加快发展生态资源资本化初级市场，稳步发展期货及衍生品市场，促进多层次生态资源资本市场健康发展。建议扩大使用权的出让、转让、出租、担保、入股等权能，推进碳排放权、水权、林权等市场交易，活跃生态资源要素市场，拓展金融的生态资源配置空间。可以通过有序发展生态债券市场，激活生态市场活力，提高资本市场承载能力和生态资源配置效率。建议探索建立生态资源公共基金，通过资本市场投资运营实现生态资源保值增值的制度安排，撬动生态资本发展动力。在有效防范市场风险前提下，推动生态资产证券化、生态资产信托、生态股权租赁、生态股权托管、生态股权抵押担保、入股投资等方式加快生态资本市场创新，丰富生态资源市场主体的融资路径和融资手段。同时，提升生态资源金融综合服务水平，加强生态资源金融与其他市场要素的联动，促进形成一个更加健康、更具活力的生态金融市场。

三、完善相关立法、人才培养及舆论引导等保障

完善促进生态资源资本化的相关法律法规。随着生态资源与市场交易、金融创新的结合，参与主体、涉及行业及金融工具不断丰富。但生态资源分布地域广泛，不同地区的生态资源存量、增量等特征及金融市场发展情况都存在较大差异性，已制定的相关法律、法规、规章、标准和规范性文件，存在着一定程度的重复或交叉。应根据生态资本市场的变化，适时调整、完善、修订相关的法律法规，为促进生态资源资本化提供强有力的制度保障和法律支撑。

加强专业化人才培育，为促进生态资源资本化提供人才保障。随着生态资源保值增值的加快发展，对从业人员素质的要求也越来越高。在实现生态资源资本化过程中，如何培养一批具有扎实理论功底的研究人员、熟悉政策制定的智库人才、决策管理人员、市场营销人员以及一线操作人员是重点所在。当前，要切实加大相关人才培养力度，做好人才培养配套工作，建立专业化人才激励机制。以"绿水青山就是金山银山"理念为导向，加快构建生态资源与市场交易、金融创新相结合的人才支持体系，为生态资源资本化提供动能和保障。

　　加强舆论引导，加大对促进生态资源资本化的宣传力度。正确解读促进生态资源资本化的内涵和方向，合理引导社会预期，及时回应社会关切，推动达成社会共识。准确把握生态资源资本化的核心要义，推动绿水青山转化为"金山银山"，进一步突出体制机制创新。加大宣传力度，提升宣传效果。积极宣传生态资源资本化领域的优秀案例，特别是要加大宣传通过丰富生态资源使用权实现经济效益、生态效益和社会效益相统一的案例，宣传业绩突出的金融机构和绿色企业在促进生态资源资本化过程中的做法，推动达成生态资源保值增值的广泛共识。

本章小结

　　生态文明建设与市场经济具有内在一致性。生态资源资本化研究，为生态文明建设注入经济学思想动力，须更加重视生态资源这一生产力要素。创新生态资源变资产、资产变资本的新方式，需以明晰产权为前提，发挥产权市场作用；同时建立起基于促进市场配置资源的协调机制，有效发挥政府规制作用。本章给出如下建议。

　　完善生态资源产权制度改革。一是做好统一确权登记。对所有权内部类型边界进行界定，划清国家所有与集体所有的界限；对福建、贵州、江西等国家生态文明试验区的试点内容进行评估验收，总结存在的问题和不足，尽快将成熟的经验上升为制度。二是进一步明确生态资源国家所有属性和合理用途。制定差别化产业准入环境标准，引导生态资源有序开发，促进经济再生产与生态再生产同步。三是明晰生态资源产权，丰富生态资源使用权权能。以强化资源处分或处置权、保障资源收益或受益权为核心，丰富生态资源使用权权能，创新生态资源资产所有权实现方式。四是完善生态补偿制度。以法律条文方式颁布实施生态补偿细则；拓展生态补偿范围和层次，以市场供求关系对生态补偿进行定价，鼓励、引导社会资本参与生态补偿，建立多元化投融资渠道。

　　健全生态资源资产价值量化评估机制。一是拓展生态资源价值核算内容。借助试点经验，尽快出台面向全国各类生态资源资产价值核算方案，核算其直接价值，兼顾适度间接价值；瞄准其经济价值，兼顾生态价值和社会价值。二是探索科学的生态资源价值核算方法。分类核算各类生态资源价值，先确定单项生态资源科学核算方法，再找到各类生态资源价值的换算方法；对有历史成本价值的生态资源资产，以计提折旧核算净值；对短期内不可变现的生态资源资产，可由国家统一设定实物量转换其价值。三是明确生态资产核算路径。整合散落于不同政府部门管理机构的生态资源基础数据，协调有关部门形成统一核算路径，确保生态资源资产核算信息及时、匹配与共享；并与国民经济核算中资产负债及其变化表保持一致，与环境经济核算国际标准给出的环境资产核算相衔接。

优化生态资源资产管理制度。一是公益性和经营性资产分类管理。根据生态资源不同类型，明确其目的和功能定位，对生态资源资产产权实行差别化管理、多元化经营，将其分为公益性生态资源资产和经营性生态资源资产。二是所有者与监管者的分离。分离生态资源行政管理和资产管理职能，建立相对独立于行政管理部门的资源资产管理体系和管理规则体系。三是健全生态资源资产所有权委托代理制度。可按生态、经济、国防等方面的重要程度和区域分布特点，对生态资源资产实行分级代理，厘清中央政府和地方政府行使所有权的资源清单和空间范围。四是完善生态资源资产性收益分配和效益评估机制。对于能够直接将所有权和使用权分离的生态资源，可根据生态资源特性和区域经济社会发展阶段特征，直接让渡生态资源资产经营权。

营造有利于生态产品价值实现的市场环境。一是搭建生态资源交易统一平台。建立统一的生态资源交易平台，按照统一交易规则，在公开市场上进行交易。连接各地各部门分散建设的交易系统、消除信息壁垒，统一发布全国生态资源交易的政策法规和市场信息，强化生态资源市场交易动态监管。可以先选择若干种能够较快实现与金融市场相结合的资源，先行在国家生态文明试验区试点，再形成全国性的交易体系，进而将其纳入全国统一的生态资源交易平台；先行发展生态资源的一级市场，待到条件成熟时，再延伸到生态资源的二级乃至更高层级资本市场。二是探索生态资源资本化的金融创新方式。扩大使用权的出让、转让、出租、担保、入股等权能，推进碳排放权、水权、林权等市场交易，活跃生态资源要素市场，拓展金融的生态资源配置空间；在有效防范市场风险前提下，丰富生态资源市场主体的融资路径和融资手段。

第九章

结论与展望

　　本书在界定研究对象的基础上，侧重于从理论上解释生态资源资本化，并在中国实践历程中找到支撑。生态资源资本化的前提是产权明晰，同时需要政府有效规制；"绿水青山就是金山银山"的实现路径也会随着生态资源金融创新的实践得以拓展。本章就本书所提出的生态资源资本化理论和所研究的案例等进行总结。

第一节　主要结论

　　第一，生态资源资本化的前提是产权清晰，良好的产权制度是生态资源资本化的关键。生态资源产权是对稀缺性生态资源的规范，界定了"使自己或他人受益或受损的权利"的关系。这体现在生态资源所有权、使用权、经营权、收益权等权利的交易过程。产权能够降低生态资源交易费用，是生态资源产权制度得以实现的根源。生态资源产权制度包括产权界定制度、产权配置制度、产权交易制度和产权保护制度等基本内容。各项制度间相互区别，相互联系。生态资源产权界定制度起着基础性作用，只有明晰产权，才能实现产权交易。

　　第二，生态资源资本化需要政府有效规制。政府更好地发挥作用，是以"是否有利于促进市场对生态资源优化配置"为判断标准。有效的政府规制难以超脱基于市场协调的激励机制。当前，我国生态资源资本化政府规制呈现政府、市场和社会多元主体共同参与，行政、经济和社会管理等多元手段共同应用，强制措施、自愿行动与合作协商相结合，约束、问责、激励机制并举等特征。

　　第三，生态资源资本化实现路径实质上是"绿水青山就是金山银山"的转化路径。生态资源资本化实现路径可分为直接转化路径和间接转化路径。直接转化路径是将生态资源的优势转化为生态产品并可直接交易获得价值，间接转化路径需要经过生态资产优化配置、绿色产业组合、金融市场工具嫁接等方式实现生态资源增值。

第四，生态资源内涵的广泛性。生态资源是一个十分常用但却没有公认定义的概念。生态资源与人类经济活动有着千丝万缕的关系，"天蓝""地绿""水清"是人类生活的必需品，是消费品。生态资源和经济同处在生态经济系统中，生态资源是人类经济活动的基础。生态资源具有稀缺性、有价性、增值性和收益分配属性。其中，生态资源稀缺性体现在生态资源价值的实现上，是生态资本能够带来未来收益的前提，也是其体现自我增值和资本增值空间的衡量指标。本文认为应从广义上认识生态资源内涵，包括生态产品、生态服务以及各生态要素之间相互联系、相互作用形成的生态系统。

第五，生态资源资本化沿着"生态资源—生态资产—生态资本"的逻辑演化。生态资源资本化是基于生态资源价值的认识、开发、利用、投资、运营的过程，沿着"生态资源—生态资产—生态资本"的逻辑演化，主要经历生态资源资产化、资本化以及可交易化等阶段。生态资源资产化将具有潜在市场价值的生态资源及其产权作为一种资产，按照市场规律进行投入与产出管理，并建立以产权约束为基础的管理体制，实现从实物形态的资源管理到价值形态的资产管理的转化。生态资产资本化将生态资产与市场交易、金融创新相结合，在投资生态资产的基础上更加强调增值性，体现生产要素价值以及在未来的增值空间。

第六，中国生态资源资本化的实践历程实质上是产权制度与政府规制在生态资源领域发挥作用。中国生态资源产权制度演化是在坚持产权公有基础上的权利重新界定的过程。当前，在促进生态资源保值增值过程中，还存在着许多短板和制度漏洞，体现在阻碍市场配置资源的决定性作用和政府更好发挥作用的体制机制中。如尚未建立起支撑市场配置生态资源的产权制度基础，尚未建立起配合于产权制度发挥作用的有效政府规制。

第七，从案例分析上看，产权界定以及有效规制综合作用于福建林业资源资本化的过程。明晰产权是实现林业资源资本化的前提，福建新一轮集体林权制度改革涉及明晰产权、确权登记、放活经营权、落实处置权、保障收益权等内容，取得显著成效。福建探索林业碳汇经营，是实现林业资源资本化的方式之一。对于加快林业碳汇交易模式和碳金融产品创新，探索具有福建特色的碳排放权交易市场具有重要意义。重点生态区位商品林收储改革是福建省破解集体林权制度改革后出现的生态保护与林农利益"新矛盾"的探索，通过产权界定提供微观激励、有效规制确保资金投入，促成交易。

第二节　研究展望

生态资源资本化研究是一个新兴的方向，本书重点厘清生态资源资本化的理论基础，仅从所选择的案例出发对生态资源资本化进行了初步尝试，书中自然存在许多不足之处，这也是未来研究的方向。

第一，生态资源资本化的在地化价值实现（收益分配机制）。生态资源开发涉及多个主体、多种模式，以坚持主体多元化、产业内涵多样化、收益综合化的"在地化"开发模式更符合生态资源公共性、分布式特征，也体现生态资源收益普惠性和社会性。要让生态资源实现在地化可持续开发，核心在于原本就占有当地资源的各民族群众可以公平的参与资源价值化开发，获得与在地资源相对应的、公开公平公正的在地化收益。在地化的资源价值化的基本前提是所有生态资源要素完成确权登记。生态多样化、文化多样化的资源得到保留越多，其价值化的预期收益就越大，这个价值化的收益不能都让渡给外部资本投资主体，之所以到现在没能在地化操作的原因，恰恰在于确权登记政策没落实，在地资源的所有权人没到位。应以生态文明理念重新认识本地区及其周边环境具有的在地化特点的生态资源，深入分析本地区在地化的资源所具有的内在优势，依托本地区独特的山青水绿的生态资源和丰富多样的历史沉淀和传统文化，以本地经济发展为核心，以内生力量为动力。建立多层次的金融介入体系是在地化生态资源价值化之后市场主体得以"进入退出"的一条重要途径。这是由于所有的生态要素资源是在地化的，同时也是与自然融为一体不断生长着的，本身也按照一定百分比在不断增值。所以，通过金融工具介入，能够使生态要素资源本身的自然增值率和外部资本的投资回报率相匹配。①

　　第二，生态资源开发的投融资策略。生态资源开发项目的收益关系到投融资策略的选择，也与项目范围内的土地资源发生着密切联系。以开发性建设用地为资产和从未来开发中获取收益不同。前者是一种实物资产，后者只是一种特许权，属于无形资产，而且具有期权性质。因为通过土地开发所产生的要素升值，以及项目衍生资产产生的收益，其数额多少、收益形式、收益周期，既决定于项目性质（公益性与营利性）、建设规模等因素，还决定于土地产权的利益要求，更决定于宏观经济形势和土地市场行情。要实现市场化融资，须考虑法定的市场主体，即拥有明晰的产权、基于成本与收益核算进行独立决策，承担独立的民商事义务。这就要求做实资产，如一定数量的土地使用权，或某种特许权作价注入。

　　第三，生态资源的金融创新与风险防控。生态资源的金融创新是培育新经济增长点实现绿色转型的动力源泉，把与生态资源相关的潜在成本、收益、风险、回报纳入投融资决策中，通过对经济资源的引导，促进经济、生态、社会可持续发展。生态资源金融创新过程中要注意其潜在的金融风险，特别是要降低跨期和跨区域生态环境资源配置的交易风险。

---

① 该观点曾体现在中国人民大学温铁军教授完成的《城乡一体化与新农村建设（专题报告）》中，该报告系国家发改委西部司和广西壮族自治区发改委为了执行"左右江革命老区振兴规划"修编而委托外部科研机构开展的调研课题之一。

参考文献

一、国内著作

［1］本书编写组. 当代马克思主义政治经济学十五讲［M］. 北京：中国人民大学出版社，2016.

［2］编辑委员会编. 中国资源科学百科全书［M］. 北京：中国大百科全书出版社，1999.

［3］曹海霞. 矿产资源的产权残缺与租值耗散问题研究［M］. 北京：经济科学出版社，2014.

［4］常修泽. 广义产权论［M］. 北京：中国经济出版社，2009.

［5］辞海编辑委员会. 辞海［M］. 上海：上海辞书出版社，1980.

［6］范金. 可持续发展条件下的最优经济增长［M］. 北京：经济管理出版社，2002.

［7］范宇新. 生态立县论：生态文明建设之泗水实践［M］. 北京：中国经济出版社，2017.

［8］国家行政学院经济学院教研部. 新时代中国特色社会主义政治经济学［M］. 北京：人民出版社，2018.

［9］国家林业局宣传办公室. 绿水青山　生态脊梁——"百名记者进林场"报道文集［M］. 北京：中国林业出版社，2016.

［10］何宜庆，白彩全. 生态经济、金融生态与生态资本耦合发展研究：以鄱阳湖地区为例［M］. 北京：科学出版社，2015.

［11］黄少安. 产权经济学导论［M］. 北京：经济科学出版社，2004.

［12］姜春云. 姜春云调研文集：生态文明与人类发展卷［M］. 北京：中

央文献出版社，2010.

　　[13] 廖福霖. 生态文明经济研究 [M]. 北京：中国林业出版社，2010.

　　[14] 廖振良. 碳排放交易理论与实践 [M]. 上海：同济大学出版社，2016.

　　[15] 刘平养. 经济增长的自然资本约束与解约束 [M]. 上海：复旦大学出版社，2008.

　　[16] 刘思华. 刘思华可持续经济文集 [M]. 北京：中国财政经济出版社，2007.

　　[17] 陆学艺. 当代中国社会结构 [M]. 北京：社会科学文献出版社，2010.

　　[18] 马传栋. 资源生态经济学 [M]. 济南：山东人民出版社，1994.

　　[19] 马洪，陆百甫. 中国宏观经济政策报告1997 [M]. 济南：中国财政经济出版社，1997.

　　[20] 马九杰，李歆. 林业投融资改革与金融创新 [M]. 北京：中国人民大学出版社，2008.

　　[21] 马骏. 国际绿色金融发展与案例研究 [M]. 北京：中国金融出版社，2017.

　　[22] 毛科军，于战平，曲福玲. 中国农村资源资产市场化资本化研究 [M]. 太原：山西经济出版社，2013.

　　[23] 齐晔. 中国低碳发展报告（2013）政策执行与制度创新 [M]. 北京：社会科学文献出版社，2013.

　　[24] 沈满洪. "两山" 重要思想在浙江的实践研究 [M]. 杭州：浙江人民出版社，2017.

　　[25] 沈满洪. 环境经济手段研究 [M]. 北京：中国环境科学出版社，2001.

　　[26] 沈满洪. 生态经济学 [M]. 北京：中国环境出版社，2008.

　　[27] 沈满洪. 资源与环境经济学 [M]. 北京：中国环境科学出版社，2007.

　　[28] 施志源. 生态文明背景下的自然资源国家所有权研究 [M]. 北京：法律出版社，2015.

［29］孙宪忠. 国家所有权的行使与保护研究［M］. 北京：中国社会科学出版社，2015.

［30］王健. 政府经济管理［M］. 北京：经济科学出版社，2009.

［31］王金南. 环境经济学［M］. 北京：清华大学出版社，1994.

［32］王俊豪. 管制经济学原理［M］. 北京：高等教育出版社，2007.

［33］王利明. 国家所有权研究［M］. 北京：中国人民大学出版社，1991.

［34］王满传. 公共政策制定：选择过程与机制［M］. 北京：中国经济出版社，2004.

［35］王苏生，常凯. 碳金融产品与机制创新［M］. 深圳：海天出版社，2014.

［36］吴易风，等. 马克思经济学数学模型研究［M］. 北京：中国人民大学出版社，2012.

［37］习近平. 之江新语［M］. 杭州：浙江人民出版社，2007.

［38］徐祥民. 生态文明视野下的环境法理论与实践［M］. 济南：山东大学出版社，2007.

［39］徐中民，等. 生态经济学理论方法和运用［M］. 郑州：黄河水利出版社，2003.

［40］严耕，杨志华. 生态文明的理论与系统构建［M］. 中央编译出版社，2009.

［41］杨汉兵. 生态资源利用的利益相关者行为分析［M］. 北京：经济科学出版社，2016.

［42］杨晓凯，张永生. 新兴古典经济学与超边际分析框架［M］. 北京：社会科学文献出版社，2003.

［43］俞可平. 生态文明与社会主义［M］. 中央编译出版社，2011.

［44］张璐，冯桂. 中国自然资源物权法律制度的发展与完善［M］. 北京：法律出版社，2002.

［45］张五常. 经济解释［M］. 北京：中信出版社，2015.

［46］张孝德. 经济学范式革命与中国模式解读［M］. 北京：经济科学出版社，2012.

［47］张孝德. 生态文明立国论［M］. 石家庄：河北人民出版社，2014.

［48］张孝德. 文明的轮回［M］. 北京：中国社会出版社，2013.

［49］张占斌. 政府经济管理［M］. 北京：国家行政学院出版社，2015.

［50］中共浙江省委宣传部. "绿水青山就是金山银山"理论研究与实践探索［M］. 杭州：浙江人民出版社，2015.

［51］中共中央文献研究室. 习近平关于社会主义经济建设论述摘编［M］. 北京：中央文献出版社，2017.

［52］中共中央文献研究室. 习近平关于社会主义生态文明建设论述摘编［M］. 北京：中央文献出版社，2017.

［53］中国生态补偿机制与政策研究课题组. 中国生态补偿机制与政策研究［M］. 北京：科学出版社，2008.

［54］周冯琦，陈宁. 生态经济学国际理论前沿［M］. 上海：上海社会科学院出版社，2017.

［55］周冯琦，陈宁. 生态经济学理论前沿［M］. 上海：上海社会科学院出版社，2016.

［56］周其仁. 产权与制度变迁［M］. 北京：北京大学出版社，2004.

［57］周其仁. 真实世界的经济学［M］. 北京：北京大学出版社，2006.

二、国内期刊文献

［58］曾国安. 管制、政府管制与经济管制［J］. 经济评论，2004（6）：93 – 102.

［59］曾贤刚. 生态产品的概念、分类及其市场化供给机制［J］. 中国人口·资源与环境，2014（7）：12 – 17.

［60］陈国辉，孙志梅. 资产定义的嬗变及本质探源［J］. 会计之友，2007（1）：10 – 11.

［61］陈仲新，等. 中国生态系统效益的价值［J］. 科学通报，2000（1）：17 – 22.

［62］程启智. 内部性与外部性及其政府管制的产权分析［J］. 管理世界，2002（12）：62 – 68.

［63］邓远建，等. 生态资本运营机制：基于绿色发展的分析［J］. 中国人口·资源与环境，2012（4）：19 – 24.

[64] 董玮，等. 林业生态经济发展多维度公共政策选择与测度 [J]. 中国人口·资源与环境，2017（11）：149 – 158.

[65] 高和然. 国际自然资本核算的理论和实践启示 [J]. 中国生态文明，2016（6）：61 – 65.

[66] 高吉喜，范小杉. 生态资产概念、特点与研究趋向 [J]. 环境科学研究，2007（5）：137 – 143.

[67] 高吉喜. 生态资产评估在环评中的应用前景及建议 [J]. 环境影响评价，2014（1）.

[68] 高吉喜. 生态资产资本化概念及意义解析 [J]. 生态与农村环境学报，2016（1）：41 – 46.

[69] 高吉喜，等. 生态资产资本化：要素构成·运营模式·政策需求 [J]. 环境科学研究，2016（3）：315 – 321.

[70] 高小平. 我国政府生态公共服务的基本属性、存在问题与对策建议 [J]. 四川大学学报（哲学社会科学版），2015（5）：5 – 9.

[71] 高志英. 政府在绿色经济发展中的职能定位——基于生态资源资本化的视角 [J]. 中国人口·资源与环境，2012：36 – 39.

[72] 谷振宾，王立群. 我国森林生态效益补偿制度研究 [J]. 西北林学院学报，2007（2）：160 – 163.

[73] 顾昕. 俘获、激励和公共利益：政府管制的新政治经济学 [J]. 中国行政管理，2016（4）：95 – 101.

[74] 顾昕. 治理嵌入性与创新政策的多样性：国家—市场—社会关系的再认识 [J]. 公共行政评论，2017（6）：6 – 31.

[75] 郭美荐. 加强生态旅游政府管制的经济学思考——以内部性为视角 [J]. 江西社会科学，2007（2）：147 – 149.

[76] 何晓星，王守军. 论中国土地资本化中的利益分配问题 [J]. 上海交通大学学报（哲学社会科学版），2004（4）：11 – 16.

[77] 何秀恒，等. 两费自理改革的新尝试：土地资源资本化运营 [J]. 中国农垦经济，1999（10）：23 – 25.

[78] 胡滨. 生态资本化：消解现代性生态危机何以可能 [J]. 社会科学，2011（8）：5 – 61.

［79］胡乃武，李佩洁. 生态优势向经济优势的转化［J］. 中国金融，2017（8）：89 - 91.

［80］胡亦琴. 农地资本化经营与绩效分析——以浙江省绍兴市新风村农地资本化经营为例［J］. 江海学刊，2004（5）：76 - 80.

［81］胡熠，黎元生. 论生态资本经营与生态服务补偿机制构建［J］. 福建师范大学学报（哲学社会科学版），2010（4）：11 - 16.

［82］胡咏君，谷树忠. "绿水青山就是金山银山"：生态资产的价值化与市场化［J］. 湖州师范学院学报，2015（11）：22 - 25.

［83］黄东. 论管制性征收与生态公益林补偿［J］. 林业经济，2009（6）：21 - 25.

［84］姜文来. 关于自然资源资产化管理的几个问题［J］. 资源科学，2000（1）：5 - 8.

［85］蒋天文. 政府生态购买：一个解决生态环境的经济方案［J］. 财政研究，2002（9）：41 - 44.

［86］景杰，杜运伟. 政府生态管理绩效的多视角评价［J］. 中国行政管理，2015（10）：47 - 51.

［87］黎元生，胡熠. 美国政府购买生态服务的经验与启示［J］. 中共福建省委党校学报，2015（12）：17 - 21.

［88］黎元生，胡熠. 建立政府向社会组织购买生态服务机制［J］. 经济研究参考，2015（64）：29 - 37.

［89］李国祥，张伟，王亚君. 中国矿产资源资本化进程评价及实证分析［J］. 经济与管理，2016（8）：978 - 982.

［90］李海涛，许学工，肖笃宁. 基于能值理论的生态资本价值——以阜康市天山北坡中段森林区生态系统为例［J］. 生态学报，2005，25（6）：1383 - 1390.

［91］李怀政. 生态经济学变迁及其理论演进述评［J］. 江汉论坛，2007（2）：28 - 34.

［92］李克强. 论可再生自然资源的属性及其产权［J］. 中央财经大学学报，2008（12）：68 - 73.

［93］李荣娟，孙友祥. 生态文明视角下的政府生态服务供给研究［J］. 当

代世界与社会主义，2013（4）：177 – 181.

［94］李小玉，孟召博. 基于外部性视角的生态资本运营［J］. 南通大学学报（社会科学版），2014（4）：121 – 126.

［95］李晓东，张庆红，叶瑾琳. 气候学研究的若干理论问题［J］. 北京大学学报：自然科学版，1999，35（1）：11 – 22.

［96］李雪松. 水资源资产化与产权化及初始水权界定问题研究［J］. 江西社会科学，2006（2）：150 – 155.

［97］李志清. 论21世纪的自然资本与不平等——环境质量的收敛和经济增长［J］. 复旦学报（社会科学版），2016（1）：163 – 165.

［98］李周. 中国生态经济理论与实践的进展［J］. 江西社会科学，2008（6）：7 – 12.

［99］梁洁，张孝德. 生态经济学在西方的兴起及演化发展［J］. 经济研究参考，2014（42）：38 – 45.

［100］梁丽芳，张彩虹. 构建森林生态服务市场的经济学分析［J］. 理论探索，2007（6）：78 – 81.

［101］廖卫东. 我国生态领域产权市场的优化——以自然资源产权与排污权为例［J］. 当代财经，2003（4）：25 – 29.

［102］林丹. 从生态规制到生态议程：生态现代化理论的实践模式演进［J］. 理论与改革，2016（3）：107 – 112.

［103］刘滨谊，张琳. 旅游资源资本化的机制和方法［J］. 长江流域资源与环境，2009（9）：825 – 829.

［104］刘加林，等. "四化两型"视角下湖南水资源资本化运营机制探讨［J］. 生态经济，2013（5）：32 – 36.

［105］刘琳，贾根良. 生态经济学的演化特征与演化生态经济学［J］. 黑龙江社会科学，2013（1）：12 – 18.

［106］刘尚希. 自然资源设置两级产权的构想——基于生态文明的思考［J］. 经济社会体制比较，2018（1）：5 – 11.

［107］刘世锦. 关于产权的几个理论问题（上）［J］. 经济社会体制比较，1993（4）：50 – 55.

［108］刘世锦. 关于产权的几个理论问题（下）［J］. 经济社会体制比较，

1993 (5)：57 –61.

[109] 刘思华. 对可持续发展经济的理论思考 [J]. 经济研究, 1997 (3)：46 –54.

[110] 刘永湘, 杨继瑞. 论城市土地的资本化运营 [J]. 经济问题探索, 2003 (3)：46 –50.

[111] 刘玉龙, 等. 生态系统服务功能价值评估方法综述 [J]. 中国人口·资源与环境, 2005 (1)：88 –92.

[112] 龙昌林. 城市国有土地资本运营之我见 [J]. 南方国土资源, 2006 (6)：37 –38.

[113] 马洪. 正确认识和对待社会主义市场经济条件下的生产过剩 [J]. 生产力研究, 1997 (4)：7.

[114] 孟昌. 对自然资源产权制度改革的思考 [J]. 改革, 2003 (5)：114 –117.

[115] 潘家华. 加强生态文明的体制机制建设 [J]. 财贸经济, 2012 (12)：8 –11.

[116] 潘家华. 系统把握新时代生态文明建设基本方略——对党的十九大报告关于生态文明建设精神的解读 [J]. 环境经济, 2017 (20)：66 –71.

[117] 潘家华. 自然参与分配的价值体系分析 [J]. 中国地质大学, 2017 (4)：1 –8.

[118] 齐晔. 基于人类命运共同体理念的全球治理创新 [J]. 社会治理, 2017 (6)：16 –19.

[119] 齐晔. 中华文明的生态复兴：兼论生态文明思想的科学基础 [J]. 中国人口·资源与环境, 2008 (6)：1 –6.

[120] 沈洪满. 生态经济学的定义、范畴与规律 [J]. 生态经济, 2009 (1)：42 –47.

[121] 沈满洪. 推进生态文明产权制度改革 [J]. 中共杭州市委党校学报, 2015 (6)：4 –10.

[122] 沈振宇. 矿产资源资本化 [J]. 中国地质, 1999 (7)：26 –35.

[123] 宋文飞, 李国平. "产权公共域" 与失地农民利益失衡的理论机理剖析：基于租金视角 [J]. 中国人口·资源与环境, 2016 (6)：84 –92.

[124] 孙晓雷, 何溪. 新常态下高效生态经济发展方式的实证研究 [J]. 数量经济技术经济研究, 2015 (7): 39 – 56.

[125] 孙友祥, 汪烁. 环保服务市场化: 趋势、困境与路径 [J]. 湖北大学学报 (哲学社会科学版), 2017 (5): 105 – 110.

[126] 田贵良, 周慧. 我国水资源市场化配置环境下水权交易监管制度研究 [J]. 价格理论与实践, 2016 (7): 56 – 60.

[127] 王锋正, 郭晓川. 可持续性科学视角下矿产资源型企业转型升级路径研究——源自内蒙古的实证数据 [J]. 工业技术经济, 2012 (10): 62 – 70.

[128] 王海滨, 等. 实现生态服务价值的新视角 (二) ——生态服务价值的相对性 [J]. 生态经济, 2008 (7): 42 – 45.

[129] 王海滨, 等. 实现生态服务价值的新视角 (三) ——生态资本运营的理论框架与应用 [J]. 生态经济, 2008 (8): 36 – 40.

[130] 王海滨, 等. 实现生态服务价值的新视角 (一) ——生态服务的资本属性与生态资本概念 [J]. 生态经济, 2008 (6): 44 – 48.

[131] 王金南, 等. "绿水青山就是金山银山" 的理论内涵及其实现机制创新 [J]. 环境保护, 2017 (11): 13 – 17.

[132] 王金南, 等. 2015 年中国经济——生态生产总值核算研究 [J]. 中国人口·资源与环境, 2018 (2): 1 – 7.

[133] 王金南, 等. 新时代中国特色社会主义生态文明建设的方略与任务 [J]. 中国环境管理, 2017 (6): 9 – 12.

[134] 王立群, 王秋菊. 我国生态购买的研究进展与展望 [J]. 北京林业大学学报 (社会科学版), 2009 (4): 129 – 133.

[135] 王曙光, 王丹莉. 农村土地改革、土地资本化与农村金融发展 [J]. 新视野, 2014 (4): 42 – 45.

[136] 王学山, 等. 公共资源与最优产权选择 [J]. 长江流域资源与环境, 2006 (1): 25 – 28.

[137] 王亚华, 等. 水权市场研究述评与中国特色水权市场研究展望 [J]. 中国人口·资源与环境, 2017 (6): 87 – 100.

[138] 温铁军. 欠发达地区经济起飞的关键是资源资本化——中国农村改革试验区扶贫体制改革的实证经验 [J]. 管理世界, 1997 (6): 136 – 144.

[139] 伍山林. 交易费用定义比较研究 [J]. 学术月刊, 2000 (8): 8-12.

[140] 夏光. 环境资产经营公司探略 [J]. 环境与可持续发展, 2016 (3): 1.

[141] 夏光. 筑牢生态环境改善的制度基础 [J]. 中国国情国力, 2017 (3): 1.

[142] 肖建华, 游高端. 生态环境政策工具的发展与选择策略 [J]. 理论学刊, 2007 (7): 37-39.

[143] 谢高地, 曹淑艳. 发展转型的生态经济化和经济生态化过程 [J]. 资源科学, 2010 (4): 782-789.

[144] 徐双明. 基于产权分离的生态产权制度优化研究 [J]. 财经研究, 2017 (1): 63-73.

[145] 徐翔. 论土地使用权的资本化 [J]. 吉林大学社会科学学报, 2001 (2): 73-78.

[146] 徐勇. 一根竹子撑起一个大产业 [J]. 长三角, 2007 (2): 28.

[147] 鄢德奎, 陈德敏. 中国自然资源的租值耗散难题及其规制研究 [J]. 河北学刊, 2017 (2): 141-146.

[148] 严立冬, 屈志光, 方时矫. 水资源生态资本化运营探讨 [J]. 中国人口·资源与环境, 2011 (12): 81-84.

[149] 严立冬, 谭波, 刘加林. 生态资本化: 生态资源的价值实现 [J]. 中南财经大学学报, 2009 (2): 3-8.

[150] 严立冬, 等. 生态资本构成要素解析——基于生态经济学的文献综述 [J]. 中南财经大学学报, 2010 (5): 3-9.

[151] 杨帅, 温铁军. 经济波动、财税体制变迁与土地资源资本化——对中国改革开放以来"三次圈地"相关问题的实证分析 [J]. 管理世界, 2010 (4): 32-45.

[152] 于法稳. 近10年中国生态经济理论提升及实践发展——中国生态经济学会2010年学术年会综述 [J]. 中国农村经济, 2011 (5): 93-96.

[153] 张车伟, 程杰. 收入分配问题与要素资本化——我国收入分配问题的"症结"在哪里? [J]. 经济学动态, 2013 (4): 14-23.

［154］张德昭. 生态经济学的范式——生态、经济与德性之思 ［J］. 自然辩证法研究, 2008 (5)：99 - 101.

［155］张敦富, 孙久文. 论资源资本化、价格化是构建中国资源保障体系的基础工作 ［J］. 资源与产业, 2002 (1)：43 - 45.

［156］张红凤, 杨慧. 规制经济学沿革的内在逻辑及发展方向 ［J］. 经济评论, 2011 (6)：56 - 66.

［157］张劲松. 生态商业：让生态文明建设成为有利可图的制度设计 ［J］. 国外社会科学, 2015 (5)：13 - 20.

［158］张莉莉, 高原. 水资源资本化的法律规制：理论逻辑与制度建构 ［J］. 西部法学评论, 2015 (2)：88 - 95.

［159］张陆彪. 再论产权变革与资源的持续性管理 ［J］. 经济学家, 1994 (3)：31 - 40.

［160］张世秋. 环境资源配置低效率及自然资本"富聚"现象剖析 ［J］. 中国人口·资源与环境, 2007 (6)：7 - 12.

［161］张伟. 金融业如何支持绿色创新 ［J］. 环境经济, 2015 (Z1)：23.

［162］张伟. 绿色金融的地方实践与难点 ［J］. 清华金融评论, 2017 (10)：54 - 56.

［163］张文明. "多元共治"环境治理体系内涵与路径探析 ［J］. 行政管理改革, 2017 (2)：32 - 35.

［164］张文明. 自然资本、环境规制与碳金融实践 ［J］. 福建论坛 (人文社会科学版), 2017 (6)：33 - 38.

［165］张文明、张孝德. 生态资源资本化：一个框架性阐述 ［J］. 改革, 2019 (1)：182 - 191.

［166］张文明. 正确认识生态资源经济属性 ［J］. 中国经贸导刊, 2019 (8)：61 - 64.

［167］张孝德, 梁洁. 论作为生态经济学价值内核的自然资本 ［J］. 南京社会科学, 2014 (10)：1 - 6.

［168］张孝德, 张文明. 习近平生态治理思想的深层实践意蕴 ［J］. 国家治理, 2017 (4)：37 - 43.

［169］张孝德. "两山"之路是中国生态文明建设内生发展之路 ［J］. 中

国生态文明，2015（3）.

　　［170］张孝德. "两山"理论：生态文明新思维新战略新突破［J］. 人民论坛，2017（25）；66－68.

　　［171］张孝德. "十三五"时期生态文明建设新战略［J］. 经济研究参考，2016（8）：3－11.

　　［172］张孝德. 2030 将是生态文明时代主导的世界——从四大世界性事件看未来文明走向［J］. 人民论坛学术前沿，2017（7）：45－56.

　　［173］张孝德. 建立成本内化的可持续发展模式［J］. 国家行政学院学报，2001（1）：78－79.

　　［174］张孝德. 青海省生态文明建设的理念、制度与体制改革——基于生态资源理论与产权改革视角［J］. 攀登，2014（3）：1－7.

　　［175］张孝德. 生态经济为中国经济战略转型导航开路［J］. 经济研究参考，2012（61）：54－62.

　　［176］张孝德. 世界生态文明建设的希望在中国［J］. 国家行政学院学报，2013（5）：122－127.

　　［177］张孝德. 生态治理能力现代化的产权制度基础［J］. 国家治理，2014（20）：25－31.

　　［178］张晏. 生态系统服务市场化工具、概念、类型与适用［J］. 中国人口·资源与环境，2017（6）：119－126.

　　［179］张英，成杰民，等. 生态产品市场化实现路径及二元价格体系［J］. 中国人口·资源与环境，2016（3）：171－176.

　　［180］张志强，徐中民，程国栋. 生态系统服务与自然资本价值评估［J］. 生态学报，2001，21（11）：1918－1926.

　　［181］钟初茂. "生态可损耗配额"：生态文明建设的核心机制［J］. 学术月刊，2014（6）：60－67.

　　［182］周春波，李玲. 旅游资源资本化：演进路径、法律规制与实现机制［J］. 经济管理，2015（10）：125－134.

　　［183］周宏春. 生态价值核算回顾与评价［J］. 中国生态文明，2016（6）：54－61.

　　［184］周立，等. 资源资本化推动下的中国货币化进程（1978—2008）

[J]. 广东金融学院学报, 2010 (5): 3-15.

[185] 周其仁. 产权界定与产权改革 [J]. 科学发展, 2017 (6): 5-12.

[186] 朱洪革. 基于自然资本投资观的林业长线及短线投资分析 [J]. 林业经济问题, 2007 (2): 112-116.

[187] 朱学义, 戴新颖. 论中国矿产资源资本化改革的新思路 [J]. 中国地质大学学报 (社会科学版), 2010 (6): 41-44.

[188] 朱学义, 张亚杰. 论中国矿产资源的资本化改革 [J]. 资源科学, 2008 (1): 134-139.

[189] 邹富良. 土地资源商品化与土地资源资本化——对失地农民社会保障效果的比较 [J]. 调研世界, 2009 (5): 10-13.

三、国内其他类型文献

[190] 蒋正举. "资源—资产—资本" 视角下矿山废弃地转化理论及其应用研究 [D]. 北京: 中国矿业大学, 博士学位论文, 2014.

[191] 李林. 生态资源可持续利用的制度分析 [D]. 成都: 四川大学, 博士学位论文, 2006.

[192] 廖卫东. 生态领域产权市场的制度研究 [D]. 南昌: 江西财经大学, 博士学位论文, 2003.

[193] 刘普. 中国水资源市场化制度研究 [D]. 武汉: 武汉大学, 博士学位论文, 2010.

[194] 陆霁. 林业碳汇产权界定与配置研究 [D]. 北京: 北京林业大学, 博士学位论文, 2014.

[195] 沈满洪. 水权交易制度研究 [D]. 杭州: 浙江大学, 博士学位论文, 2004.

[196] 孙京海. 旅游资源资本化研究 [D]. 北京: 中国矿业大学, 博士学位论文, 2010.

[197] 王艳龙. 中国西部地区矿产资源资本化研究 [D]. 北京: 北京邮电大学, 博士学位论文, 2012.

[198] 谢慧明. 生态经济化制度研究 [D]. 杭州: 浙江大学, 博士学位论文, 2012.

［199］张菡冰. 集体林权资本化研究［D］. 泰安：山东农业大学，博士学位论文，2012.

［200］本报记者. 福建碳市场交出漂亮成绩单［N］. 福建日报，2017－07－22.

［201］本报记者. 中央环保督察威力大：2016 年到 2017 年两年内完成了对全国 31 省份的全覆盖［N］. 中国经济周刊，2017－11－06.

［202］谷树忠，李维明. 自然资源资产产权制度的五个基本问题［N］. 中国经济时报，2015－10－23.

［203］李维明，谷树忠. 自然资源资产管理体制改革之管见［N］. 中国经济时报，2016－02－19.

［204］刘思华. 生态经济学在中国的发展与展望［N］. 光明日报，2000－03－07.

［205］调研组. 全国集体林权制度改革成就综述［N］. 经济日报，2017－07－10.

［206］王庆丰. 资本论与资本的合理界限［N］. 光明日报，2016－01－27.

［207］约翰·贝拉米·福斯特. 中国创建属于自己的生态文明［N］. 人民日报（国际论坛），2015－06－11.

［208］张文明. 加快构建中国特色自然资源资产产权制度体系［N］. 中国经济时报，2019－09－11.

［209］联合国环境署. 迈向绿色经济——实现可持续发展和消除贫困的各种途径——面向政策制定者的综合报告［R］. 2011.

［210］全国碳市场的交易逻辑［EB/OL］. （2017－03－27）［2017－05－17］. http：//jjckb. xinhuanet. com/2017－03/27/c_ 136160103. htm.

［211］中国是如何一步步重新界定产权的［EB/OL］. （2016－12－01）［2017－03－08］. http：//people. chinareform. org. cn/Z/zhouqiren/Article/201612/t20161201_ 258493. htm.

［212］最高人民法院发布环境公益诉讼典型案例［EB/OL］. （2017－03－07）［2017－06－18］. http：//www. xinhuanet. com/legal/2017－03/07/c_ 129503217. htm.

［213］福建省森林生态服务价值超 8000 亿元［EB/OL］．（2016 - 09 - 14）
［2017 - 11 - 18］．http：//news. xinhuanet. com/fortune/2016 - 09/14/
c_ 1119565221. htm.

［214］2016 年林业统计年报［EB/OL］．（2017 - 02 - 23）［2017 - 06 -
18］．http：//www. fjforestry. gov. cn/.

四、国外著作

［215］［德］恩格斯. 自然辩证法［M］. 北京：人民出版社，1971.

［216］［德］马克思，恩格斯. 马克思恩格斯全集：第 25 卷［M］. 中央编
译局译. 北京：人民出版社，1974.

［217］［德］马克思. 1844 年经济学哲学手稿［M］. 北京：人民出版
社，2000.

［218］［德］马克思. 资本论：第三卷［M］. 北京：人民出版社，2004.

［219］［法］托马斯·皮凯蒂. 21 世纪资本论［M］. 北京：中信出版
社，2014.

［220］［美］阿兰·V. 尼斯，詹姆斯·L. 斯威尼. 自然资源与能源经济
学手册：第 1 卷［M］. 李晓西，等译. 北京：经济科学出版社，2007.

［221］［美］A. 阿尔钦，等. 财产权利与制度变迁［M］. 上海：上海三
联书店，1994.

［222］［美］J. 肯德里克. 美国的生产率趋势［M］. 北京：普林斯顿大学
出版社，1961.

［223］［美］Y. 巴泽尔. 产权的经济分析［M］. 费方域，等译. 上海：
上海三联书店，1997.

［224］［美］埃利塔·奥斯特罗姆. 公共事务的治理之道：集体行动制度
的演进［M］. 余逊达，陈旭东，译. 上海：上海译文出版社，2012.

［225］［美］保罗·萨缪尔森，威廉·诺德豪斯. 经济学［M］. 萧琛，等
译. 北京：华夏出版社，1999.

［226］［美］保罗·萨缪尔森. 经济学［M］. 北京：中国发展出版
社，1996.

［227］［美］彼得·巴恩斯. 资本主义 3.0［M］. 吴士宏，译. 海口：南

海出版社，2007.

[228]［美］丹尼斯·梅多斯、德内拉·梅多斯、乔根·兰德斯. 增长的极限［M］. 李涛，王智勇，译. 北京：机械工业出版社，2013.

[229]［美］赫尔曼·E. 戴利，小约翰·B. 柯布. 21 世纪生态经济学［M］. 王俊，韩冬筠，译. 北京：中央编译出版社，2015.

[230]［美］赫尔曼·E. 戴利. 超越增长——可持续发展的经济学［M］. 诸大建，等译. 上海：上海译文出版社，2001.

[231]［美］赫尔曼·E. 戴利. 生态经济学原理与应用［M］. 徐中民，等译. 郑州：黄河水利出版社，2007.

[232]［美］杰弗里·希尔. 自然与市场［M］. 北京：中信出版社，2006.

[233]［美］杰里米·里夫金. 第三次工业革命［M］. 张体伟，孙豫宁，译. 北京：中信出版社，2012.

[234]［美］杰里米·里夫金. 零边际成本社会［M］. 赛迪研究院专家组，译. 北京：中信出版社，2014.

[235]［美］蕾切尔·卡逊. 寂静的春天［M］. 吕瑞兰，李长生，译. 上海：上海译文出版社，2011.

[236]［美］马克·赫尔姆，乔纳森·亚当斯. 大自然的财富：一场由自然资本引领的商业模式革命［M］. 王玲，侯玮如，译. 北京：中信出版社，2013.

[237]［美］尼尔·F. 史普博. 管制与市场［M］. 上海：上海人民出版社，1999.

[238]［美］乔尔·科威尔. 自然的敌人：资本主义的终结还是世界的毁灭？［M］. 杨燕飞，冯春涌，译. 北京：中国人民大学出版社，2015.

[239]［美］乔治·J. 斯蒂格勒. 产业组织与政府管制［M］. 上海：上海三联书店，1989.

[240]［美］威廉·J. 鲍莫尔，华莱士·E. 奥茨. 环境经济理论与政策设计［M］. 北京：经济科学出版社，2004.

[241]［美］小贾尔斯·伯吉斯. 管制与反垄断经济学［M］. 上海：上海财经大学出版社，2003.

[242]［美］约翰·C. 伯格斯特罗姆，阿兰·兰多尔. 资源经济学：自然

资源与环境政策的经济分析［M］. 谢关平，朱方明，译. 北京：中国人民大学出版社，2015.

　　［243］［美］约瑟夫·E. 斯蒂格里茨. 公共部门经济学［M］. 北京：中国人民大学出版社，2008.

　　［244］　［日］植草益. 微观规制经济学［M］. 北京：中国发展出版社，1992.

　　［245］［英］E. F. 舒马赫. 小的是美好的［M］. 虞鸿钧，郑关林，译. 上海：商务印书馆，1984.

　　［246］［英］E. J. 米香. 经济增长的代价［M］. 虞鸿钧，任保平，等译. 上海：机械工业出版社，2011.

　　［247］［英］阿尔弗雷德·马歇尔. 经济学原理［M］. 朱志泰，等译. 北京：商务印书馆，1996.

　　［248］［英］大卫·李嘉图. 政治经济学及赋税原理［M］. 北京：人民出版社，1972.

　　［249］［英］戴维·M. 沃克. 牛津法律大辞典［M］. 李双元，等译. 北京：法律出版社，2003.

　　［250］［英］迪特尔·赫尔姆. 自然资本：为地球估值［M］. 蔡晓璐，译. 北京：中国发展出版社，2017.

　　［251］［英］莱昂内尔·罗宾斯. 经济科学的性质与意义［M］. 北京：商务印书馆，2000.

　　［252］［英］亚当·斯密. 国民财富的性质和原因的研究［M］. 北京：商务印书馆，1972.

　　［253］［俄］娜塔丽·西德南科，尤里·耶申科. 经济、生态与环境科学中的数学模型［M］. 申笑颜，译. 北京：中国人民大学出版社，2011.

　　［254］OECD. 环境经济手段应用指南［M］. 北京：中国环境科学出版社，1994.

　　［255］世界资源研究所. 生态系统与人类福祉：生物多样性综合报告·千年生态系统评估［M］. 北京：中国环境科学出版社，2005.

　　［256］Charlene Spretank. *State of Grace*：*The recovery of meaning in the post-modern age*［M］. Haoper San Franciso：A division of harper, Collins publishers, 1991.

[257] Charlene Spretank. *The resurgence of the real*: *Body, Nature, and Place in a hypermodern world* [M]. Addison Wesley Publishing Company, Inc., 1997.

[258] Faucheux *S. O' Connor M Valuation for sustainable development* [M]. Edward Elgar Publishing Limited, 1998.

[259] O. E. Williamson. *The Economic Institutions of Capitalism* [M]. New York: The free press, 1985.

[260] Pagiola S, Bishop J, Landell – Mills N. *Selling forest environmental services*: *market – based mechanisms for conservation and development* [M]. New York: Earthscan Publications, 2002.

[261] R. Costanze. *Ecological Economics*: *The Science and Manage – ment of Sustainability* [M]. New York: Columbia University Press, 1991.

五、国外期刊文献

[262] Acemoglu, D., Aghion, P., Bursztyn, L., & Hemous, D. *The environment and directed technical change* [J]. American Economic Review, 2012 (10): 131 – 166.

[263] Agiolas, Ritter K V, Bishop J. *Assessing the economic value of ecosystem conservation* [R]. Washington D. C.: The World Bank Environment Department, 2004: 28.

[264] Andrei Shleifer. *A theory of yardstick competition* [J]. Rand journal economics, 1985 (3): 319 – 327.

[265] Banaszak, I. et al. *The Role of Market based instruments for biodiversity protection in central and eastern Europe* [J]. Ecological Economics, 2013, 95 (6): 41 – 50.

[266] Becker, Gray S. *A theory of competition among pressure groups for political influence* [J]. Journal of economics, 1983 (3): 87 – 98.

[267] Bergh Fera, Brownc, Bruner A, et al. *Increasing thepolicy impact of ecosystem service assessments and valuations – insights from practice* [R]. Leipzig: UFZ; Eschborn: GIZ, 2016: 22 – 29.

[268] Boisvertv, M Ralp, Froger G. *Market – based instruments for ecosystem services: institutional innovation or renovation?* [J]. Society and natural resources, 2013, 26 (10): 11 –24.

[269] Burcea, Ş. *The economical, social and environmental implications of infomal waste collection and recycling* [J]. Theoretical and empirical researches in urban management, 2015, 10 (3): 14 –24.

[270] Burkett, Paul. *Value, Capital and Nature: Some Ecological Implications of Marx's Critique of Political Economy* [J]. Science & Society, 1996 (60): 332 – 359.

[271] Burkett, Paul. *The value problem in ecological economics: Lessons from the Physiocrats and marx* [J]. Organization & Environment, 2003 (2): 137 –167.

[272] Carruthers, David V. *The Politics and Ecology of Indigenous Folk Art in Mexico* [J]. Human Organization, 2001 (60): 356 –366.

[273] Chapin III, F. Stuart, et al. *Directional changes in ecological communities and social - ecological systems: a pramework for prediction based on Alaskan examples* [J]. The American Naturalist, 2006 (6): 36 –49.

[274] Costanza Retal. *The Value of the World's Ecosystem Services and Natural Capital* [J]. Nature, 1997 (9): 73 –90.

[275] Daily, G. C., Soderqvist, T. *The Value of Nature and the Nature of Value* [J]. Science, 2000 (28): 395 –396.

[276] Delmas M A, Grantle. *Eco – labeling strategies and price – premium: the wine industry puzzle* [J]. Business and society, 2014, 53 (1): 7 –11.

[277] Demsetz, H. *Why regulates utilities?* [J]. Journal of law and economics, 1968 (11): 55 –65.

[278] Dobbin, Frank, and Timothy J. Dowd. *How policy shapes competition: Early railroad foundings in massachusetts* [J]. Administrative science quarterly, 1997 (3): 501 –529.

[279] Ezzine – De – Blasd, Wunder S, Ruiz – p Rez M, et al. *Global patterns in the implementation of payments for environmental services* [J]. Plos one, 2016, 11 (3): 2.

［280］ F. Iossa, F. Stroffolini. *Price capregulation and information acquisition* ［J］. International journal of industrial organization, 1993, 20 （7）: 1013 – 1036.

［281］ Farrell, J. *Information and the Coase Theorem* ［J］. Journal of Economic Perspectives, 1987 （2）: 13 – 29.

［282］ Fenichel, Eli P., and Joshua K. Abbott. *Natural Capital: From Metaphor to Measurement* ［J］. Journal of the Association of Environmental and Resource Economists, 2014 （1）: 1 – 27.

［283］ Foldvary, Fred E. *The complex taxonomy of the factors: Natural resources, Human action, and capital goods* ［J］. The American Journal of Economics and Sociology, 2006 （65）: 787 – 802.

［284］ G Mez – Baggethun E, Muradian R. *In markets we trust? Setting the boundaries of market – based instruments in ecosystem services governance* ［J］. Ecological economics, 2015, 117 （9）: 218 – 222.

［285］ Geels Frank, Schot Johan. *Typology of sociotechnical transition Pathways* ［J］. Research policy, 2007, 36 （3）: 56 – 62.

［286］ Gillingham, K., Rapson, D., & Wagner, G. *The rebound effect and energy efficiency policy* ［J］. Review of Environmental Economics and Policy, 2016, 10 （1）: 68 – 88.

［287］ Gomiero, T. *Soil degradation, Land scarcity and food security: renewing a complex challenge* ［J］. Sustainability, 2016, 8 （2）: 1 – 41.

［288］ Guiling, Pamela, et al. *Why has the price of pasture increased relative to the price of cropland* ［J］. Journal of ASFMRA, 2009 （1）: 99 – 111.

［289］ Howard, P. *The history of ecological marginalization in Chiapas* ［J］. Environmental History, 1998, 3 （3）, 357 – 377.

［290］ Jespersen, L. M., Baggesen, D. L., Fog, E., Halsnæs, K., Hermansen, J. E., Andreasen, L. & Halberg, N. *Contribution of organic farming to public goods in Denmark* ［J］. Organic Agriculture, 2017, 7 （3）: 243 – 266.

［291］ J – J. Laffont. J. Tirole. *The dynamics of incentive contracts* ［J］. Economctrica, 1988, 56 （5）: 1153 – 1175.

[292] Jobert T. Karanfil F. Tykhonenko A. *Environmental Kuznets Curve for Carbon Dioxide emissions lack of robustness to heterogeneity?* [R]. Working paper, 2012.

[293] Licksman R L. *Regulatory safeguards for accountable ecosystem service markets in wetlands development* [J]. The University of Kansas law review, 2014, 62 (4): 943.

[294] Lockies. *Market instruments, ecosystem services, and propertyrights: assumptions and conditions for sustained social and ecologicalbenefits* [J]. Land use policy, 2013, 31 (2): 90 – 97.

[295] Loeb, M and Maga, W. *A decentralized method of utility regulation* [J]. Journal of law economics, 1979 (22): 399 – 404.

[296] Lowell K, Drohanj, Hajek C, et al. *A science – drivenmarket – based instrument for determining the cost of environmental services: a comparison of two catchments in Australia* [J]. Ecological economics, 2007, 64 (1): 61.

[297] Machol, B. & Rizk, S. *Economic value of US fossil fuel electricity health impacts* [J]. Environment international, 2013 (52): 75 – 80.

[298] Mahanty S, Suich H, Tacconi L. *Access and benefits inpayments for environmental services and implications for REDD +: lessons from seven PES schemes* [J]. Land use policy, 2013, 31 (3): 44.

[299] Naz, Antonia Corinthia C., and Mario Tuscan N. Naz. *Ecological Solid Waste Management in Suburban Municipalities: User Fees in Tuba, Philippines* [J]. ASEAN Economic Bulletin, 2008 (25): 70 – 84.

[300] Ngela S, Pagiola S, Wunder S. *Designing payments for environmental services in theory and practice: an overview of the issues* [J]. Ecological economics, 2008, 65 (4): 669.

[301] Peltzman, Sam. *Toward a more general theory of regulation* [J]. Journal of law and economics, 1976 (2): 65 – 81.

[302] Pirara R, Lapeyrer. *Classifying market – based instruments for ecosystem services: a guide to the literature jungle* [J]. Ecosystem services, 2014, 9 (9): 107.

[303] Pirard R. *Market – based instruments for biodiversity and ecosystem serv-ices: a lexicon* [J]. Ecosystem science & policy, 2012: 61 – 66.

[304] Posner, R. A. *Theories of Economic regulation* [J]. Bell Journal of E-conomics, 1974 (2): 65 – 76.

[305] Quark, Amy A. *Toward a New Theory of Change: Socio – Natural Re-gimes and the Historical Development of the Textiles Commodity Chain* [J]. Review (Fernand Braudel Center), 2008 (31): 1 – 37.

[306] R. H. Coase. *The problem of social costs* [J]. Journal of law and eeon-omies, 1960 (3): 15.

[307] R. H. Coase. *The nature of the firm* [J]. Economica, 1937 (4): 386 – 405.

[308] S. N. S. Cheung. *The Contractual Natural of the Firm* [J]. Joural of Law and Economics, 1983 (26): 1 – 21.

[309] Sarah Jaquette Ray. *Can a Green University Serve Underrepresented Students? Reconciling Sustainability and Diversity at Humboldt State University* [J]. Humboldt Journal of Social Relations, 2017 (39): 16 – 29.

[310] Sayre, Nathan F, et al. *Earth stewardship of rangelands: Coping with ecological, economic, and political marginality* [J]. Frontiers in ecology and the en-vironment, 2013 (11): 348 – 354.

[311] Scott E. Atkinson and T. H. Tietenberg. *The Empirical Properties of Two Classes of Designs for Transferable Discharge Permit Markets* [J]. Journal of Envi-ronmental Economics and Management, 1982 (2): 101 – 121.

[312] Shafik, N. *Economic development and environmental quality—An econo-metric analysis* [J]. Oxford economic papers, 1994 (46): 24 – 35.

[313] Sharfman, Mark P, and Chitru S. Fernando. *Environmental risk man-agement and the cost of capital* [J]. Strategic management journal, 2008 (29): 569 – 592.

[314] Slobodan Cvetanovi. *The concept of technological paradigm and the cycli-cal movements of the economy* [J]. Economics and organization, 2012 (9): 45 – 58.

[315] Solow. R. A. *Contribution to the Theory of Economic Growth* [J]. Quarterly Journal of Economics. 1956 (3): 65 – 94.

[316] Stigler, George J. *The theory of economics regulation* [J]. Journal of economics and management science, 1972 (1): 23.

[317] Stokols, Daniel, et al. *Enhancing the Resilience of Human – Environment Systems: a Social Ecological Perspective* [J]. Ecology and Society, 2013 (18): 22 – 36.

[318] Thrainn Eggertsson. *the economics of institutions: avoiding the open – field syndrome and the perils of path dependence* [J]. Acta Sociologica, 1993 (2): 24 – 36.

[319] Villegas C, Coria J. *Taxes, permits and the adoption of abatement technology under imperfect compliance* [R]. Gothenburg: EfD, 2009: 23.

[320] Womble P, Doyle M. *The geography of trading ecosystem services: a case study of wetland and stream compensatory mitigation markets* [J]. Harvard environmental law review, 2012, 36 (1): 250.

附件　中共中央国务院关于加快推进生态文明建设的意见

（2015 年 4 月 25 日）

生态文明建设是中国特色社会主义事业的重要内容，关系人民福祉，关乎民族未来，事关"两个一百年"奋斗目标和中华民族伟大复兴中国梦的实现。党中央、国务院高度重视生态文明建设，先后出台了一系列重大决策部署，推动生态文明建设取得了重大进展和积极成效。但总体上看我国生态文明建设水平仍滞后于经济社会发展，资源约束趋紧，环境污染严重，生态系统退化，发展与人口资源环境之间的矛盾日益突出，已成为经济社会可持续发展的重大瓶颈制约。

加快推进生态文明建设是加快转变经济发展方式、提高发展质量和效益的内在要求，是坚持以人为本、促进社会和谐的必然选择，是全面建成小康社会、实现中华民族伟大复兴中国梦的时代抉择，是积极应对气候变化、维护全球生态安全的重大举措。要充分认识加快推进生态文明建设的极端重要性和紧迫性，切实增强责任感和使命感，牢固树立尊重自然、顺应自然、保护自然的理念，坚持绿水青山就是金山银山，动员全党、全社会积极行动、深入持久地推进生态文明建设，加快形成人与自然和谐发展的现代化建设新格局，开创社会主义生态文明新时代。

一、总体要求

（一）指导思想

以邓小平理论、"三个代表"重要思想、科学发展观为指导，全面贯彻党的十八大和十八届二中、三中、四中全会精神，深入贯彻习近平总书记系列重要讲话精神，认真落实党中央、国务院的决策部署，坚持以人为本、依法推进，坚持节约资源和保护环境的基本国策，把生态文明建设放在突出的战略位置，融入经济建设、政治建设、文化建设、社会建设各方面和全过程，协同推进新型工业化、信息化、城镇化、农业现代化和绿色化，以健全生态文明制度体系为重点，优化国土空间开发格局，全面促进资源节约利用，加大自然生态系统和环境保护力度，大力推进绿色发展、循环发展、低碳发展，弘扬生态文化，倡导绿色生活，加快建设美丽中国，使蓝天常在、青山常在、绿水常在，实现中华民族永续发展。

（二）基本原则

坚持把节约优先、保护优先、自然恢复为主作为基本方针。在资源开发与节约中，把节约放在优先位置，以最少的资源消耗支撑经济社会持续发展；在环境保护与发展中，把保护放在优先位置，在发展中保护、在保护中发展；在生态建设与修复中，以自然恢复为主，与人工修复相结合。

坚持把绿色发展、循环发展、低碳发展作为基本途径。经济社会发展必须建立在资源得到高效循环利用、生态环境受到严格保护的基础上，与生态文明建设相协调，形成节约资源和保护环境的空间格局、产业结构、生产方式。

坚持把深化改革和创新驱动作为基本动力。充分发挥市场配置资源的决定性作用和更好地发挥政府作用，不断深化制度改革和科技创新，建立系统完整的生态文明制度体系，强化科技创新引领作用，为生态文明建设注入强大动力。

坚持把培育生态文化作为重要支撑。将生态文明纳入社会主义核心价值体系，加强生态文化的宣传教育，倡导勤俭节约、绿色低碳、文明健康的生活方式和消费模式，提高全社会生态文明意识。

坚持把重点突破和整体推进作为工作方式。既立足当前，着力解决对经济社会可持续发展制约性强、群众反映强烈的突出问题，打好生态文明建设攻坚战；又着眼长远，加强顶层设计与鼓励基层探索相结合，持之以恒全面推进生态文明建设。

（三）主要目标

到 2020 年，资源节约型和环境友好型社会建设取得重大进展，主体功能区布局基本形成，经济发展质量和效益显著提高，生态文明主流价值观在全社会得到推行，生态文明建设水平与全面建成小康社会目标相适应。

——国土空间开发格局进一步优化。经济、人口布局向均衡方向发展，陆海空间开发强度、城市空间规模得到有效控制，城乡结构和空间布局明显优化。

——资源利用更加高效。单位国内生产总值二氧化碳排放强度比 2005 年下降 40%～45%，能源消耗强度持续下降，资源产出率大幅提高，用水总量力争控制在 6700 亿立方米以内，万元工业增加值用水量降低到 65 立方米以下，农田灌溉水有效利用系数提高到 0.55 以上，非化石能源占一次能源消费比重达到 15% 左右。

——生态环境质量总体改善。主要污染物排放总量继续减少，大气环境质量、重点流域和近岸海域水环境质量得到改善，重要江河湖泊水功能区水质达标率提高到 80% 以上，饮用水安全保障水平持续提升，土壤环境质量总体保持稳定，环境风险得到有效控制。森林覆盖率达到 23% 以上，草原综合植被覆盖度达到 56%，湿地面积不低于 8 亿亩，50% 以上可治理沙化土地得到治理，自然岸线保有率不低于 35%，生物多样性丧失速度得到基本控制，全国生态系统稳定性明显增强。

——生态文明重大制度基本确立。基本形成源头预防、过程控制、损害赔偿、责任追究的生态文明制度体系，自然资源资产产权和用途管制、生态保护红线、生态保护补偿、生态环境保护管理体制等关键制度建设取得决定性成果。

二、强化主体功能定位，优化国土空间开发格局

国土是生态文明建设的空间载体。要坚定不移地实施主体功能区战略，健全空间规划体系，科学合理布局和整治生产空间、生活空间、生态空间。

（一）积极实施主体功能区战略

全面落实主体功能区规划，健全财政、投资、产业、土地、人口、环境等配套政策和各有侧重的绩效考核评价体系。推进市县落实主体功能定位，推动经济社会发展、城乡、土地利用、生态环境保护等规划"多规合一"，形成一个市县一本规划、一张蓝图。区域规划编制、重大项目布局必须符合主体功能定位。对不同主体功能区的产业项目实行差别化市场准入政策，明确禁止开发区域、限制开发区域准入事项，明确优化开发区域、重点开发区域禁止和限制发展的产业。编制实施全国国土规划纲要，加快推进国土综合整治。构建平衡适宜的城乡建设空间体系，适当增加生活空间、生态用地，保护和扩大绿地、水域、湿地等生态空间。

（二）大力推进绿色城镇化

认真落实《国家新型城镇化规划（2014—2020年）》，根据资源环境承载能力，构建科学合理的城镇化宏观布局，严格控制特大城市规模，增强中小城市承载能力，促进大中小城市和小城镇协调发展。尊重自然格局，依托现有山水脉络、气象条件等，合理布局城镇各类空间，尽量减少对自然的干扰和损害。保护自然景观，传承历史文化，提倡城镇形态多样性，保持特色风貌，防止"千城一面"。科学确定城镇开发强度，提高城镇土地利用效率、建成区人口密度，划定城镇开发边界，从严供给城市建设用地，推动城镇化发展由外延扩张式向内涵提升式转变。严格新城、新区设立条件和程序。强化城镇化过程中的节能理念，大力发展绿色建筑和低碳、便捷的交通体系，推进绿色生态城区建设，提高城镇供排水、防涝、雨水收集利用、供热、供气、环境等基础设施建设水平。所有县城和重点镇都要具备污水、垃圾处理能力，提高建设、运行、管理水平。加强城乡规划"三区四线"（禁建区、限建区和适建区，绿线、蓝线、紫线和黄线）管理，维护城乡规划的权威性、严肃性，杜绝大拆大建。

（三）加快美丽乡村建设

完善县域村庄规划，强化规划的科学性和约束力。加强农村基础设施建设，强化山水林田路综合治理，加快农村危旧房改造，支持农村环境集中连片整治，开展农村垃圾专项治理，加大农村污水处理和改厕力度。加快转变农业发展方式，推进农业结构调整，大力发展农业循环经济，治理农业污染，提升农产品质量安全水平。依托乡村生态资源，在保护生态环境的前提下，加快发展乡村旅游休闲业。引导农民在房前屋后、道路两旁植树护绿。加强农村精神文明建设，以环境整治和民风建设为重点，扎实推进文明村镇创建。

（四）加强海洋资源科学开发和生态环境保护

根据海洋资源环境承载力，科学编制海洋功能区划，确定不同海域主体功能。坚持"点上开发、面上保护"，控制海洋开发强度，在适宜开发的海洋区域，加快调整经济结构和产业布局，积极发展海洋战略性新兴产业，严格生态环境评价，提高资源集约节约利用和综合开发水平，最大程度减少对海域生态环境的影响。严格控制陆源污染物排海总量，建立并实施重点海域排污总量控制制度，加强海洋环境治理、海域海岛综合整治、生态保护修复，有效保护重要、敏感和脆弱海洋生态系统。加强船舶港口污染控制，积极治理船舶污染，增强港口码头污染防治能力。控制发展海水养殖，科学养护海洋渔业资源。开展海洋资源和生态环境综合评估。实施严格的围填海总量控制制度、自然岸线控制制度，建立陆海统筹、区域联动的海洋生态环境保护修复机制。

三、推动技术创新和结构调整，提高发展质量和效益

从根本上缓解经济发展与资源环境之间的矛盾，必须构建科技含量高、资源消耗低、环境污染少的产业结构，加快推动生产方式绿色化，大幅提高经济绿色化程度，有效降低发展的资源环境代价。

（一）推动科技创新

结合深化科技体制改革，建立符合生态文明建设领域科研活动特点的管理制度和运行机制。加强重大科学技术问题研究，开展能源节约、资源循环利用、新能源开发、污染治理、生态修复等领域关键技术攻关，在基础研究和前沿技术研发方面取得突破。强化企业技术创新主体地位，充分发挥市场对绿色产业发展方向和技术路线选择的决定性作用。完善技术创新体系，提高综合集成创新能力，加强工艺创新与试验。支持生态文明领域工程技术类研究中心、实验室和实验基地建设，完善科技创新成果转化机制，形成一批成果转化平台、中介服务机构，加快成熟适用技术的示范和推广。加强生态文明基础研究、试验研发、工程应用和市场服务等科技人才队伍建设。

（二）调整优化产业结构

推动战略性新兴产业和先进制造业健康发展，采用先进适用节能低碳环保技术改造提升传统产业，发展壮大服务业，合理布局建设基础设施和基础产业。积极化解产能严重过剩矛盾，加强预警调控，适时调整产能严重过剩行业名单，严禁核准产能严重过剩行业新增产能项目。加快淘汰落后产能，逐步提高淘汰标准，禁止落后产能向中西部地区转移。做好化解产能过剩和淘汰落后产能企业职工安置工作。推动要素资源全球配置，鼓励优势产业走出去，提高参与国际分工的水平。调整能源结构，推动传统能源安全绿色开发和清洁低碳利用，发展清洁能源、可再生能源，不断提高非化石能源在能源消费结构中的比重。

（三）发展绿色产业

大力发展节能环保产业，以推广节能环保产品拉动消费需求，以增强节能环保工程技术能力拉动投资增长，以完善政策机制释放市场潜在需求，推动节

能环保技术、装备和服务水平显著提升，加快培育新的经济增长点。实施节能环保产业重大技术装备产业化工程，规划建设产业化示范基地，规范节能环保市场发展，多渠道引导社会资金投入，形成新的支柱产业。加快核电、风电、太阳能光伏发电等新材料、新装备的研发和推广，推进生物质发电、生物质能源、沼气、地热、浅层地温能、海洋能等应用，发展分布式能源，建设智能电网，完善运行管理体系。大力发展节能与新能源汽车，提高创新能力和产业化水平，加强配套基础设施建设，加大推广普及力度。发展有机农业、生态农业，以及特色经济林、林下经济、森林旅游等林产业。

四、全面促进资源节约循环高效使用，推动利用方式根本转变

节约资源是破解资源瓶颈约束、保护生态环境的首要之策。要深入推进全社会节能减排，在生产、流通、消费各环节大力发展循环经济，实现各类资源节约高效利用。

（一）推进节能减排

发挥节能与减排的协同促进作用，全面推动重点领域节能减排。开展重点用能单位节能低碳行动，实施重点产业能效提升计划。严格执行建筑节能标准，加快推进既有建筑节能和供热计量改造，从标准、设计、建设等方面大力推广可再生能源在建筑上的应用，鼓励建筑工业化等建设模式。优先发展公共交通，优化运输方式，推广节能与新能源交通运输装备，发展甩挂运输。鼓励使用高效节能农业生产设备。开展节约型公共机构示范创建活动。强化结构、工程、管理减排，继续削减主要污染物排放总量。

（二）发展循环经济

按照减量化、再利用、资源化的原则，加快建立循环型工业、农业、服务业体系，提高全社会资源产出率。完善再生资源回收体系，实行垃圾分类回收，开发利用"城市矿产"，推进秸秆等农林废弃物以及建筑垃圾、餐厨废弃物资源化利用，发展再制造和再生利用产品，鼓励纺织品、汽车轮胎等废旧物品回收利用。推进煤矸石、矿渣等大宗固体废弃物综合利用。组织开展循环经济示范行动，大力推广循环经济典型模式。推进产业循环式组合，促进生产和生活系统的循环链接，构建覆盖全社会的资源循环利用体系。

（三）加强资源节约

节约集约利用水、土地、矿产等资源，加强全过程管理，大幅降低资源消耗强度。加强用水需求管理，以水定需、量水而行，抑制不合理用水需求，促进人口、经济等与水资源相均衡，建设节水型社会。推广高效节水技术和产品，发展节水农业，加强城市节水，推进企业节水改造。积极开发利用再生水、矿井水、空中云水、海水等非常规水源，严控无序调水和人造水景工程，提高水资源安全保障水平。按照严控增量、盘活存量、优化结构、提高效率的原则，加强土地利用的规划管控、市场调节、标准控制和考核监管，严格土地用途管制，推广应用节地技术和模式。发展绿色矿业，加快推进绿色矿山建设，促进矿产资源高效利用，提高矿产资源开采回采率、选矿回收率和综合利用率。

五、加大自然生态系统和环境保护力度，切实改善生态环境质量

良好生态环境是最公平的公共产品，是最普惠的民生福祉。要严格源头预防、不欠新账，加快治理突出生态环境问题、多还旧账，让人民群众呼吸新鲜的空气，喝上干净的水，在良好的环境中生产生活。

（一）保护和修复自然生态系统

加快生态安全屏障建设，形成以青藏高原、黄土高原—川滇、东北森林带、北方防沙带、南方丘陵山地带、近岸近海生态区以及大江大河重要水系为骨架，以其他重点生态功能区为重要支撑，以禁止开发区域为重要组成的生态安全战略格局。实施重大生态修复工程，扩大森林、湖泊、湿地面积，提高沙区、草原植被覆盖率，有序实现休养生息。加强森林保护，将天然林资源保护范围扩大到全国；大力开展植树造林和森林经营，稳定和扩大退耕还林范围，加快重点防护林体系建设；完善国有林场和国有林区经营管理体制，深化集体林权制度改革。严格落实禁牧休牧和草畜平衡制度，加快推进基本草原划定和保护工作；加大退牧还草力度，继续实行草原生态保护补助奖励政策；稳定和完善草原承包经营制度。启动湿地生态效益补偿和退耕还湿。加强水生生物保护，开展重要水域增殖放流活动。继续推进京津风沙源治理、黄土高原地区综合治理、石漠化综合治理，开展沙化土地封禁保护试点。加强水土保持，因地制宜推进小流域综合治理。实施地下水保护和超采漏斗区综合治理，逐步实现地下水采补平衡。强化农田生态保护，实施耕地质量保护与提升行动，加大退化、污染、

损毁农田改良和修复力度，加强耕地质量调查监测与评价。实施生物多样性保护重大工程，建立监测评估与预警体系，健全国门生物安全查验机制，有效防范物种资源丧失和外来物种入侵，积极参加生物多样性国际公约谈判和履约工作。加强自然保护区建设与管理，对重要生态系统和物种资源实施强制性保护，切实保护珍稀濒危野生动植物、古树名木及自然生境。建立国家公园体制，实行分级、统一管理，保护自然生态和自然文化遗产原真性、完整性。研究建立江河湖泊生态水量保障机制。加快灾害调查评价、监测预警、防治和应急等防灾减灾体系建设。

（二）全面推进污染防治

按照以人为本、防治结合、标本兼治、综合施策的原则，建立以保障人体健康为核心、以改善环境质量为目标、以防控环境风险为基线的环境管理体系，健全跨区域污染防治协调机制，加快解决人民群众反映强烈的大气、水、土壤污染等突出环境问题。继续落实大气污染防治行动计划，逐渐消除重污染天气，切实改善大气环境质量。实施水污染防治行动计划，严格饮用水源保护，全面推进涵养区、源头区等水源地环境整治，加强供水全过程管理，确保饮用水安全；加强重点流域、区域、近岸海域水污染防治和良好湖泊生态环境保护，控制和规范淡水养殖，严格入河（湖、海）排污管理；推进地下水污染防治。制订实施土壤污染防治行动计划，优先保护耕地土壤环境，强化工业污染场地治理，开展土壤污染治理与修复试点。加强农业面源污染防治，加大种养业特别是规模化畜禽养殖污染防治力度，科学施用化肥、农药，推广节能环保型炉灶，净化农产品产地和农村居民生活环境。加大城乡环境综合整治力度。推进重金属污染治理。开展矿山地质环境恢复和综合治理，推进尾矿安全、环保存放，妥善处理处置矿渣等大宗固体废物。建立健全化学品、持久性有机污染物、危险废物等环境风险防范与应急管理工作机制。切实加强核设施运行监管，确保核安全万无一失。

（三）积极应对气候变化

坚持当前长远相互兼顾、减缓适应全面推进，通过节约能源和提高能效，优化能源结构，增加森林、草原、湿地、海洋碳汇等手段，有效控制二氧化碳、甲烷、氢氟碳化物、全氟化碳、六氟化硫等温室气体排放。提高适应气候变化特别是应对极端天气和气候事件能力，加强监测、预警和预防，提高农业、林业、水资源等重点领域和生态脆弱地区适应气候变化的水平。扎实推进低碳省区、城市、城镇、产业园区、社区试点。坚持共同但有区别的责任原则、公平原则、各自能力原则，积极建设性地参与应对气候变化国际谈判，推动建立公平合理的全球应对气候变化格局。

六、健全生态文明制度体系

加快建立系统完整的生态文明制度体系，引导、规范和约束各类开发、利用、保护自然资源的行为，用制度保护生态环境。

（一）健全法律法规

全面清理现行法律法规中与加快推进生态文明建设不相适应的内容，加强法律法规间的衔接。研究制定节能评估审查、节水、应对气候变化、生态补偿、湿地保护、生物多样性保护、土壤环境保护等方面的法律法规，修订土地管理法、大气污染防治法、水污染防治法、节约能源法、循环经济促进法、矿产资源法、森林法、草原法、野生动物保护法等。

（二）完善标准体系

加快制定修订一批能耗、水耗、地耗、污染物排放、环境质量等方面的标准，实施能效和排污强度"领跑者"制度，加快标准升级步伐。提高建筑物、道路、桥梁等建设标准。环境容量较小、生态环境脆弱、环境风险高的地区要执行污染物特别排放限值。鼓励各地区依法制定更加严格的地方标准。建立与国际接轨、适应我国国情的能效和环保标识认证制度。

（三）健全自然资源资产产权制度和用途管制制度

对水流、森林、山岭、草原、荒地、滩涂等自然生态空间进行统一确权登记，明确国土空间的自然资源资产所有者、监管者及其责任。完善自然资源资产用途管制制度，明确各类国土空间开发、利用、保护边界，实现能源、水资源、矿产资源按质量分级、梯级利用。严格节能评估审查、水资源论证和取水许可制度。坚持并完善最严格的耕地保护和节约用地制度，强化土地利用总体规划和年度计划管控，加强土地用途转用许可管理。完善矿产资源规划制度，强化矿产开发准入管理。有序推进国家自然资源资产管理体制改革。

（四）完善生态环境监管制度

建立严格监管所有污染物排放的环境保护管理制度。完善污染物排放许可证制度，禁止无证排污和超标准、超总量排污。违法排放污染物、造成或可能造成严重污染的，要依法查封扣押排放污染物的设施设备。对严重污染环境的工艺、设备和产品实行淘汰制度。实行企事业单位污染物排放总量控制制度，适时调整主要污染物指标种类，纳入约束性指标。健全环境影响评价、清洁生产审核、环境信息公开等制度。建立生态保护修复和污染防治区域联动机制。

（五）严守资源环境生态红线

树立底线思维，设定并严守资源消耗上限、环境质量底线、生态保护红线，将各类开发活动限制在资源环境承载能力之内。合理设定资源消耗"天花板"，加强能源、水、土地等战略性资源管控，强化能源消耗强度控制，做好能源消费总量管理。继续实施水资源开发利用控制、用水效率控制、水功能区限制纳污三条红线管理。划定永久基本农田，严格实施永久保护，对新增建设用地占用耕地规模实行总量控制，落实耕地占补平衡，确保耕地数量不下降、质量不降低。严守环境质量底线，将大气、水、土壤等环境质量"只能更好、不能变坏"作为地方各级政府环保责任红线，相应确定污染物排放总量限值和环境风险防控措施。在重点生态功能区、生态环境敏感区和脆弱区等区域划定生态红线，确保生态功能不降低、面积不减少、性质不改变；科学划定森林、草原、湿地、海洋等领域生态红线，严格自然生态空间征（占）用管理，有效遏制生态系统退化的趋势。探索建立资源环境承载能力监测预警机制，对资源消耗和环境容量接近或超过承载能力的地区，及时采取区域限批等限制性措施。

（六）完善经济政策

健全价格、财税、金融等政策，激励、引导各类主体积极投身生态文明建设。深化自然资源及其产品价格改革，凡是能由市场形成价格的都交给市场，政府定价要体现基本需求与非基本需求以及资源利用效率高低的差异，体现生态环境损害成本和修复效益。进一步深化矿产资源有偿使用制度改革，调整矿业权使用费征收标准。加大财政资金投入，统筹有关资金，对资源节约和循环利用、新能源和可再生能源开发利用、环境基础设施建设、生态修复与建设、先进适用技术研发示范等给予支持。将高耗能、高污染产品纳入消费税征收范围。推动环境保护费改税。加快资源税从价计征改革，清理取消相关收费基金，逐步将资源税征收范围扩展到占用各种自然生态空间。完善节能环保、新能源、生态建设的税收优惠政策。推广绿色信贷，支持符合条件的项目通过资本市场融资。探索排污权抵押等融资模式。深化环境污染责任保险试点，研究建立巨灾保险制度。

（七）推行市场化机制

加快推行合同能源管理、节能低碳产品和有机产品认证、能效标识管理等机制。推进节能发电调度，优先调度可再生能源发电资源，按机组能耗和污染物排放水平依次调用化石类能源发电资源。建立节能量、碳排放权交易制度，深化交易试点，推动建立全国碳排放权交易市场。加快水权交易试点，培育和规范水权市场。全面推进矿业权市场建设。扩大排污权有偿使用和交易试点范围，发展排污权交易市场。积极推进环境污染第三方治理，引入社会力量投入环境污染治理。

（八）健全生态保护补偿机制

科学界定生态保护者与受益者权利义务，加快形成生态损害者赔偿、受益者付费、保护者得到合理补偿的运行机制。结合深化财税体制改革，完善转移支付制度，归并和规范现有生态保护补偿渠道，加大对重点生态功能区的转移支付力度，逐步提高其基本公共服务水平。建立地区间横向生态保护补偿机制，引导生态受益地区与保护地区之间、流域上游与下游之间，通过资金补助、产业转移、人才培训、共建园区等方式实施补偿。建立独立公正的生态环境损害评估制度。

（九）健全政绩考核制度

建立体现生态文明要求的目标体系、考核办法、奖惩机制。把资源消耗、环境损害、生态效益等指标纳入经济社会发展综合评价体系，大幅增加考核权重，强化指标约束，不唯经济增长论英雄。完善政绩考核办法，根据区域主体功能定位，实行差别化的考核制度。对限制开发区域、禁止开发区域和生态脆弱的国家扶贫开发工作重点县，取消地区生产总值考核；对农产品主产区和重点生态功能区，分别实行农业优先和生态保护优先的绩效评价；对禁止开发的重点生态功能区，重点评价其自然文化资源的原真性、完整性。根据考核评价结果，对生态文明建设成绩突出的地区、单位和个人给予表彰奖励。探索编制自然资源资产负债表，对领导干部实行自然资源资产和环境责任离任审计。

（十）完善责任追究制度

建立领导干部任期生态文明建设责任制，完善节能减排目标责任考核及问责制度。严格责任追究，对违背科学发展要求、造成资源环境生态严重破坏的要记录在案，实行终身追责，不得转任重要职务或提拔使用，已经调离的也要问责。对推动生态文明建设工作不力的，要及时诫勉谈话；对不顾资源和生态环境盲目决策、造成严重后果的，要严肃追究有关人员的领导责任；对履职不力、监管不严、失职渎职的，要依纪依法追究有关人员的监管责任。

七、加强生态文明建设统计监测和执法监督

坚持问题导向，针对薄弱环节，加强统计监测、执法监督，为推进生态文明建设提供有力保障。

（一）加强统计监测

建立生态文明综合评价指标体系。加快推进对能源、矿产资源、水、大气、森林、草原、湿地、海洋和水土流失、沙化土地、土壤环境、地质环境、温室气体等的统计监测核算能力建设，提升信息化水平，提高准确性、及时性，实现信息共享。加快重点用能单位能源消耗在线监测体系建设。建立循环经济统计指标体系、矿产资源合理开发利用评价指标体系。利用卫星遥感等技术手段，对自然资源和生态环境保护状况开展全天候监测，健全覆盖所有资源环境要素的监测网络体系。提高环境风险防控和突发环境事件应急能力，健全环境与健康调查、监测和风险评估制度。定期开展全国生态状况调查和评估。加大各级政府预算内投资等财政性资金对统计监测等基础能力建设的支持力度。

（二）强化执法监督

加强法律监督、行政监察，对各类环境违法违规行为实行"零容忍"，加大查处力度，严厉惩处违法违规行为。强化对浪费能源资源、违法排污、破坏生态环境等行为的执法监察和专项督察。资源环境监管机构独立开展行政执法，禁止领导干部违法违规干预执法活动。健全行政执法与刑事司法的衔接机制，加强基层执法队伍、环境应急处置救援队伍建设。强化对资源开发和交通建设、旅游开发等活动的生态环境监管。

八、加快形成推进生态文明建设的良好社会风尚

生态文明建设关系各行各业、千家万户。要充分发挥人民群众的积极性、

主动性、创造性，凝聚民心、集中民智、汇集民力，实现生活方式绿色化。

（一）提高全民生态文明意识

积极培育生态文化、生态道德，使生态文明成为社会主流价值观，成为社会主义核心价值观的重要内容。从娃娃和青少年抓起，从家庭、学校教育抓起，引导全社会树立生态文明意识。把生态文明教育作为素质教育的重要内容，纳入国民教育体系和干部教育培训体系。将生态文化作为现代公共文化服务体系建设的重要内容，挖掘优秀传统生态文化思想和资源，创作一批文化作品，创建一批教育基地，满足广大人民群众对生态文化的需求。通过典型示范、展览展示、岗位创建等形式，广泛动员全民参与生态文明建设。组织好世界地球日、世界环境日、世界森林日、世界水日、世界海洋日和全国节能宣传周等主题宣传活动。充分发挥新闻媒体作用，树立理性、积极的舆论导向，加强资源环境国情宣传，普及生态文明法律法规、科学知识等，报道先进典型，曝光反面事例，提高公众节约意识、环保意识、生态意识，形成人人、事事、时时崇尚生态文明的社会氛围。

（二）培育绿色生活方式

倡导勤俭节约的消费观。广泛开展绿色生活行动，推动全民在衣、食、住、行、游等方面加快向勤俭节约、绿色低碳、文明健康的方式转变，坚决抵制和反对各种形式的奢侈浪费、不合理消费。积极引导消费者购买节能与新能源汽车、高能效家电、节水型器具等节能环保低碳产品，减少一次性用品的使用，限制过度包装。大力推广绿色低碳出行，倡导绿色生活和休闲模式，严格限制发展高耗能、高耗水服务业。在餐饮企业、单位食堂、家庭全方位开展反食品浪费行动。党政机关、国有企业要带头厉行勤俭节约。

（三）鼓励公众积极参与

完善公众参与制度，及时准确披露各类环境信息，扩大公开范围，保障公众知情权，维护公众环境权益。健全举报、听证、舆论和公众监督等制度，构建全民参与的社会行动体系。建立环境公益诉讼制度，对污染环境、破坏生态的行为，有关组织可提起公益诉讼。在建设项目立项、实施、后评价等环节，有序增强公众参与程度。引导生态文明建设领域各类社会组织健康有序发展，发挥民间组织和志愿者的积极作用。

九、切实加强组织领导

健全生态文明建设领导体制和工作机制，勇于探索和创新，推动生态文明建设蓝图逐步成为现实。

（一）强化统筹协调

各级党委和政府对本地区生态文明建设负总责，要建立协调机制，形成有利于推进生态文明建设的工作格局。各有关部门要按照职责分工，密切协调配合，形成生态文明建设的强大合力。

（二）探索有效模式

抓紧制定生态文明体制改革总体方案，深入开展生态文明先行示范区建设，研究不同发展阶段、资源环境禀赋、主体功能定位地区生态文明建设的有效模式。各地区要抓住制约本地区生态文明建设的瓶颈，在生态文明制度创新方面积极实践，力争取得重大突破。及时总结有效做法和成功经验，完善政策措施，形成有效模式，加大推广力度。

（三）广泛开展国际合作

统筹国内国际两个大局，以全球视野加快推进生态文明建设，树立负责任大国形象，把绿色发展转化为新的综合国力、综合影响力和国际竞争新优势。发扬包容互鉴、合作共赢的精神，加强与世界各国在生态文明领域的对话交流和务实合作，引进先进技术装备和管理经验，促进全球生态安全。加强南南合作，开展绿色援助，对其他发展中国家提供支持和帮助。

（四）抓好贯彻落实

各级党委和政府及中央有关部门要按照本意见要求，抓紧提出实施方案，研究制定与本意见相衔接的区域性、行业性和专题性规划，明确目标任务、责任分工和时间要求，确保各项政策措施落到实处。各地区各部门贯彻落实情况要及时向党中央、国务院报告，同时抄送国家发展改革委。中央就贯彻落实情况适时组织开展专项监督检查。

后　记

　　知识的海洋浩瀚无边！于我而言，本书的出版只是该领域的一个初步探索。愿以求真求知求实的实践行动践行初心担当使命。

　　人的一生在时间长河中显得如此短暂。若有所思，珍惜人生宝贵时间，感慨万分。在《生态资源资本化研究》书稿付梓之际，心中五味杂陈。最深处，怀揣着敬畏之心、感恩之情。写作过程中，许许多多的良师益友，于大方向点拨，于细节处提升，让我如沐春风。国家发展和改革委员会经济体制与管理研究所提供了良好的科研环境，人民日报出版社对本书的出版付出了心血和辛劳，一并表示感谢。诚然，最应该感谢的是我的家人：家人无私的爱，让我始终相信知识改变命运，让我跌倒时有勇气重新站起来，让我对未来更有信心和毅力。

　　本书在写作过程中，参考了很多领导讲话、中央文件和书刊资料，也参考了部分专家学者的观点，这对我完成本书起到重要的作用。但本人学识与能力所限，书中肯定会存在不少缺点和错误，敬望同行与读者不吝赐教。

　　中国特色社会主义进入新时代，生逢其时，也重任在肩。愿在新时代踏浪前行，在奋斗中释放激情、追逐理想。谨以此文留作纪念！

张文明

2019 年金秋于北京